“十三五”国家重点出版物出版规划项目
卓越工程能力培养与工程教育专业认证系列规划教材
（电气工程及其自动化、自动化专业）

电力系统微机继电保护

第2版

曹 娜 于 群 编

机 械 工 业 出 版 社

本书系统地介绍了微机继电保护装置的硬件原理，微机继电保护的数字滤波器分析、算法、软件原理，在此基础上重点结合当前实际产品分析了微机线路保护、电气主设备微机继电保护等的主要保护功能原理及结构组成、工作原理，微机继电保护装置硬件和软件的电磁兼容性设计原理，以及软硬件电路的抗干扰的基本措施。

本书可作为高等院校电气工程及其自动化、电力系统及其自动化及相关专业的教材，也可作为电力系统从事微机继电保护、运行维护等工程技术人员的培训教材和参考用书。

图书在版编目（CIP）数据

电力系统微机继电保护/曹娜，于群编．—2版．—北京：机械工业出版社，2019.8（2023.12重印）

“十三五”国家重点出版物出版规划项目　卓越工程能力培养与工程教育专业认证系列规划教材．电气工程及其自动化、自动化专业

ISBN 978-7-111-62781-4

Ⅰ．①电…　Ⅱ．①曹…　②于…　Ⅲ．①微型计算机—计算机应用—电力系统—继电保护—高等学校—教材　Ⅳ．①TM77

中国版本图书馆CIP数据核字（2019）第096037号

机械工业出版社（北京市百万庄大街22号　邮政编码100037）
策划编辑：王雅新　责任编辑：王雅新　张珂玲　刘丽敏
责任校对：郑　婕　封面设计：鞠　杨
责任印制：李　昂
北京中科印刷有限公司印刷
2023年12月第2版第3次印刷
184mm×260mm・13.5印张・334千字
标准书号：ISBN 978-7-111-62781-4
定价：35.00元

电话服务　　网络服务

客服电话：010-88361066　　机　工　官　网：www.cmpbook.com

010-88379833　　机　工　官　博：weibo.com/cmp1952

010-68326294　　金　书　网：www.golden-book.com

封底无防伪标均为盗版　　机工教育服务网：www.cmpedu.com

"十三五"国家重点出版物出版规划项目

卓越工程能力培养与工程教育专业认证系列规划教材

(电气工程及其自动化、自动化专业)

编审委员会

序

工程教育在我国高等教育中占有重要地位，高素质工程科技人才是支撑产业转型升级、实施国家重大发展战略的重要保障。当前，世界范围内新一轮科技革命和产业变革加速进行，以新技术、新业态、新产业、新模式为特点的新经济蓬勃发展，迫切需要培养、造就一大批多样化、创新型卓越工程科技人才。目前，我国高等工程教育规模世界第一。我国工科本科在校生约占我国本科在校生总数的1/3，近年来我国每年工科本科毕业生约占世界总数的1/3以上。如何保证和提高高等工程教育质量，如何适应国家战略需求和企业需要，一直受到教育界、工程界和社会各方面的关注。多年以来，我国一直致力于提高高等教育的质量，组织并实施了多项重大工程，包括卓越工程师教育培养计划（以下简称卓越计划）、工程教育专业认证和新工科建设等。

卓越计划的主要任务是探索建立高校与行业企业联合培养人才的新机制，创新工程教育人才培养模式，建设高水平工程教育教师队伍，扩大工程教育的对外开放。计划实施以来，各相关部门建立了协同育人机制。卓越计划要求试点专业要大力改革课程体系和教学形式，依据卓越计划培养标准，遵循工程的集成与创新特征，以强化工程实践能力、工程设计能力与工程创新能力为核心，重构课程体系和教学内容；加强跨专业、跨学科的复合型人才培养；着力推动基于问题的学习、基于项目的学习、基于案例的学习等多种研究性学习方法，加强学生创新能力训练，“真刀真枪”做毕业设计。卓越计划实施以来，培养了一批获得行业认可、具备很好的国际视野和创新能力、适应经济社会发展需要的各类型高质量人才，教育培养模式改革创新取得突破，教师队伍建设初见成效，为卓越计划的后续实施和最终目标的达成奠定了坚实基础。各高校以卓越计划为突破口，逐渐形成各具特色的人才培养模式。

2016年6月2日，我国正式成为工程教育“华盛顿协议”第18个成员，标志着我国工程教育真正融入世界工程教育，人才培养质量开始与其他成员达到了实质等效，同时，也为以后我国参加国际工程师认证奠定了基础，为我国工程师走向世界创造了条件。专业认证把以学生为中心、以产出为导向和持续改进作为三大基本理念，与传统的内容驱动、重视投入的教育形成了鲜明对比，是一种教育范式的革新。通过专业认证，把先进的教育理念引入了我国工程教育，有力地推动了我国工程教育专业教学改革，逐步引导我国高等工程教育实现从课程导向向产出导向转变、从以教师为中心向以学生为中心转变、从质量监控向持续改进转变。

在实施卓越计划和开展工程教育专业认证的过程中，许多高校的电气工程及其自动化、自动化专业结合自身的办学特色，引入先进的教育理念，在专业建设、人才培养模式、教学内容、教学方法、课程建设等方面积极开展教学改革，取得了较好的效果，建设了一大批优质课程。为了将这些优秀的教学改革经验和教学内容推广给广大高校，中国工程教育专业认证协会电子信息与电气工程类专业认证分委员会、教育部高等学校电气类专业教学指导委员会、教育部高等学校自动化类专业教学指导委员会、中国机械工业教育协会自动化学科教学委员会、中国机械工业教育协会电气工程及其自动化学科教学委员会联合组织规划了“卓越工程能力培养与工程教育专业认证系列规划教材（电气工程及其自动化、自动化专业）”。本套教材通过国家新闻出版广电总局的评审，入选了“十三五”国家重点图书。本套教材密切联系行业和市场需求，以学生工程能力培养为主线，以教育培养优秀工程师为目标，突出学生工程理念、工程思维和工程能力的培养。本套教材在广泛吸纳相关学校在“卓越工程师教育培养计划”实施和工程教育专业认证过程中的经验和成果的基础上，针对目前同类教材存在的内容滞后、与工程脱节等问题，紧密结合工程应用和行业企业需求，突出实际工程案例，强化学生工程能力的教育培养，积极进行教材内容、结构、体系和展现形式的改革。

经过全体教材编审委员会委员和编者的努力，本套教材陆续跟读者见面了。由于时间紧迫，各校相关专业教学改革推进的程度不同，本套教材还存在许多问题。希望各位老师对本套教材多提宝贵意见，以使教材内容不断完善提高。也希望通过本套教材在高校的推广使用，促进我国高等工程教育教学质量的提高，为实现高等教育的内涵式发展贡献一份力量。

卓越工程能力培养与工程教育专业认证系列规划教材
（电气工程及其自动化、自动化专业）
编审委员会

前　　言

作为专业课程教材和自学参考书，本书在编写时，从微机继电保护在电力系统的实际应用情况出发，结合近年来推出的实际产品介绍微机继电保护的基本知识、数字滤波、保护算法、软件原理等，因此本书自出版以来深受广大读者的欢迎，并于 2011 年获山东省优秀教材奖二等奖。本书在使用过程中，不断地收到全国许多高校读者对书中内容提出的建议，并且读者希望本书能够进一步充实和完善。为此，我们进行了本书第 2 版的编写。

第 2 版中，增加了新的微机继电保护装置例程介绍，为了使读者能够更好地掌握微机继电保护的算法，给出了部分算法的 MATLAB 源程序，并修改了原书中的一些错误。本书绪论及第 1、3、5、6 章由于群编写，第 2、4、7 章由曹娜编写，全书由于群统稿。在本书的编写过程中，硕士研究生黄露、郝晴晴、毕鹏、吴乐川、王琪、武玥飞及孙赢阔等帮助完成了书中的部分算例、书稿的录入工作，在此谨对他们表示衷心的感谢。

南通继保软件有限公司的蒋立新董事长、许继电气的马红伟高级工程师为本书的编写提供了大量的资料并提出了宝贵的意见和建议，谨此致谢。

由于编者的理论水平和实践经验有限，书中难免有不当或错误之处，恳请读者批评指正。

编　者

目　　录

序
前言
绪论 …… 1
第1章　微机继电保护装置的硬件原理 …… 4
1.1　微机继电保护装置硬件的基本结构 …… 4
1.2　比较式数据采集系统 …… 5
1.3　压频转换式数据采集系统 …… 15
1.4　微机继电保护装置的 CPU 主系统 …… 20
1.5　开关量的输入和输出电路 …… 24
1.6　人机接口电路及电源电路 …… 26
1.7　微机继电保护的通信电路 …… 29
第2章　微机继电保护的数字滤波器分析 …… 36
2.1　概述 …… 36
2.2　数字滤波器的基本知识 …… 37
2.3　简单数字滤波器 …… 41
2.4　零、极点配置法设计数字滤波器 …… 59
第3章　微机继电保护的算法 …… 63
3.1　概述 …… 63
3.2　正弦函数模型算法 …… 64
3.3　傅里叶算法 …… 76
3.4　递推最小二乘算法 …… 80
3.5　解微分方程算法 …… 83
3.6　移相与滤序算法 …… 85
3.7　继电器特性算法 …… 86
3.8　微机继电保护算法的选择 …… 87
第4章　微机继电保护的软件原理 …… 89
4.1　微机继电保护主程序框图原理 …… 89
4.2　采样中断服务程序与故障处理程序原理 …… 92
4.3　基于实时操作系统的继电保护软件设计思想 …… 97

4.4 基于实时操作系统的微机继电保护软件设计举例 …… 100

第5章 微机线路保护举例 …… 104

5.1 SR-110系列线路保护装置 …… 104
5.2 PCS-9611L线路保护装置 …… 109
5.3 PCS-9613L线路光纤纵差保护装置 …… 124
5.4 CSC-101(102)A/B型超高压线路微机保护装置 …… 132

第6章 电气主设备微机继电保护举例 …… 161

6.1 RCS-985型数字式发电机变压器保护装置功能概述 …… 161
6.2 RCS-985型数字式发电机变压器保护装置应用范围及保护配置 …… 166
6.3 RCS-985型数字式发电机变压器保护装置的主要保护原理 …… 169
6.4 PCS-9627L型电动机保护装置 …… 187

第7章 提高微机继电保护装置可靠性的措施 …… 199

7.1 微机继电保护装置的电磁兼容性设计 …… 199
7.2 微机继电保护装置的软件抗干扰措施 …… 204

参考文献 …… 208

绪　论

计算机技术和电子技术的飞速发展，使电力系统的继电保护突破了传统的电磁型、晶体管型及集成电路型继电保护形式，出现了以微型机、微控制器为核心的继电保护形式。我们把以微型机、微控制器为核心的电力系统继电保护称为电力系统微机继电保护。

1. 电力系统微机继电保护的应用和发展概况

计算机尤其是微型计算机技术的发展及其应用已广泛而深入地影响着科学技术、生产和生活等各个领域。它使各部门的面貌发生了巨大的变化，电力系统也不例外。在继电保护技术领域，除了离线地应用计算机作故障分析和继电保护的整定计算、动作行为分析外，1969年 Rockefeller G. D. 发表了《Fault Protection with A Digital Computer》的文章，Mann B. J. 发表了《Real Time Computer Calculation of The Impedance of a Faulted Single Phase Liner》的文章，这两篇几乎同时发表的关于计算机保护的文章提出用计算机构成保护装置的倡议，揭示了计算机的巨大潜力，引起了世界各国继电保护工作者的兴趣。在20世纪70年代，掀起了研究热潮，有量的有关论文公开发表，并提出了各种不同的算法原理和分析方法。但是限于计算机硬件的制造水平较低以及价格过高，当时还不具备商业性地生产这类保护装置的条件。因此早期的研究工作是以小型计算机为基础的，出于经济上的考虑，人们曾试图用一台小型计算机来实现多个电气设备或整个变电站的保护功能，但可靠性难以得到保证，因为一旦该台计算机出现故障，所有的被保护设备都将失去保护；同时，无论是当时计算机的计算速度还是接口条件，都不能实现这一设想。到了20世纪70年代末期，出现了一批功能足够强的微型计算机，价格也大幅度降低，因而无论在技术上还是经济上，已具备用一台微型计算机来完成一个电气设备保护功能的条件。甚至为了增加可靠性，还可以设置多重化的硬件，用几台微型计算机互为备用构成一个电气设备的保护装置，从而大大提高了可靠性。1979年美国电气和电子工程师学会（IEEE）的教育委员会组织过一次世界性的计算机保护研究班，此后，世界各大继电器制造商先后推出了各种定型的商业性微机继电保护装置产品。由于微机继电保护装置具有一系列独特的优点，这些产品问世后很快受到用户的欢迎。

国内在微机继电保护方面的研究工作起步较晚，但进展却很快。1984年华北电力学院杨奇逊教授研制的第一套微机距离保护样机在河北马头电厂经过试运后，通过了科研鉴定。这标志着我国微机继电保护工作进入了重要的发展阶段。1986年，全国第一台微机高压线路保护装置研制成功，并在辽宁省辽阳供电局投入试运行。1987年，河北省电力局在石家庄、保定、定州之间的两条双回线上全部采用了微机继电保护。随后，在电力系统继电保护领域许多专家、技术人员的共同努力下，微机继电保护很快进入了推广和应用阶段，翻开了我国微机继电保护应用的新篇章。

经过30多年来的研究、应用、推广与实践，微机继电保护装置已经在电力系统中取得了巨大的成功，并积累了丰富的运行经验，产生了显著的经济效益，大大提高了电力系统的运行管理水平。现在投入运行的特高压、高中压等级的继电保护设备均为微机继电保护产品，继电保护领域的研究部门和制造厂家已经完全转向微机继电保护的研究与制造，呈现出了百花齐放、百家争鸣的良好发展局面。

2. 微机继电保护装置的特点

（1）性能优越

微机继电保护是通过计算机来实现的，计算机具有逻辑判断和记忆功能，运算速度快，采用微型计算机构成微机继电保护，可以使原来传统的继电保护装置中存在的技术问题找到新的解决办法。例如，对接地距离保护的允许过渡电阻的能力、距离保护如何区别振荡和短路、大型变压器差动保护如何识别励磁涌流和内部故障等问题，都已提出了许多新的原理和解决方法。

（2）灵活性大

由于微机继电保护的功能特性主要由软件决定，不同原理的保护可以采用通用的硬件，因此只要改变相应的软件功能，就可以改变保护的特性和功能，从而灵活地适应电力系统运行方式的变化。例如，当运行方式改变需要改变保护定值时，只需要在存储器中预置几套保护整定值，临时在装置面板上用小开关进行切换或通过远程通信指令来改变即可。还可以在一套软件程序中设置不同的保护方案，用户根据需要来选择。因此，微机继电保护的灵活性是传统保护不可比拟的。

（3）维护调试方便

传统的电磁型、整流型或晶体管型继电保护装置的调试工作量很大，尤其是一些复杂的保护，例如超高压线路的保护设备，调试一套保护常常需要一周，甚至更长的时间。这类保护都是布线逻辑结构，每一种保护功能都由相应的硬件和连线来实现。为确认保护装置是否完好，往往需要把所具备的各种功能都通过摸拟试验校核。而在微机继电保护中，各种复杂的功能是由相应的软件来实现的，只要简单的操作就可以完成微机继电保护的软硬件调试，从而大大减轻了运行的维护工作量。

（4）可靠性高

微机继电保护在程序指挥下，有极强的综合分析和判断能力，它可以实现常规保护很难办到的自动纠错，即自动识别和排除干扰功能，以防止由于干扰而造成误动作。微机继电保护具有自诊断功能，能够自动检测出本身硬件的异常部分，有效的防止拒动，具有很高的可靠性和抗干扰能力。

（5）易于获得附加功能

微机继电保护可以配置打印和显示功能，当系统发生故障时，可提供相关信息，例如保护各部分的动作顺序和动作时间记录、故障类型和相别及故障前后电压和电流的波形记录等。对于线路保护，还可以提供故障点的位置（测距）。这些都有助于运行部门对事故的分析和处理。

（6）实现网络化

微机继电保护具有很强的数据通信能力。微机继电保护装置可通过通信接口实现网络连接，将所有信息传至中心站，实现信息共享、集中管理和远程操作维护。实现遥测、遥控、遥信、遥调功能，提高设备管理水平，确保电力系统安全、稳定、经济运行。

3. 微机继电保护的发展趋势

近年来，计算机软硬件技术、网络通信技术以及自动控制技术日新月异，现代电力系统不断发展，对微机继电保护技术的发展提出了许多新要求及挑战。

在计算机领域，发展速度最快的当属计算机硬件，著名的摩尔定律指出，芯片上所集成的电路数目每隔 18~24 个月翻一番。其结果是不仅计算机硬件的性能成倍增加，价格也在迅速降低。微型机硬件的发展体现在片内硬件资源得到很大扩充，运算能力显著提高，嵌入式网络通信芯片的出现及应用等。这些发展使微机继电保护的硬件设计更加方便，高性价比使冗余设计成为可能。为实现灵活的、高可靠和模块化的微机继电保护通用软硬件平台创造了条件。

网络技术特别是以太网（Ethernet）和现场总线的发展，以及在实时控制系统领域的成功应用，充分说明网络是模块化分布式系统中相互联系和通信的理想方式；而计算机硬件的不断更新，使微机继电保护对技术升级的开放性有了迫切要求；微机保护硬件网络化，为继电保护的设计和发展带来了全新的理念和创新机遇，大大简化了硬件结构及连线，增强了硬件的可靠性，使装置硬件具有更大灵活性和可扩展性。网络技术也使微机继电保护装置实现广域保护成为可能。

微型机是数字式保护的核心。实践已经证明，基于高性能单片机、总线不出芯片的设计思想进行的设计，是提高装置整体可靠性的有效方法，对微机保护的稳定运行起到了非常重要的作用。微型机发展的重要趋势是单片处理机与 DSP 芯片的进一步融合，单片机除了保持本身适于控制系统要求的特点外，在计算能力和运算速度方面不断融入 DSP 技术和功能，如具有 DSP 的运算指令、高精度浮点运算能力以及硬件并行管道指令处理功能等，而同时专用 DSP 芯片也在向单片机化发展。这些都为实现总线不出芯片的设计思想，改善微机继电保护的特性奠定了坚实的基础。

自动控制技术特别是人工智能技术，例如自适应技术、人工神经网络和遗传算法等的发展，也为微机继电保护技术的发展提供了新的发展空间。例如，在微机继电保护装置中，运用人工神经网络来实现故障的类型判别、主设备保护和故障距离的测定等。通过将不同的人工智能技术有机地结合，围绕不确定因素对保护系统所带来的影响进行分析，可以提高保护动作的可靠性。

总之，随着现代科技的进步，特别是智能电网的全面发展，未来微机继电保护的发展方向将是基于高性能计算机技术和先进的通信网络的智能化保护。

第1章 微机继电保护装置的硬件原理

本章着重讨论微机继电保护装置的硬件组成原理。从本质上讲，微机保护装置是一个能够实现继电保护功能的微机系统，它具有一般微机系统的基本结构和功能。不过，由于电力系统运行对它的一些基本要求，使它也具有与一般微机系统不同的特点。本章1.1节介绍微机继电保护装置硬件的基本构成；1.2节分析采用逐次逼近式模-数转换的比较式数据采集系统的工作原理；1.3节分析采用压频转换器实现数据转换的压频转换式数据采集系统的工作原理；1.4节着重介绍微机继电保护装置的CPU主系统；1.5节介绍开关量输入与输出电路；1.6节介绍常用的人机接口电路及电源电路；1.7节介绍微机继电保护的通信电路。

1.1 微机继电保护装置硬件的基本结构

微机继电保护装置硬件可以分为数据采集系统、CPU主系统、开关量输入/输出系统、人机接口、通信系统以及电源6个基本部分，其系统结构框图如图1-1所示。

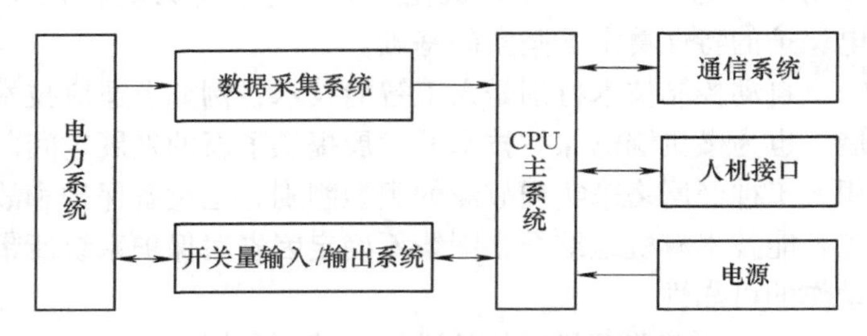

图1-1 微机继电保护装置硬件系统结构框图

在电力系统中，被保护一次设备的电气量经过电压互感器（TV）和电流互感器（TA）转换成为二次电压和电流。数据采集系统的主要功能就是将由TV、TA输入至保护装置的电压、电流等模拟量准确地转换成CPU主系统所能处理的数字量。根据模-数转换原理的不同，微机继电保护装置的数据采集系统主要有两种：一种是采用逐次逼近式模-数转换的比较式数据采集系统，这种采集系统主要包括电压形成回路、模拟低通滤波器（ALF）、采样保持回路（S/H）、多路转换器（MPX）以及模-数转换器（A-D）等功能模块；另一种是采用电压频率转换器实现数据转换的压频转换式数据采集系统，这种采集系统包括电压形成回路、电压频率转换器（V-F）、计数器等功能模块。

CPU主系统包括中央处理器单元（CPU）、只读存储器（ROM）或闪存（FLASH Memory）、随机存取存储器（RAM）、定时器、并行及串行接口等。当保护装置工作时，CPU执行存放在EPROM中的程序，将数据采集系统得到信息输入至RAM区并进行分析处理，以完成各种继电保护的功能。

随着集成电路技术的飞速发展，当前已经有许多集成电路生产商将中央处理器单元、闪存、随机存取存储器、定时器、多路转换器、模-数转换器、并/串行接口以及通信接口等多个功能单元集成在一个芯片内，甚至实现了“总线不出芯片”的设计。选用这种设计类型的芯片，已成为当前微机继电保护装置的主流，这对提高装置的可靠性和抗干扰性是十分有利的。

开关量输入/输出系统由若干个并行扩展芯片、光隔离器及中间继电器等组成。该系统完成各种保护的出口跳闸、信号警报、外部接点输入等功能。

人机接口与通信系统由液晶显示器、键盘、打印机及通信接口等组成，完成装置调试、系统状态显示、定值整定及实现与其他设备通信等功能。

电源系统提供整个装置所需要的直流稳压电源，一般采用逆变电源将输入的直流电逆变成高频交流电再整流成为不同电压等级的直流电，以保证整个装置的可靠供电。

1.2 比较式数据采集系统

数据采集系统是微机保护装置的重要组成电路，保护装置的动作速度、测量精度等性能都与该电路密切相关。比较式数据采集系统采用的是逐次逼近式模-数转换，如图 1-2 所示，其主要包括电压形成、模拟低通滤波器（ALF）、采样保持（S/H）、多路转换器（MPX）以及模-数转换（A-D）等电路组成。

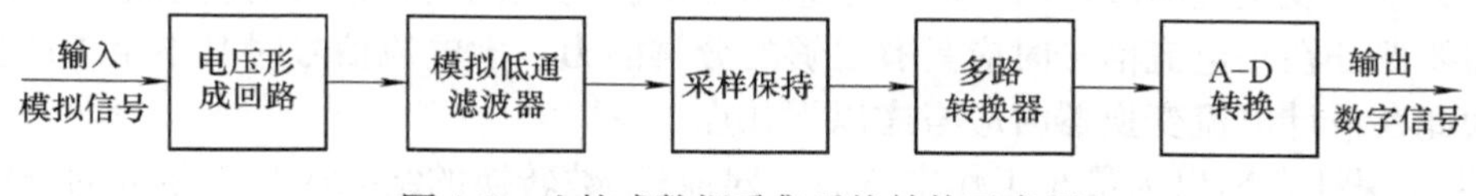

图 1-2 比较式数据采集系统结构示意图

1.2.1 电压形成回路

微机继电保护需要输入模拟量的多少取决于被保护装置对保护功能的要求。例如对于一般的 35kV 线路保护装置而言，一般具备三段式欠电压闭锁方向过电流保护、反时限过电流、重合闸、零序过电流保护、欠电压保护等功能，所以要有 I_a、I_b、I_c、$3I_0$、U_a、U_b、U_c、$3U_0$、U_x 等模拟量，其中 I_a、I_b、I_c、$3I_0$、U_a、U_b、U_c、$3U_0$ 用于构成保护的功能，U_x 为断路器另一侧电压，用于重合闸功能等。如果保护装置还要具有测量功能，则需要输入的模拟量会更多。(可参考图 5-7 的保护装置接线图)

以上所述被保护电力线路或设备上的模拟量信息，是从电流互感器和电压互感器的二次侧输入到微机保护装置中的。在正常运行状态下，电压互感器的二次侧相电压为 57.7V，电流互感器的二次侧输出的额定电流为 5A 或 1A；在短路状态下，电流互感器的二次侧输出的电流可能达到 8~10 倍的额定电流。而在微机保护中通常要求输入信号为±2.5V、±5V 或±10V 的电压信号，具体决定于所用的模-数转换器。因此，电流、电压互感器的二次侧输出数值对微机保护电路是不适用的，故需要电压形成回路来对信号进行处理。

电压形成回路的主要任务就是将电流、电压互感器二次侧的输出量进行变换，并将电流量转换为电压量，以满足模-数转换回路的要求。另外，电压形成回路还起到隔离和屏蔽作用，以减小高压设备对微机保护装置的干扰。

当前电压形成回路主要采用电流变换器和电压变换器。其基本结构如图 1-3 所示。图中变换器一次侧所接的电容主要是为了吸收耦合到导线上的干扰信号。电流变换器二次侧所并电阻实现了电流量到电压量变换的目的。需要说明的是，采用电抗变换器也可以实现电流量到电压量变换的目的，但目前较少采用，有兴趣的读者可参考相关资料。

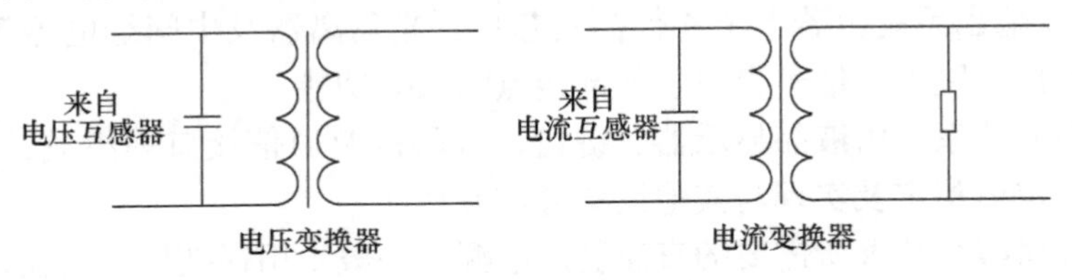

图 1-3　电压形成回路

为了保证电压或电流变换的准确性，通常在设计或选择变换器时，应满足以下原则：

1）电压变换器之间、电流变换器之间以及电压变换器与电流变换器之间的一、二次侧相位移要一致。

2）变换器的铁心磁导率要选取适当，在整个工作范围内要求线性度好，输入小信号时不失真，输入大信号时不饱和。

3）变换器本身的损耗要小，使变换器在传变过程中一、二次侧电量的相位差尽可能小。

当电力系统发生短路故障时，电流互感器二次侧的电流具有很大的动态范围，因此，电流变换器要保证在小电流信号时应具有足够的分辨能力，大电流信号时又不至于产生畸变或溢出。为此在设计电流变换器时应考虑以下几点：

1）优先保证在输出为最小工作电流时，对应模-数转换的结果应具有足够的分辨能力。

2）保证在可能出现的最大短路电流条件下，电流变换器输出的电压不应使模-数转换出现溢出，从而避免造成数字量紊乱。

3）适当选择电流变换器二次侧负载，使电流变换器在一次侧出现最大短路电流时不至于出现饱和现象。

在计算电流变换器二次侧并联电阻时，可利用图 1-4。图中 Z 为模拟低通滤波器及模-数转换输入端等回路的等效阻抗，在工频信号条件下，该等效阻抗的数值可达 80kΩ 以上；R_{LH} 为电流变换器二次侧的并联电阻，数值为几到几十欧姆，远远小于 Z 。因为 R_{LH} 与 Z 的数值差别很大，所以由图 1-4 可得

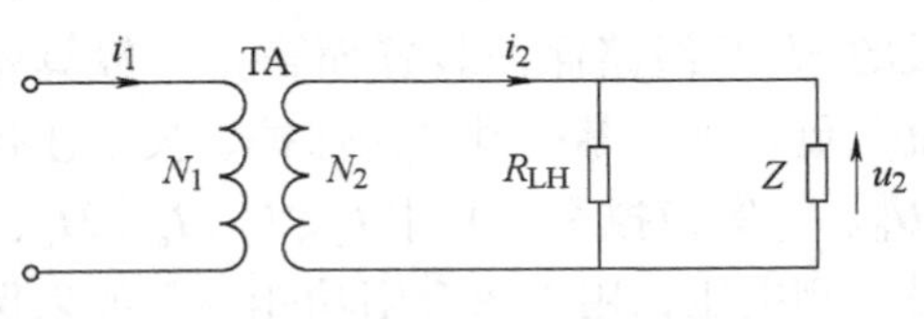

图 1-4　电流变换器的连接方式

$$u_2 \approx R_{LH} i_2 = R_{LH} \frac{i_1}{n_{LH}}$$

式中，n_{LH} 为电流变换器的电流比。

因此在选择 R_{LH} 时，应满足的条件是

$$R_{LH} \leqslant \frac{n_{LH} U_{max}}{i_{1max}}$$

式中，i_{1max} 为电流变换器一次电流的最大瞬时值；U_{max} 为 A-D 转换器在双极性输入情况下的最大正输入范围，如模-数转换的输入范围为 $-2.5 \sim 2.5V$，则 $U_{max}=2.5V$。

当前，随着高压直流输电及直流微电网的快速发展，大量的直流微机继电保护装置投入应用。在此类需要采集直流信号的保护装置中电压形成回路一般采用霍尔电流、电压传感器来实现变换和隔离。

图 1-5 是磁平衡式闭环霍尔电流传感器的原理图，磁平衡式电流传感器也称补偿式电流传感器，即一次电流 I_p 在聚磁环处所产生的磁场通过一个二次绕组电流所产生的磁场进行补偿，其补偿电流 I_s 精确地反映了一次电流 I_p，从而使霍尔器件处于检测零磁通的工作状态。

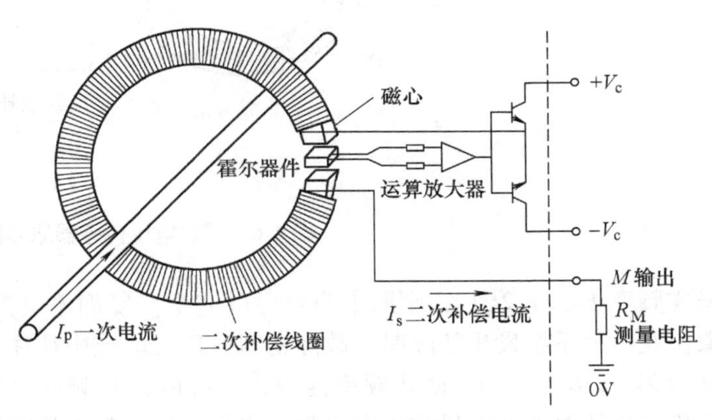

图 1-5　磁平衡式闭环霍尔电流传感器原理图

具体工作过程为：当主回路有电流通过时，在导线上产生的磁场被磁环聚集并感应到霍尔器件上，在霍尔器件上所产生的信号输出用于驱动功率管并使其导通，从而获得一个补偿电流 I_s。这一电流再通过多匝绕组产生磁场，该磁场与被测电流产生的磁场正好相反，因而补偿了原来的磁场，使霍尔器件的输出逐渐减小。当与 I_p 及匝数相乘所产生的磁场相等时，I_s 不再增加，这时的霍尔器件起到指示零磁通的作用，此时可以通过 I_s 来测试 I_p。当 I_p 变化时，平衡受到破坏，霍尔器件有信号输出，即重复上述过程重新达到平衡。被测电流的任何变化都会破坏这一平衡。一旦磁场失去平衡，霍尔器件就有信号输出。经功率放大后，立即就有相应的电流流过二次绕组以对失衡的磁场进行补偿。从磁场失衡到再次平衡，所需的时间理论上不到 1μs，这是一个动态平衡的过程。因此，从宏观上看，二次的补偿电流安匝数在任何时间都与一次被测电流的安匝数相等。所以霍尔电流传感器能在电隔离的条件下测量直流、交流、脉冲以及各种不规则波形的电流。其具有精度和线性度高，响应时间短，频带宽等优点。

图 1-6 是霍尔电压传感器的原理图，其工作原理与闭环霍尔电流传感器相似，也是以磁平衡方式工作的。一次电压 V_p 通过限流电阻 R_i 产生电流，流过一次线圈产生磁场，聚集在磁环内，通过磁环气隙中霍尔器件输出信号控制的补偿电流 I_s 流过二次线圈产生的磁场进行补偿，其补偿电流 I_s 精确地反映了一次电压 V_p。

由于霍尔电流、电压传感器能够在电隔离的条件下测量直流、交流、脉冲以及各种不规则波形的电流、电压，并具有精度和线性度高，响应时间短，频带宽等优点，所以不仅在直流继电保护中，而且在变频调速、直流电动机驱动、电源、风电、光伏、高铁等多个行业都有着广泛的应用。

1.2.2　模拟低通滤波器

根据采样定理，如果被采样信号为有限带宽的连续信号，其所含的最高频率为 f_{max}，若

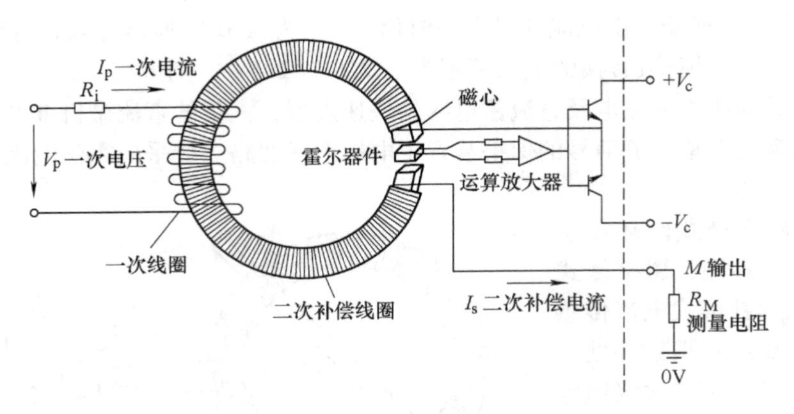

图 1-6　霍尔电压传感器原理图

采样频率不小于 $2f_{max}$，则原来信号可以完全恢复而不会产生畸变；否则将产生频率混叠现象。在电力系统发生故障时，故障初瞬电压、电流中往往含有频率很高的分量，其频率往往高达 2kHz 以上，为了防止频率混叠，选择的采样频率必须为 4kHz 以上，这就会对硬件提出相当高的要求，而目前绝大多数微机保护的原理都是基于反映工频信号的，因此为了降低采样频率，可在采样之前选用一个模拟低通滤波器，将频率高于采样频率一半的信号滤掉。常用的模拟低通滤波器包括无源低通滤波器和有源低通滤波器。

1. 无源低通滤波器

在微机保护中常采用的一阶或二阶 *RC* 低通滤波器如图 1-7 所示。

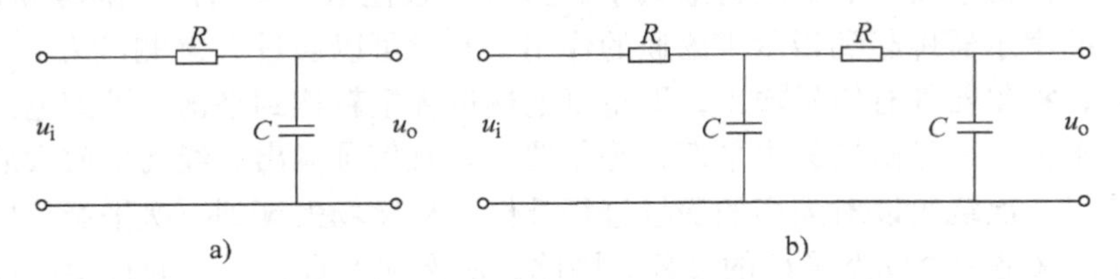

图 1-7　*RC* 低通滤波器电路图

a) 一阶 *RC* 低通滤波器　b) 二阶 *RC* 低通滤波器

一阶 *RC* 低通滤波器的传递函数为

$$H(s)=\frac{U_o(s)}{U_i(s)}=\frac{1}{1+sRC}$$

二阶 *RC* 低通滤波器的传递函数为

$$H(s)=\frac{U_o(s)}{U_i(s)}=\frac{1}{1+3RCs+(RCs)^2}$$

取 $R=3\text{k}\Omega$、$C=0.47\mu\text{F}$ 时，一阶、二阶 *RC* 低通滤波器的幅频特性曲线如图 1-8 所示。可见，二阶 *RC* 低通滤波器的滤波效果明显比一阶低通滤波器好。但从总体上来说这种 *RC* 滤波器的频率特性是单调衰减的，因此它可用于反应基波量的保护上，但对于反应谐波量的保护，这种滤波器对本来在数值上就小于基波量的那些谐波分量衰减过大，将对保护性能产生不良影响。应当指出的是，电气设备中的电流互感器、电压互感器对高频分量已有相当大的抑制作用，因此不必对低通滤波器的频率特性提出很严格的要求。

总之，由于 RC 低通滤波器的结构简单、可靠性高、能耐受较大的过载和浪涌冲击，因此获得了较多的应用。

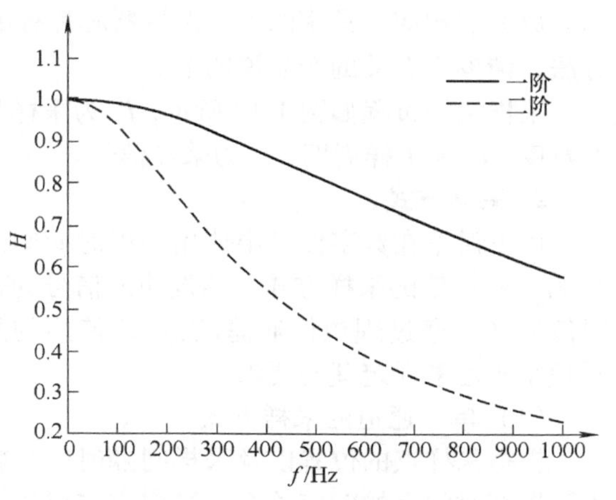

图 1-8　RC 低通滤波器幅频特性曲线

2. 有源低通滤波器

有源低通滤波器是指由 RC 网络与运算放大器构成的滤波电路，虽然高阶有源滤波器的频率响应具有平坦的通带和陡峭的过渡带，但会增加装置的复杂性和时延，因此在微机保护中通常使用二阶或三阶的有源低通滤波器。

有源低通滤波器的设计就是通过选择不同的传递函数去逼近理想低通特性。可用的逼近函数有 Butterworth（最平幅度特性）、Cheybyshev（等波纹特性）、Bessel（最平延迟特性）等，当前模拟滤波器的设计较为成熟，有大量的设计成果及专用集成电路可供选择，详细内容可参考相关资料。

1.2.3　采样保持电路

1. 采样保护电路基本原理

输入到微机保护系统的电流、电压等模拟量经过电压形成回路变换成所要求的电压值后，再经过模拟低通滤波器进入采样保护持电路。所谓采样就是将一个时间上连续变化的模拟量转换为在时间上离散的模拟量。采样过程是将模拟信号 $f(t)$ 首先通过采样保持器，每隔 T_s 采样 1 次（定时采样）输入信号的即时幅度，并把它存放在保持电路里，供模-数转换器使用。经过采样以后的信号称为离散时间信号，它只表达时间轴上一些离散点（0，T_s，$2T_s$，…，nT_s，…）上的信号值 $f(0)$，$f(T_s)$，…，$f(nT_s)$，…，从而得到一组特定时间下表达数值的序列。

采样电路的工作原理如图 1-9 所示。它由一个电子模拟开关 AS，电容 C_h 以及两个阻抗变换器组成。模拟开关 AS 受逻辑输入信号的电平控制。在高电平时 AS 闭合，电路处于采样状态。电容 C_h 迅速充电或放电到 u_i 在采样时刻的电压值。模拟开关 AS 的闭合时间应满足使 C_h 有足够的充电或放电时间即采样时间。显然，希望采样时间越短越好，因而应用阻抗变换器 Ⅰ，它在输入端呈高阻抗，而输出阻抗很低，使 C_h 上的电压能迅速跟踪 u_i 值。当逻辑输入信号为低电平时，模拟开关 AS 打开，则电容 C_h 上保持住 AS 打开瞬间的电压值，电路处于保持状态。同样，为了提高保持能力，电路中应用了另一个阻抗变换器 Ⅱ，它对电容 C_h 呈现高阻抗，而输出阻抗很低，以增强带负载能力。阻抗变换器可由

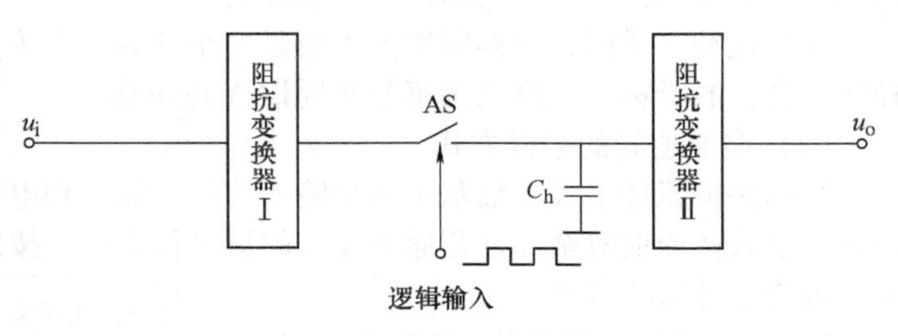

图 1-9　采样电路的工作原理

运算放大器构成。常用的采样保持器芯片有 AD582、LF398 等型号，其详细技术参数和使用方法，请参考有关的产品说明书。

采样保持过程如图 1-10 所示，T_c 为采样脉冲宽度，T_s 为采样周期，u_s 为采样信号。

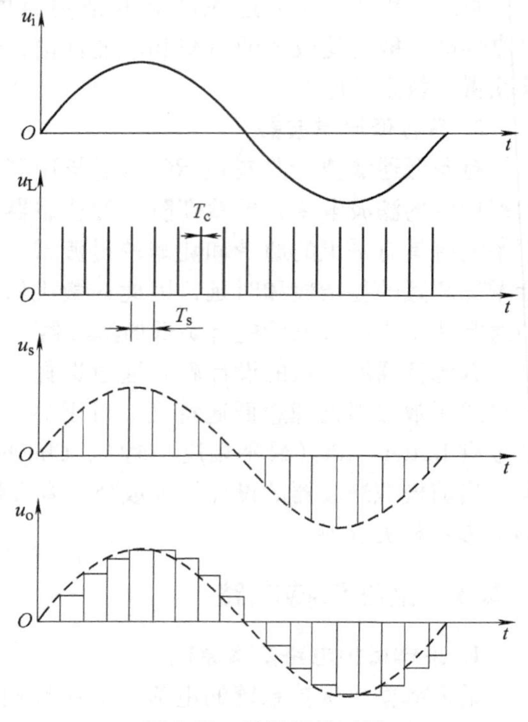

图 1-10　采样保持过程

2. 采样方式

以下讨论在数字保护中使用的以时间间隔 T_s 为采样周期的采样方式。假设输入信号为带限信号（已通过理想低通滤波器），使用的采样频率满足采样定理的要求。

（1）单一通道的采样方式

根据采样点的位置以及采样间隔时间与输入波形在时间上的对应关系，采样方式可以分为异步采样和同步采样。

1）异步采样。异步采样也称定时采样。等间隔采样周期 T_s 永远保持固定不变，即 T_s 为常数。微机继电保护中的采样频率 f_s 通常取为电力系统工频 f_0 的整数倍 N，但在电力系统运行中，基频 f_1 可能发生变化而偏离工频，故障状态下偏离甚至很严重。这时采样频率 f_s 相对于基频不再是整数倍关系，因此这种采样方式会给许多算法带来误差，微机保护中已经不再使用这种方式。

2）同步采样。同步采样的主要方式为同步跟踪采样。跟踪采样的采样周期 T_s 不再恒定，而是使采样频率 f_s 跟踪系统基频 f_1 的变化，始终保持 $f_s/f_1=N$（不变整数）。为了实现这一目的，通常是通过硬件或软件测取基频 f_1 的变化，然后动态调整采样周期 T_s 来实现。采用同步采样跟踪采样技术后，数字滤波以及一些算法能彻底消除基频波动引起的计算误差，因此在微机继电保护中主要采用跟踪采样技术。

采用这种方式时，采样频率 f_s 不再是一个常数。因为 $f_s/f_1=N$ 不变，习惯上用 N 作为采样频率高低的指标，并称之为每基频周期 N 点采样。

（2）多通道间的采样方式

继电保护原理绝大多数基于多个输入信号，如三相电压、三相电流等。多通道采样就是在每一个采样周期对全部这些通道输入的量进行采样。按照对各通道信号采样的相互时间关系，可有三种采样方式。

1）同时采样，同时模-数转换方式。在同一采样时刻，对所有需要采样的各个通道的量一起采样的方式叫同时采样。一般情形下，保持各个（或某些个）输入信号的同时性对微机继电保护才有意义。这种采样方案如图 1-11 所示，是每一个通道都设置采样保持器和模-数转换器，

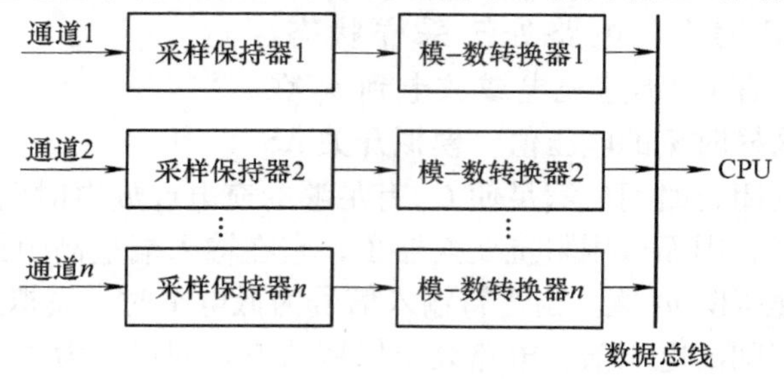

图 1-11　同时采样，同时模-数转换方式示意图

同时采样后同时进行模-数转换。从理论上说，这种采样方案是微机继电保护中最为理想的采样方式，但模-数转换器价格较贵，且功耗较大，在实际产品中这种方式很少采用。

2）同时采样，依次模-数转换方式。如图1-12所示，这种方案是全部通道合用一个模-数转换器，所有采样保持器在逻辑输入端并联后在采样脉冲的控制下同时采样，利用多路转换器轮流切换，由一个模-数转换器依次实现多个通道的转换。虽然这种方式在完成相同的输入通道数量下的转换速率要慢于上一种方式，但这一方案的成本低，故目前获得了广泛应用并且有多种专用芯片，如MAX125、ADS8364、AD7656等。

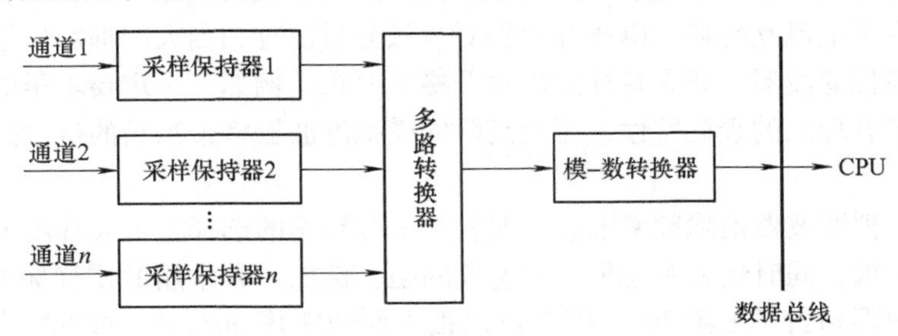

图1-12　同时采样，依次模-数转换方式示意图

3）顺序采样。在每一个采样周期内，对上一个通道完成采样及模-数转换后，再开始对下一个通道进行采样及转换的方式叫顺序采样，其结构示意如图1-13所示。顺序采样必然会给各通道采样带来时间差。由于目前采用的采样器与模-数转换器的速度（几微秒/单通道）远大于系统基波变化速度（20ms/每周波），所以顺序采样是利用这种快速性来近似地满足同时性的。当然，这只适合采样及模-数转换速度高，并且对同时性要求不高的场合。顺序采样的优点是只需一个公用的采样保持器和模-数转换器，并且对其技术要求较低。目前这种方式在电力系统监测及低压配电网络微机保护中仍占有重要地位。

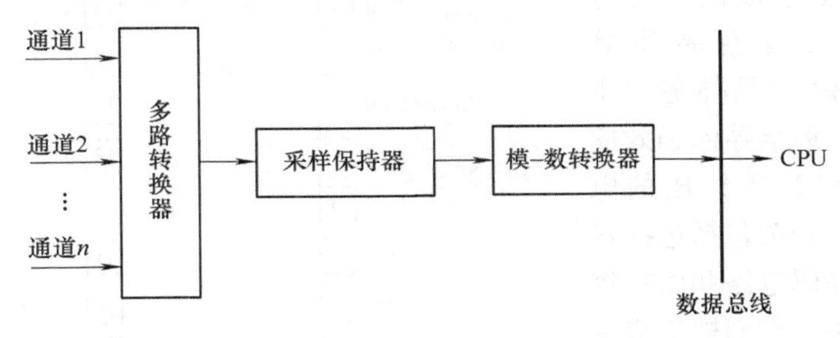

图1-13　顺序采样方式示意图

3. 采样频率的选择

采样频率f_s的选择是微机保护数据采集系统中硬件设计的重要内容。需要综合考虑多种因素。首先，采样频率的选择必须满足采样定理的要求，即采样频率必须大于原始信号中最高频率的2倍，否则将造成频率混叠，采样后的信号不能真实代表原始信号。其次，采样频率的高限受到CPU的速度、被采集的模拟信号的路数、模-数转换后的数据与存储器的数据传送方式的制约。如果采样频率太高，而被采集的模拟信号又特别多，则在一个采样间隔内难以完成对所有采样信号的处理，就会造成数据错误，微机系统将无法正常工作。

对微机保护系统来说，在故障初瞬间，电压、电流中可能含有相当高的频率分量（例如2kHz以上），为防止混叠，采样频率f_s将不得不用得很高（至少要4kHz以上），从而对硬件速度提出过高的要求。但实际上目前大多数的微机保护原理都是反映工频量的，在这种情况下可以在采样前用一个低通模拟滤波器（ALF）将高频分量滤掉，这样就可以降低f_s，从而降低对硬件的要求。实际上，在下一章中将看到，由于数字滤波器有许多优点，因而通常并不要求模拟滤波器（ALF）滤掉所有的高频分量，而仅用它滤掉$f_s/2$以上的分量，以消除频率混叠，防止高频分量混到工频附近来。低于$f_s/2$的其他暂态频率分量，可以通过数字滤波来滤除。由于电流互感器、电压互感器对高频分量已有相当大的抑制作用，因此不必对抗混叠的低通模拟滤波器的频率特性提出很严格的要求，例如不一定要求很陡的过渡带，也不一定要求阻带有理想的衰耗特性，否则高阶的模拟滤波器将带来长的过渡过程，影响保护的快速动作。

采用低通模拟滤波器消除频率混叠问题后，采样频率的选择在很大程度上取决于保护的原理和算法的要求，同时还要考虑硬件的速度问题。例如一种常用的采样频率是$f_s=600\text{Hz}$，这正好使采样间隔相当于工频30°，因而可以很方便地实现30°、60°或90°移相，从而构成负序滤波器等。

1.2.4　模拟量多路转换开关

从采样方式的讨论中可知，在微机继电保护装置中为了准确地获得各个电气量之间的相位关系，所有采样保持器在逻辑输入端并联后由采样脉冲控制实现同时采样。但由于模-数转换器价格昂贵，通常不是在每个模拟量输入通道设一个模-数转换器，而是共用一个，中间经多路转换开关切换轮流由共用的模-数转换器转换成数字量输出到中央处理器（CPU）。

多路转换开关是用数字电子逻辑控制模拟信号通、断的一种电路，通常是由双极型晶体管（BJT）、结型场效应晶体管（J-FET）或金属氧化物半导体场效应晶体管（MOS-FET）等组成的电子开关。多路转换开关包括选择接通路数的二进制译码电路和由它控制的多路电子开关，它们被集成在一个集成电路芯片中。常用的多路开关有8通道的AD7501、CD4501，16通道的AD7506等。

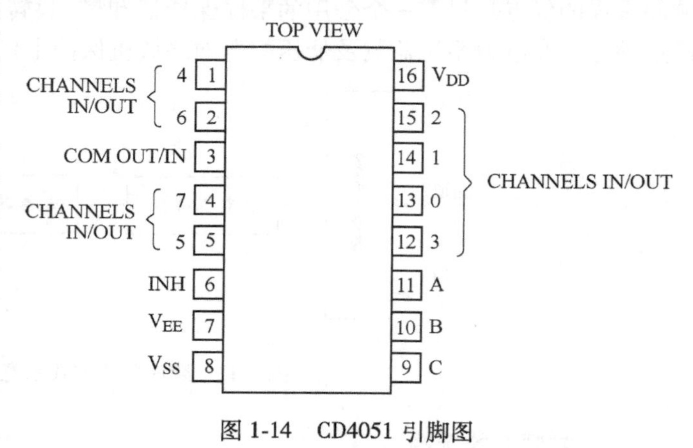

图1-14　CD4051引脚图

如图1-14所示，为CD4051引脚图，其各引脚功能如下：

1）A、B、C为地址端。

2）CHANNELS IN0/OUT0～IN0/OUT7为输入/输出端。

3）INH为禁止端。

4）COMOUT/IN为公共输出/输入端。

5）V_{DD}为正电源端。

6）V_{EE}为模拟信号地端。

7）V_{SS}为数字信号地端。

表1-1为CD4051的功能表，由表可知CD4051相当于一个单刀八掷开关，开关接通哪一通道，由输入的3位地址码A、B、C来决定。INH是禁止端，当INH=1时，各通道均不接通。

表1-1 CD4051的功能表

INH	C	B	A	选中输出通道
0	0	0	0	0
0	0	0	1	1
0	0	1	0	2
0	0	1	1	3
0	1	0	0	4
0	1	0	1	5
0	1	1	0	6
0	1	1	1	7
1	×	×	×	无输出

1.2.5 模-数转换器

模-数转换器（A-D）实际上是一种译码电路。它将输入的模拟量U相对于模拟参考量（模拟基准量）U_R进行比较，经过译码电路转换成数字量D输出。一个理想的模-数转换器，其输出与输入的关系式为

$$D = U/U_R \tag{1-1}$$

式中，D为小于1的二进制数。

对于单极性的模拟量，小数点在最高位前，即要求输入U必须小于U_R，D可表示为

$$D = B_1 2^{-1} + B_2 2^{-2} + \cdots + B_n 2^{-n}$$

式中，B_1为其最高位，常用英文缩写MSB表示；B_n为最低位，英文缩写为LSB。B_1~B_n均为二进制码，其值只能是“1”或“0”。

因而式（1-1）又可写为

$$U \approx U_R(B_1 2^{-1} + B_2 2^{-2} + \cdots + B_n 2^{-n})$$

以上即为模-数转换器中模拟信号量化的表示式。

模-数转换器的主要技术指标有：

1）分辨率。当进行模-数转换时，模-数转换器对模拟量的辨别能力称为分辨率。分辨率通常用二进制数字量的位数n来表示。它表明了模-数转换器能对其满量程的2^{-n}变化量作出反应。例如12位的模-数转换器的满量程为10V，则有$10 \times 2^{-12} = 0.0024$V，如果输入电压的变化量小于0.0024V，则模-数转换器将无法分辨。

2）输入模拟量的极性。指模-数转换器要求输入的信号是单极性还是双极性的电压。微机保护装置从被保护的电力线路或设备上取得电流、电压等信号经过电压形成回路后一般是双极性的电压，如果采用的模-数转换器要求是单极性输入，就必须加入相应的信号调理

电路进行极性变换。如将−5~5V的双极性信号变换为0~5V的单极性信号的电路。

3）量程。指模-数转换器输入模拟电压转换的范围，如0~5V、0~10V、−5~5V等。

4）精度。模-数转换器的转换精度有绝对精度和相对精度两种表示方法。通常用数字量的位数来表示绝对精度单位，如精度是最低位的1/2位即±1/2LSB；而用百分比来表示满量程的相对误差，如0.05%。

模-数转换器的位数决定了量化误差的大小，反映了转换的精度和分辨率，这一点对微机继电保护十分重要。因为保护在工作时，输入电压和电流的动态范围大，在输入值接近模-数转换器量程的上限时，1个LSB的最大量化误差是可以忽略的；但当输入电压、电流很小时，1个LSB的量化误差所引入的相对误差就不能忽略了。例如，输电线的微机距离保护，既要求在最大的短路电流（如100A）时，保证模-数转换器不溢出，又要求有尽可能小的精确工作电流值（如0.5A），以保证在最小运行方式下远方短路仍能精确测量距离，这就要求有接近200倍的精确工作范围。采用8位的模-数转换器显然不能满足要求，因为对于双极性模拟量的8位模-数转换器，其二进制数字输出的有效位只有7位，因此最大值与LSB之比为$2^7=128$。如果输入100A有效值时，要求其峰值不溢出，则0.5A时连峰值也小于1个LSB，即输入0.5A有效值的正弦量时，模-数转换器的输出将始终是零。实际上，不论交变的模拟量输入有效值有多大，则在过零附近的采样值总是很小，因而经模-数转换后的相对量化误差可能相当大，这样将产生波形失真，但只要峰值附近的量化误差可以忽略，这种波形失真所带来的谐波分量可由第2章介绍的数字滤波器来抑制。通过分析和实践得出，采用12位的模-数转换器配合数字滤波器可以做到约200倍的精确工作范围。当采用16位的模-数转换器时，动态范围更容易满足微机保护的测量要求，应当指出，交流信号的测量精确度还与交流变换器的动态范围和传变特性有密切的关系。

由于模-数转换器的位数越多价格越高，加之微机保护通常计算的是工频信号或2次、3次谐波分量，对采样频率的要求不是很高，所以，微机保护较多采用将所有模拟量通道共用一片或几片模-数转换器的方案。

5）转换时间与速率。指模-数转换器完成一次将模拟量转换为数字量的过程所需要的时间。转换速率通常就是转换时间的倒数，它与器件工作原理及工作方式有关。

转换时间影响着模-数转换器的最高采样频率，以图1-14为例，由于各模拟量通道共用一个模-数转换器，所以至少要求采样间隔时间T_s为

$$T_s > n(t_{AD} + t_R) + t_Y \tag{1-2}$$

式中，T_s为采样间隔；n为模拟量的路数；t_{AD}为模-数转换一路的时间；t_R为读取一次模-数转换结果的时间；t_Y为时间裕度。

实际上，采样间隔时间T_s还应考虑中断程序的执行时间。

在20世纪90年代初的微机保护中，较常用的模-数转换器芯片是AD574。它是一个用逐次逼近原理实现的模-数转换器。芯片中包括一个12位数-模转换器，一个比较器和逐次逼近的硬件控制电路及控制电路所需要的内部时钟，以及三态缓冲器，其转换时间为25μs。但随着集成电路技术的发展，当前在微机保护中已很少使用AD574这一芯片了，取而代之的是新的，性能高的模-数转换器芯片，如MAX125、ADS8364、AD7656等。

ADS8364是一款具有6路独立的16位高速高精度模-数转换器，各路自带采样保持器，不需附加电路，就可以保证各通道数据采集的同步性，极适合如电力系统数据采集、控制等多路数据同步性要求高的场合。ADS8364结构框图如图1-15所示。

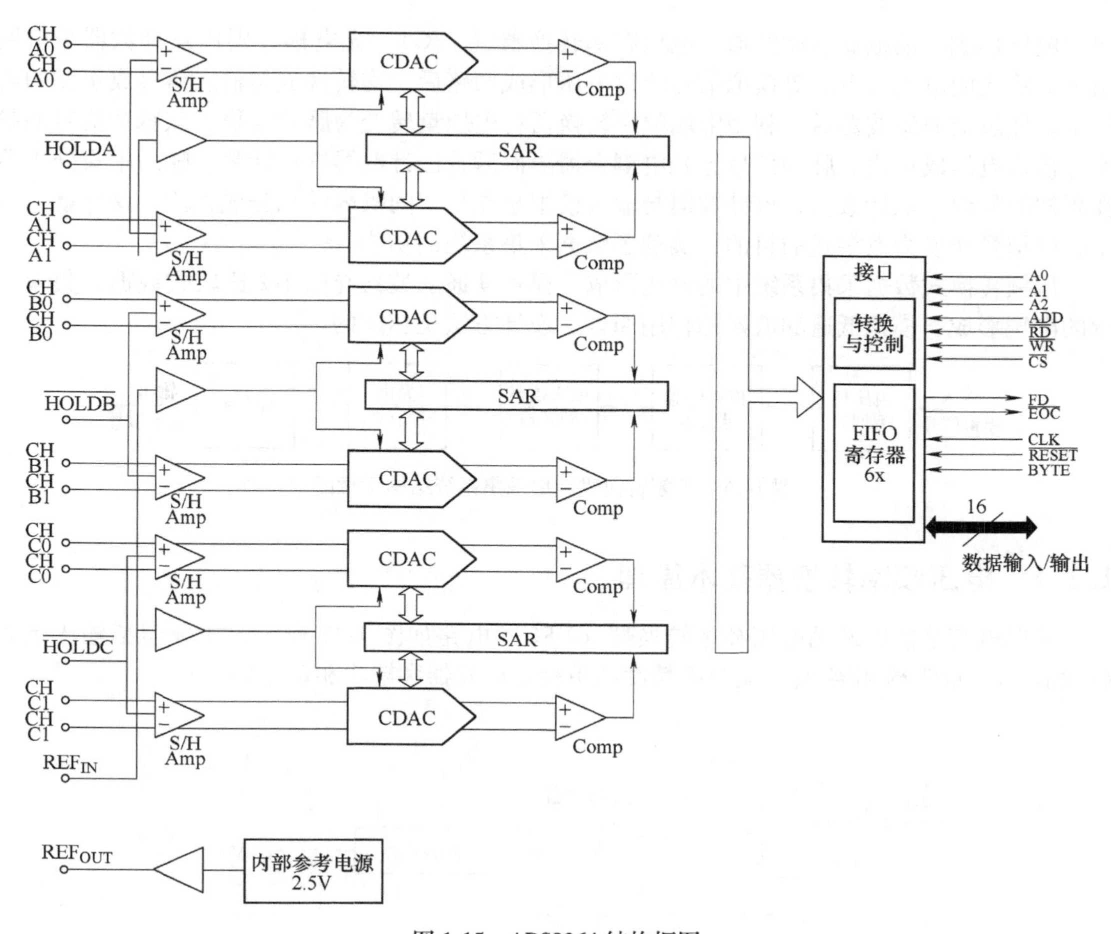

图 1-15　ADS8364 结构框图

其主要特性有：

1）6 路全差分输入通道。

2）6 个模拟输入端都有一个 ADCs 保持信号，可实现所有通道的同步采样与转换。

3）每个通道都有独立的 16 位模-数转换器，确保无误差的 14 位转换精度。

4）在同步运行下的最大采样频率为 250kHz，在 50kHz 的采样频率下，共模抑制比为 80dB，确保在高噪声环境下的高速可靠运行。

5）并行数据接口。

6）模拟与数字逻辑电源均采用单+5V 电压供电，而数字接口缓冲电源采用 3～5V，可灵活地与各种电压类型的 DSP 器件进行接口设计。

由于模-数转换器的工作原理在相关课程及资料中都有详细的介绍，在此就不作详细的说明。

1.3　压频转换式数据采集系统

压频转换式数据采集系统采用的是电压频率转换式模-数转换，如图 1-16 所示，其主要包括电压形成、模拟低通滤波器、电压频率转换器（VFC）、光电耦合器以及计数器等电路组成。输入的电压、电流等模拟信号经过电压形成回路后，均转换成与输入信号成正比的电压量，经过低通滤波器后，利用电压频率转换器将电压量转变为脉冲信号，该脉冲信号的频率与输入电压成正比。脉冲信号经光电耦合器隔离后，由计数器进行计数，随后中央处理器在采样间隔内读取计数值，该计数值与输入模拟量在采样间隔内的积分成正比，这样就达到了将模拟量转换为数字量的目的，实现了数据采集系统的功能。

压频转换式数据采集系统中的电压形成、模拟低通滤波器与图 1-2 比较式数据采集系统中的电压形成、模拟低通滤波器的作用原理、设计方法是相同的。

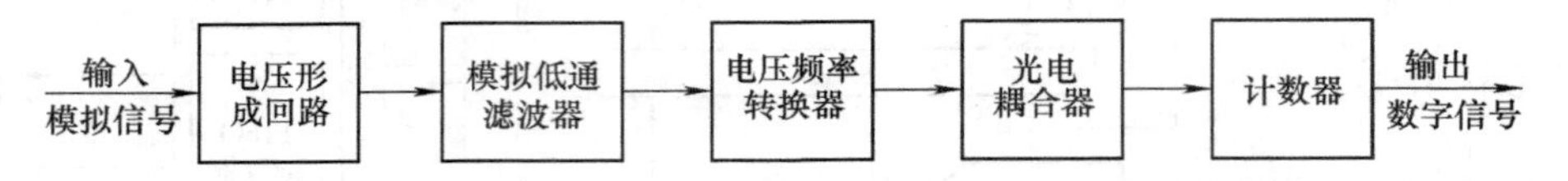

图 1-16　压频转换式数据采集系统结构示意图

1.3.1　电压频率转换器基本原理

采用电荷平衡原理的电压频率转换器（VFC）电路如图 1-17 所示，主要包括输入运算放大器 A_1、过零检测器 A_2、受控高精度的单稳态触发器和输出驱动电路。

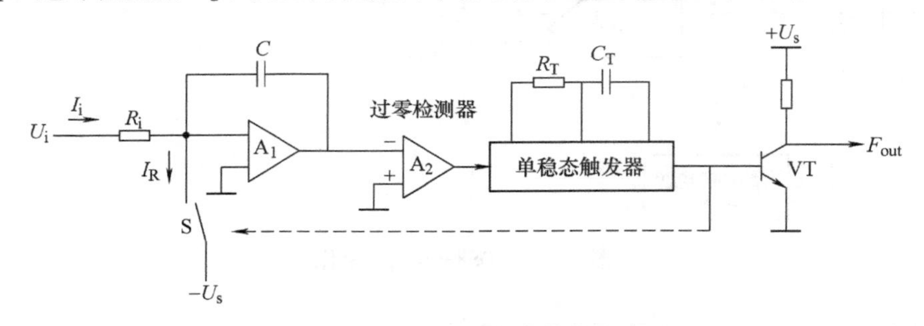

图 1-17　电荷平衡式电压频率转换电路原理图

图 1-17 中，运放 A_1 与 R_i、C 组成一个积分器，运放 A_2 为过零电压比较器。开关 S 受单稳态触发器输出控制。当单稳态触发器在稳态期间，S 打开；当单稳态触发器在暂稳态期间，S 闭合。单稳态触发器的输出经晶体管 VT 放大后输出脉冲信号。整个电路可视为一个振荡频率受输入电压控制的多谐振荡器。其工作原理如下：

输入运算放大器 A_1 的输出电压与存储在 C 上的电荷成正比，当输入为电压信号时，这个电压通过 R_i 产生一个电流，对 C 进行充电，从而在输出端产生一个负的斜坡电压，当输出电压为零时，过零检测器 A_2 翻转，其输出端触发单稳态触发器，单稳态触发器产生一个单脉冲信号。脉冲信号的宽度为 T_{os}。该脉冲信号一方面通过输出驱动电路在 F_{out} 端产生一个脉冲信号，另一方面控制电子开关 S。在 T_{os} 期间，电子开关 S 闭合，于是通过这个开关的电流 I_R 对电容器反充电，积分器的输出电压变为正，直到 T_{os} 结束，电子开关断开，输入电压又对电容器充电，运算放大器 A_1 的输出电压再次从正变为零，过零检测器再次触发单稳态触发器，单稳态触发器又产生一个脉冲信号，这个过程不断重复，在输出端产生一个脉冲序列。当输入电压变高时，由于充电电流增大，充电速度快，A_1 输出端的电压下降也变快，于是脉冲信号的频率增加，可见，该脉冲信号的频率与输入电压的瞬时值成正比。从而将输入电压转换成一系列等幅脉冲信号，计数器记录一定时间间隔内的脉冲数，从而实现了模拟信号到数字信号的转换。

电荷平衡式电压频率转换器的转换波形如图 1-18 所示。设脉冲信号的周期为 T，其中低脉冲的宽度为 t_0，根据电荷平衡原理有如下关系：

$$I_R t_0 = \frac{U_i}{R_i} T \tag{1-3}$$

因而

$$f_{out} = \frac{1}{T} = \frac{U_i}{I_R R_i t_0} \tag{1-4}$$

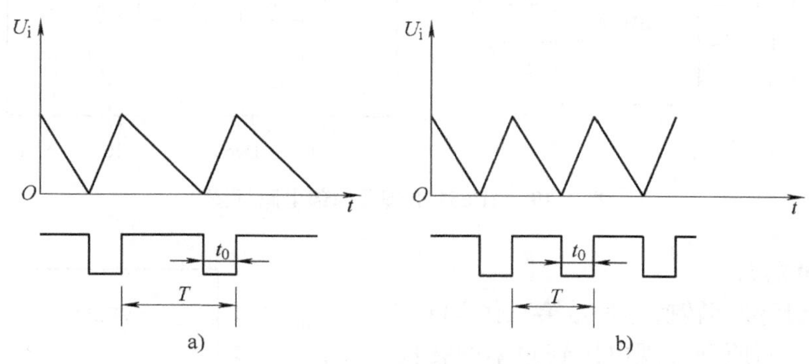

图 1-18　电荷平衡式电压频率转换波形图

a）输入电压低的情形　b）输入电压高的情形

可见，输出脉冲信号的频率与输入电压的瞬时值成正比。而单稳态触发器的输出脉冲信号的宽度受 R_T 和 C_T 两个参数的影响。通常在生产 VFC 芯片时将 R_T 固定，而 C_T 由用户外接，通过改变 C_T 的大小，可改变单稳态触发器输出脉冲信号的宽度。当输入电压为最大值时，如果脉冲信号的宽度太大，会使脉冲信号无法分辨，因而，每一种 VFC 芯片都有一个最高转换频率。最高转换频率与输入回路等效电阻和 C_T 的关系如下：

$$f_{out,max} = \frac{U_{i,max}}{KR_i C_T} \tag{1-5}$$

式中，K 为电压频率转换器的转换系数，由具体的电路参数决定。

1.3.2　常用 VFC 芯片简介

1. AD654 芯片

AD654 是美国模拟器件公司生产的一种低成本、8 脚封装的电压频率转换器。它由低漂移输入放大器、精密振荡器系统和输出驱动级组成，使用时只需一个 RC 网络即可构成应用电路。其引脚及内部电路如图 1-19 所示。主要参数如下：

电源电压（$\pm U_s$）：单端为 5~36V；双端为+5~+18V，−18~−5V；

满刻度输出频率：500kHz；

模拟信号输入方式：负端电流输入方式，正或负端电压输入方式；

模拟电压信号输入范围：单端供电方式时为 0~($+U_s$−4V)；双端供电方式时为 $-U_s$ ~

$(+U_s-4V)$；

最大输入电流：1mA；

输入阻抗：250MΩ

输出方式及负载能力：开路集电极输出，可驱动12个TTL负载；

输出频率与输入电压关系：$f_{out}=\dfrac{|U_i|}{10RC_T}$

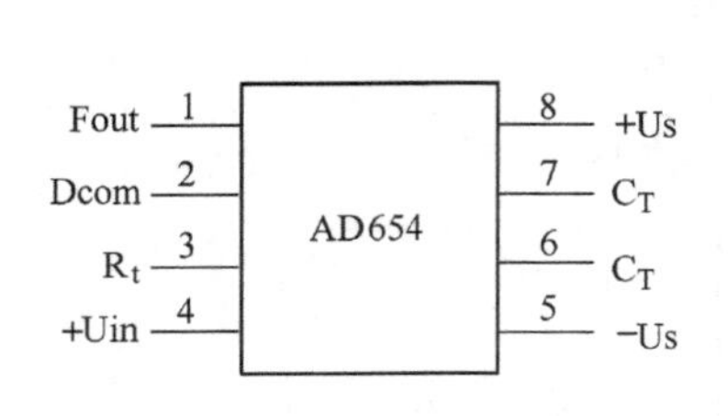

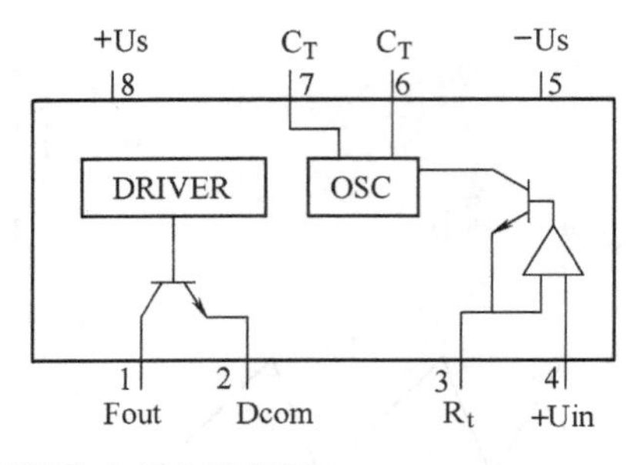

图1-19　AD654引脚及内部电路框图

2. VFC110芯片

VFC110电压频率转换芯片是第三代VFC芯片。采用电荷平衡原理实现电压到频率的转换。在片上有一个精密的5V参考电压，可作为VFC转换时的偏移电压。具有一个使能引脚（EN），因此可将几片VFC110芯片的输出并联使用。输出为开路集电极TTL/CMOS输出，可通过光电耦合器隔离或变压器隔离。对于10V的输入，其满刻度输出频率为4MHz。该芯片的引脚如图1-20所示。

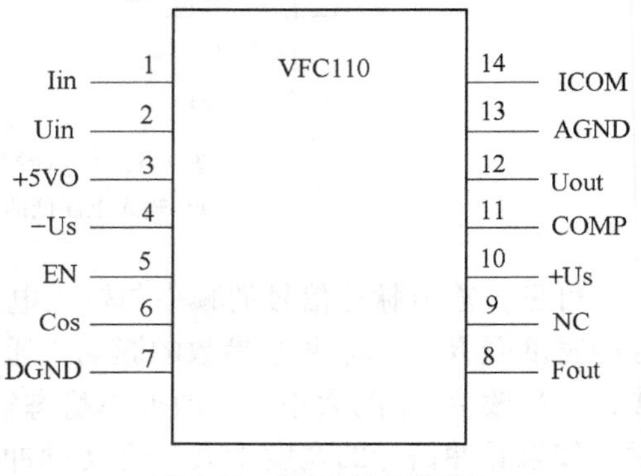

图1-20　VFC110引脚图

图1-20中，±Us为电源输入端，输入电压范围为+8～+18V和−18～−8V。Cos为外接电容端，通过改变该端的电容值可改变VFC110的最高转换频率。Uin为电压信号输入端，输入电压范围为$-5V\sim+U_s$。输入回路的满刻度电流典型值为0.25mA，最大值为0.5mA。Fout为频率信号输出端，输出端应接上拉电阻。图1-21为对应输入电压为10V，最高输出频率为4MHz的典型接线图。

3. 由VFC110芯片构成的数据采集系统电路

由VFC110芯片构成的数据采集系统如图1-22所示。在图中，光电耦合器实现模拟系统与数字系统的隔离，具有抗干扰的作用，选用的型号为6N137。

用电压频率变换原理（VFC）构成的模-数转换器，具有工作稳定、精度高、抗干扰能力强，同CPU接口简单和调试方便等一系列优点。因此在微机线路保护装置中得到了广泛的应用。

1.3.3　两种模-数转换方式的分析

通过对逐次逼近式模-数转换和压频转换式两种数据采集系统的分析可知，虽然它们都

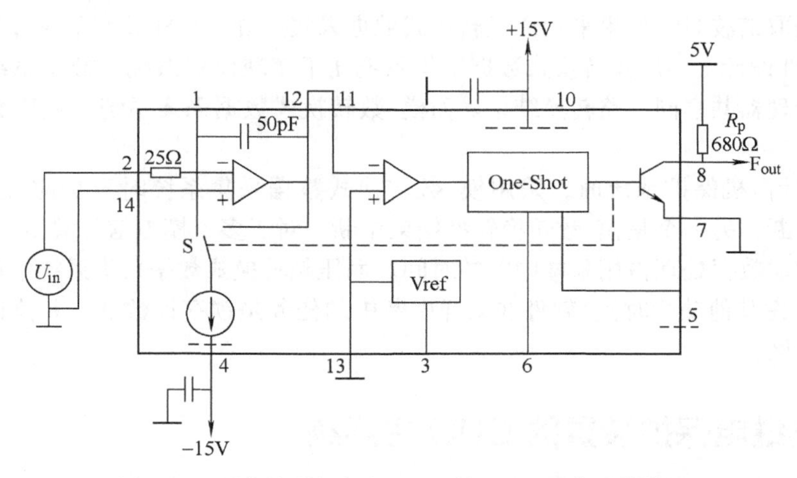

图 1-21　最高输出频率为 4MHz 的 VFC110 典型接线图

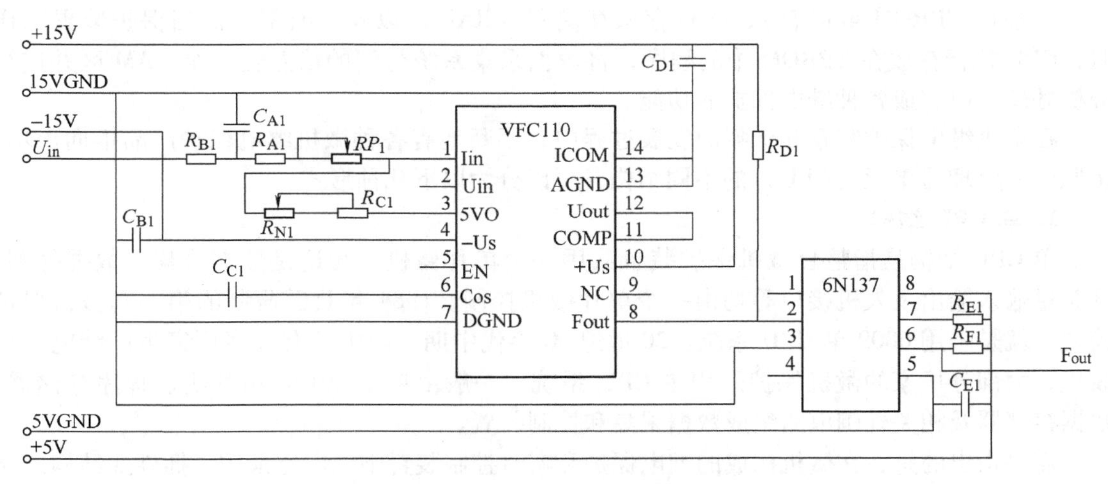

图 1-22　由 VFC110 芯片构成的数据采集系统

能实现模拟信号到数字信号的转换，但两种数据采集系统各有特点。主要表现在以下几方面：

1）采用逐次逼近模-数转换芯片构成的数据采集系统经模-数转换的结果可直接用于微机保护中的数字运算，而采用压频转换芯片构成的数据采集系统，由于计数器采用了减法计数器，所以每次采样中断从计数器读出的计数值与模拟信号没有对应的关系。必须将相邻几次读出的计数值相减后才能用于数字运算。

2）模-数转换芯片构成的数据采集系统的分辨率决定于模-数转换芯片的位数。位数越高，分辨率也越高。但硬件一经选定则分辨率便固定。而由压频转换芯片构成的数据采集系统的分辨率不仅与压频转换芯片的最高转换频率有关，而且还与软件计算时所选取的计算间隔有关。计算间隔越长，分辨率越高。

3）模-数转换芯片构成的数据采集系统对瞬时的高频干扰信号敏感，而压频转换芯片构成的数据采集系统具有平滑高频干扰的作用。采样间隔越大，这种平滑作用越明显。因此，在需要提取谐波时，如果采用压频转换式数据采集系统，采样频率不应过低。

4）在硬件设计上，压频转换式数据采集系统便于实现模拟系统与数字系统的隔离。便于实现多个处理器共享同一路转换结果。而模-数转换式数据采集系统不便于数据共享和光电隔离。

5）在设计微机保护系统时，采用模-数转换式数据采集系统时至少应设有两个中断，一个是采样中断，另一个是模-数转换转换结束中断。对于多个模拟信号共用一片模-数转换芯片时，应考虑数据处理占用采样中断的时间。而压频转换式数据采集系统中可只设一个采样中断（不考虑其他功能时），软件在采样中断中的任务是锁存计数器，并读计数器的值后存到循环存储区。

1.4　微机继电保护装置的CPU主系统

CPU主系统是微机继电保护装置的核心部分，包括中央处理器单元（CPU）、只读存储器（一般用EPROM或闪存）、随机存取存储器（RAM）以及定时器等。当保护装置工作时，CPU执行存放在EPROM中的程序，将数据采集系统得到的信息输入至RAM区并进行分析处理，以完成各种继电保护的功能。

在微机继电保护装置几十年的发展过程中，不断地有各种微机继电保护产品推向市场。按照中央处理器单元（CPU）的不同结构，可以分为以下几种形式：

1. 单CPU结构

单CPU结构是指整套微机保护装置共用一个单片微机，无论是数据采集、数据处理、开关量输入输出及人机接口等均由一个单片微机控制。1984年我国研制的第一套微机保护装置，就是采用6809单CPU系统。20世纪90年代中期，国内已有许多厂家生产继电保护装置，大部分厂家的微机保护采用单CPU系统，一般由单个80196单片机、程序存储器、数据存储器及相关外围电路组成数据采集和控制装置。

需要指出的是，在微机构成的继电保护和实时控制装置中，广泛采用了插件式结构。这种结构把整个硬件逻辑网络按照功能和电路特点划分为若干部分，每个部分做在一块印制电路板上，板上对外联系的引线通过插头引出。微机保护机箱内装有相应的插座，印制电路板均可方便地插入和拔出。通过机箱插座间的连线将各个印制电路板连成整体并实现到端子排的输入输出端的连接。例如在110kV以下线路中使用的NSA型微机保护装置包括的插件有：微机板、交流输入板、开关量输入板、通信与电源板、出口跳闸信号板、开关操作回路板。图1-23为采用单CPU结构插件式NSA型微机保护装置的布局。

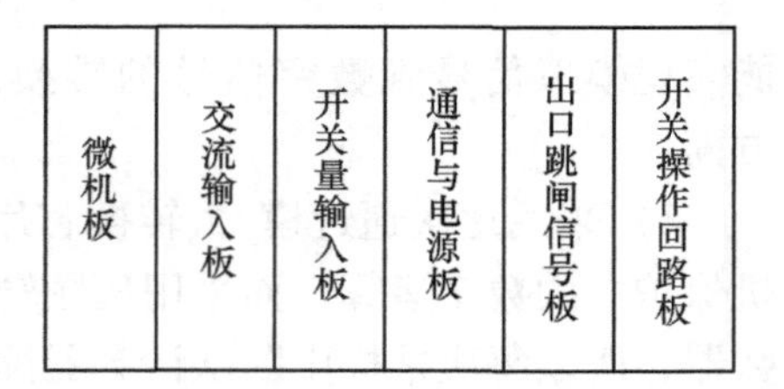

图1-23　NSA型微机保护装置结构布局

单CPU结构的微机保护，虽然功能简单，但其智能化水平较低。随着变电站自动化技术的发展，对继电保护装置的功能要求越来越高，变电站的保护、测量、控制、信号等功能要求采用一体化装置完成。使用一个CPU组成的单片机继电保护系统，其数据处理速度较慢，功能受到限制，很难完全满足变电站自动化的要求。

2. 多 CPU 结构

多 CPU 结构就是在一套微机保护装置中，按功能配置多个 CPU 模块，分别完成不同保护原理的主保护和后备保护及人机接口等功能。采用这种结构的保护装置，如有一个模块损坏，均不影响其他模块的正常工作，有效地提高了保护装置的容错水平，防止了一般性的硬件损坏而闭锁整套装置的保护功能。同时这种结构能够完成测控一体化的功能，以满足变电站自动化的要求。

多 CPU 结构的微机保护用多个单片机插件处理，例如一个单片机插件完成继电保护、故障录波和小电流接地选线等功能；一个插件完成测量、仪表和谐波分析等功能，一个插件完成集中管理及人机接口任务，不同的插件之间靠串行通信交换数据。

图 1-24 为采用多 CPU 结构的 WXH-25G 型微机线路保护装置的硬件结构框图。该装置配置了 4 个硬件完全相同的保护（CPU）插件，分别完成距离保护、零序电流（方向）保护、三相一次重合闸以及故障录波功能。另外还配置了一块接口插件（MONITOR），完成对各个保护（CPU）插件巡检、人机对话和与系统联机通信等功能。其主要有以下特点：

1）3 个保护（CPU）插件中有任何一个损坏不影响其他两种保护（CPU）插件的正常工作，可有效地防止一般性的硬件损坏而闭锁整套装置的保护功能。

2）采用距离、零序、重合闸的起动继电器三取二方式，至少有两种保护插件的起动元件动作才开放跳闸出口回路，有效地防止了硬件损坏造成的保护装置误动作。

3）每个保护（CPU）插件几乎包括了一种保护所需的所有元器件（VFC 除外），构成了一个独立的微机系统。地址、数据总线等易受干扰的部分均不外引，与外部联系的电气量均经光耦合器隔离，提高了抗干扰性能。

4）每个单片机只分担一种保护功能，具有很高的冗余度，使可靠性得到很大的提高。

5）各个 CPU 插件自检及保护与接口 CPU 间互检相结合，对任何故障都能定位到插件甚至芯片，同时由于各个保护（CPU）插件完全相同，从而使硬件故障的处理时间大大缩短。

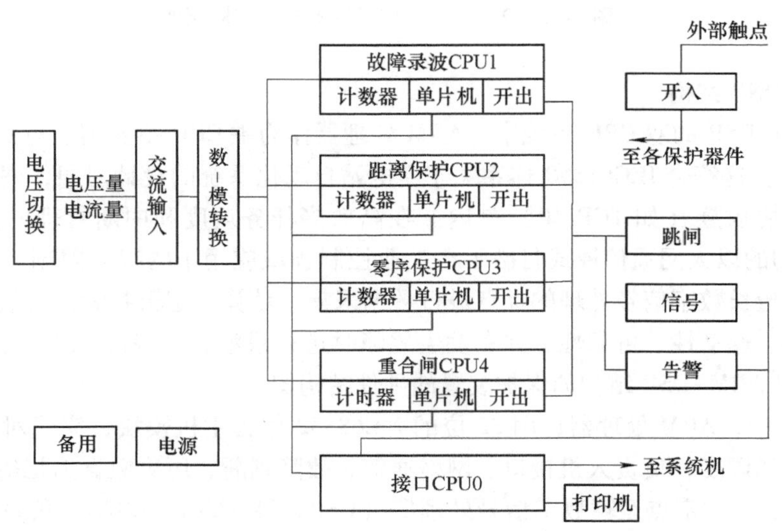

图 1-24　WXH-25G 型微机线路保护装置的硬件结构框图

3. DSP 结构

数字信号处理器（DSP），是一种经过优化后用于处理实时信号的微控制器，它是随着微电子学、计算机技术以及数字信号处理技术等学科的飞速发展而产生的。由于具有高运算速度、高可靠性、低功耗、低成本以及在 CPU 指令中直接提供数字信号处理的相关算法等优点，DSP 已在计算机领域得到了广泛应用。近年来许多厂家采用 DSP 及灵活的现场总线技术，构成简洁高性能的数据采集和处理系统，实现变电站的保护、测量、控制、信号、故障录波、谐波分析、电度采集、小电流接地选线和低周减载等功能。DSI 系列数字式保护装置结构原理如图 1-25 所示。测控装置采用 TI 公司的 DSP 芯片 TMS320F2407 作为 CPU，可独立完成对应一次单元的二次功能，而不依赖通信和其他间隔层设备，变电站层设备和间隔层设备间以 CAN-BUS 现场总线交换信息。

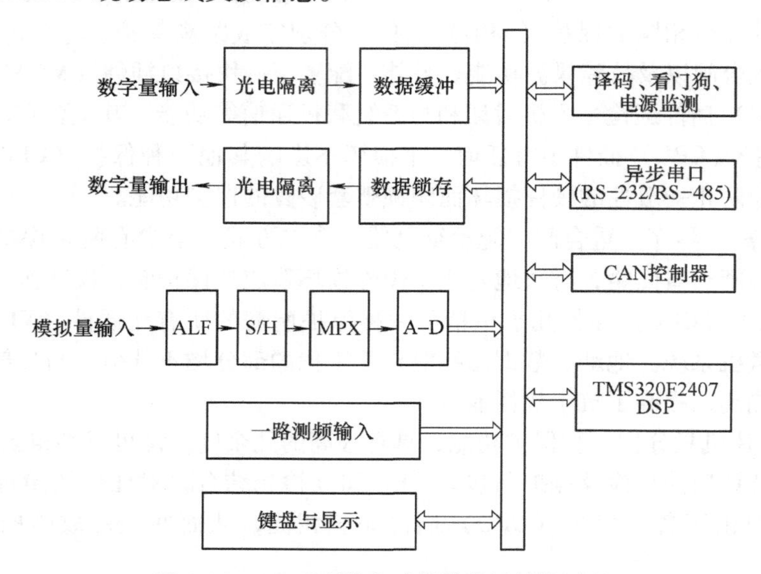

图 1-25　DSI 系列数字式保护装置结构原理

4. ARM+DSP 结构

采用 ARM+DSP 的双 CPU 系统中，ARM 处理器作为主 CPU 主要用于与变电站级的通信（以太网接口），这符合 IEC61850 体系关于变电站自动化系统的设计思想，嵌入式操作系统所使用的网络协议族（如 TCP/IP）是内嵌在高效多任务调度和中断管理的操作系统之中的，ARM 架构的以太网通信模式打破了在工业控制领域应用中的很多限制。DSP 利用自身运算速度快且擅长数字信号处理的优点进行数据采集、计算、逻辑判断，有效地保证了微机保护的选择性、速动性、可靠性，并在发生故障时进行录波，记录故障下的数据以供分析。图 1-26 为采用 ARM+DSP 结构的保护装置的硬件结构图。

在图 1-26 中，ARM 处理器选用 32 位的 MC68332 作为主机模块，完成对整个系统中各个任务的管理和调度，负责人机接口、网络通信、故障判断、历史数据追忆等功能。DSP 则采用 TI 公司的 16 位定点运算数字信号处理器（DSP）TMS320LF2407A，负责数据采集、计算、逻辑判断和实现继电保护功能，有效地保证了微机保护的选择性、速动性、可靠性，并在发生故障时进行录波，记录故障下的数据以供分析。MC68332 与 TMS320LF2407A 之间通过双口 RAM 进行数据交换。DSP 总起动元件与 DSP 保护测量数据采样系统的电子电路完全独立，只有总起动元件动作才能开放出口继电器正电源，从而真正保证了任一器件损坏不至于引起保护误动。

人机接口模块（如图 1-26 中点画线框所示）采用 MCS51 系列的 DS80320 芯片，负责人机接口和通信管理，完成与主机模块的通信，从主机获得实时计算的运行参数，并通过大屏幕液晶显示器显示，以及向主机模块下达操作命令等。

为了使系统的冗余度更大，各个模块的外围电路都采用了高性能配置。由 MC68332 和 TMS320LF2407A 组成的主板中，MC68332 拥有 544KB 的程序空间和 256KB 的 RAM 空间，TMS320LF2407A 拥有 32KB 的片内 FLASH ROM 和 64KB 的片外 RAM 空间，另外采用了高速度、高精度的 14 位 ADC MAX125。

采用高性能的单片机（ARM）和嵌入式数字信号处理器 DSP 构成简洁高性能的数据采集和处理系统，不仅兼顾各专业对暂态数据和稳态数据的不同处理要求，而且提高了对暂态数据处理的准确性、可靠性及对稳态数据处理的实时性，解决了传统继电保护装置顺序处理任务的种种弊病。

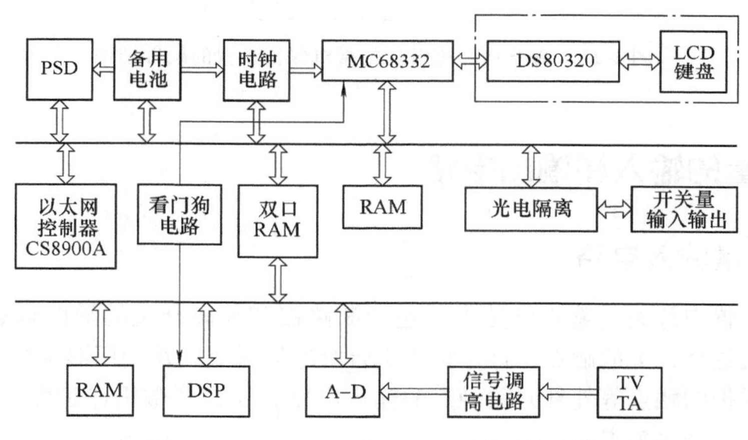

图 1-26　ARM+DSP 的双 CPU 系统硬件结构

5. CPLD+DSP 系统

图 1-27 所示为基于 DSP+CPLD 的微机保护装置的硬件结构。在该结构中，DSP 芯片 TMS320VC33 主要承担实时数据采集、完成保护算法，以及实现继电保护等功能。CPLDXC95114 完成的功能有配置开关量和模拟量的输入/输出接口，A-D 与 DSP 之间的 FIFO、译码器、缓存器、计数器和可编程 I/O 接口，外部存储器与 DSP 的接口，以太网与 DSP 的接口以及液晶显示和键盘输入与 DSP 之间的接口等。该系统配置有 4 块复杂的可编程序逻辑器件 CPLD 芯片，其中的 1 块直接连接 CPU，它主要为其他 3 块 CPLD 芯片分配地址和传递数据，以及提供片选信号，起到地址译码和数据缓冲的作用。另外 3 块芯片主要作外部存储器、模拟量输入、数字量输入/输出、以太网通信的数据缓冲器。CPLD 具有高集成度、高速度和低价位、电擦除、边界扫描测试等高级特性，CPLD 应用在微机继电保护装置中，很好地实现了系统的简化。采用 CPLD 器件设计电路板，在控制 PCB 尺寸及安排布线等方面都有着无法比拟的优越性，为实现电路的集成化、高可靠性提供了保证。

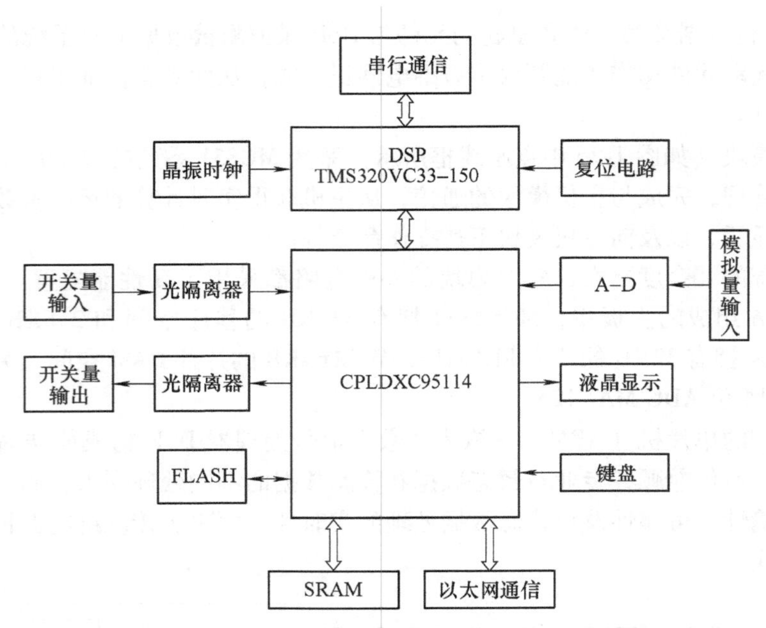

图 1-27　基于 DSP+CPLD 的微机保护装置的硬件结构

1.5　开关量的输入和输出电路

1.5.1　开关量输入电路

微机保护装置中开关量输入电路主要包括断路器和隔离开关的辅助触点、保护投退压板、重合闸方式选择开关的触点、操作箱中手合继电器触点以及变压器保护中的瓦斯保护的触点、油温高保护的触点等外部开关触点的输入电路，还包括微机保护面板上的切换开关、按钮、键盘等内部开关触点。

对于装在微机保护面板上的切换开关、按钮、键盘等内部开关触点可直接接至微机的并行口，如图 1-28a 所示。其工作原理是：在系统初始化时设置图中的并行口的 PA0 为输入端，则 CPU 就可以通过软件查询，随时获取开关量 S_1 状态。图中 4. 7kΩ 电阻称为上拉电阻，保证当 S_1 断开时，PA0 被拉到高电平状态。

对于从装置外部引入的触点，如果也按图 1-28a 接线将给微机引入干扰，故必须经过光电耦合器芯片，如图 1-28b 所示。其工作原理是：当外部触点 S 接通时，光电耦合器的二极管导通，光电耦合器的晶体管也导通，其集电极输出低电位；当外部触点 K 断开，光电耦合器的二极管不导通，于是晶体管截止，集电极输出高电位，CPU 读并行口该位的状态，即可知道外部触点的状态。采用光电耦合器芯片后，将可能带有电磁干扰的外部接线回路和微机的电路隔离，两者无直接电的联系，而光电耦合器芯片的两个互相隔离部分的分布电容仅仅是几皮法，因此可大大削弱干扰。图中电阻 R 的取值要保证当触点 S 闭合时，光电耦合器处于深度饱和状态。采用两个电阻是为了防止一个电阻击穿后引起更多器件损坏。二极管 VD 为保护光电耦合器的二极管，电容 C 为抗干扰电容。

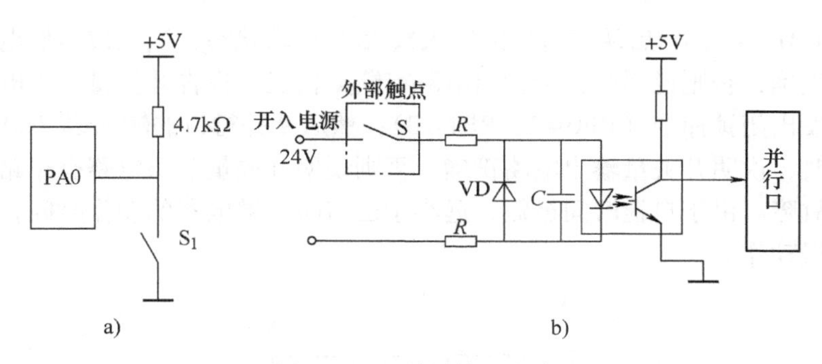

图 1-28　开关量输入电路

a）装在面板上的开关触点与微机接口连接图　b）装置外部引入的开关触点与微机接口连接图

1.5.2　开关量输出电路

在微机保护装置中设有开关量输出电路，用于驱动各种继电器。例如跳闸出口继电器、重合闸出口继电器、装置故障告警继电器等。设置多少路开关输出量应根据具体的保护装置进行考虑。一般情况下，对输电线路保护装置，设置6~16路开关输出量即可满足要求。对发电机变压器组保护、母线保护装置，开关量输入和输出电路的开关输出数量比线路保护要多，应按要求设计。

对于保护跳闸信号及中央显示信号等的开关量输出，可采用如图1-29所示的电路。只要由软件使并行口的PB0输出“0”，PB1输出“1”，便可使“与非”门Y1输出低电平，光电晶体管导通，继电器K被吸合。在初始化和要使继电器K返回时，应使PB0输出“1”，PB1输出“0”。

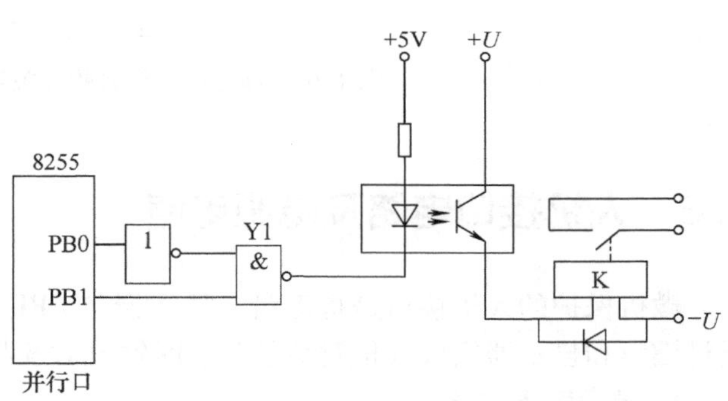

图 1-29　开关量输出电路

该电路采用由两根并行口输出线及“与非”门电路来控制开关量输出驱动电路，一方面是因为并行口带负载能力有限，使用逻辑门电路可提高驱动能力，另一方面因为采用“与非”门后要满足两个条件才能使继电器K动作，增加了抗干扰能力。在图1-29中的PB0经反相器后接至“与非”门，而PB1却不经反相器，这样连接可防止拉合直流电源过程中继电器K的短时误动。因为在拉合直流电源过程中，当5V电源处在中间某一临界电压值时，可能由于逻辑电路的工作紊乱而造成保护误动作，特别是保护装置的电源往往接有大量的电容器，所以在拉合直流电源时，无论是5V电源还是驱动继电器K用的电源U，都可能存在电压相当缓慢地上升或下降的现象，从而完全可能使继电器K的触点短时闭合。采用图1-29的接法后，由于两个相反的条件互相制约，从而有效地防止了继电器的误动作。

图1-30给出了一种具有自检能力的开关量输出电路原理图。在微机保护装置正常运行时，软件每隔一段时间对开出量电路进行一次检查。检查的方法是：通过并行口发出动作命

令（PB0=0、PB1=1），然后从并行口的输入线PC0读取状态，当该位为低电平时，说明开关量输出电路正确，否则说明开关量输出电路有断路情况，报告开关量输出电路故障。如检查正确，则再发出闭锁命令（PB0=1、PB1=0），然后从并行口的输入线PC0读取状态，当该位为高电平时，说明开关量输出电路正确，否则说明开关量输出电路有短路情况，报告开关量输出电路故障。由于自检时间极短，远小于出口跳闸继电器的动作时间，可保证各个出口继电器不会误动作。

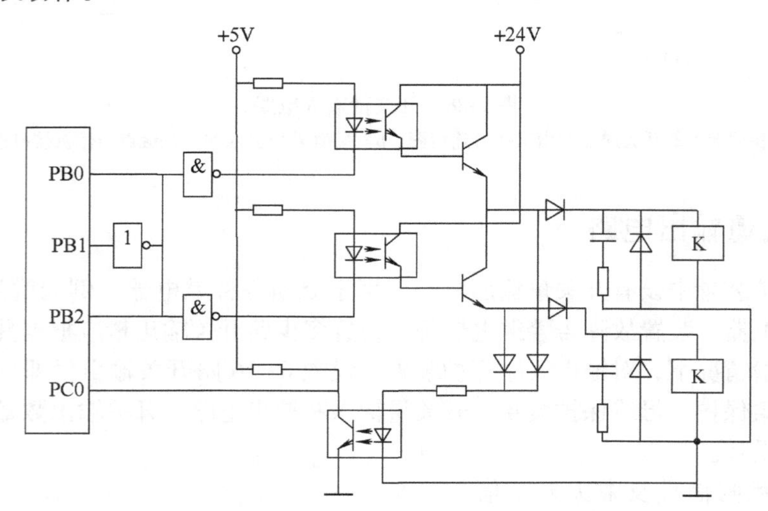

图1-30　具有自检能力的开关量输出电路原理图

1.6　人机接口电路及电源电路

微机保护的人机接口是指键盘、显示器与CPU接口电路。人机接口电路的主要作用是通过键盘和显示器完成人机对话任务、时钟校对及与各保护CPU插件通信和巡检任务。

1. 键盘输入电路

（1）键盘输入的接口要求

1）按键开关状态的可靠输入。目前，无论是按键还是键盘大都利用的是机械触点合断方式。机械触点的闭合、断开过程，均要伴随一个抖动过程，其抖动时间约为5~10ms。为了使电路简单，一般采用软件消除抖动，即在检测到有键按下时，执行一个10ms的延时程序再确定该键是否仍保持闭合状态电平，如保持闭合状态电平则确认该键已真正按下。

2）按键编码。为了识别按键，对每个按键进行编码。不同的键盘结构采用不同的编码方法。软件根据按键值转向不同的地址，执行不同的功能程序。

3）键盘检测功能。对按键按下的监测方式通常有中断方式和查询方式两种。中断方式是在按键按下时，按键信息传送至CPU的中断请求端口，CPU响应中断请求转入中断服务程序，做键盘输入的处理工作。查询方式的按键监测较为简单，CPU循环查询键盘有否按键，没有按键时输入的码值与有按键时输入的码值是不相同的。通过查询按键值，执行按键功能程序转移，完成按键功能的处理工作。

（2）键盘输入电路

为了简便，保护装置键盘不必像PC那么繁杂，键盘键的数量应尽可能少。通常，保护装置面板上键盘只有几个键，如“↑”“↓”“←”“→”（上下左右移位键）、返回键、复位键和确认键等。复位和确认键用于装置复位和操作确认。这样可以使得电路十分简单，操作也很方便。键盘输入电路有两种，一种是独立式按键电路，另一种是行列式按键电路，如图1-31所示。

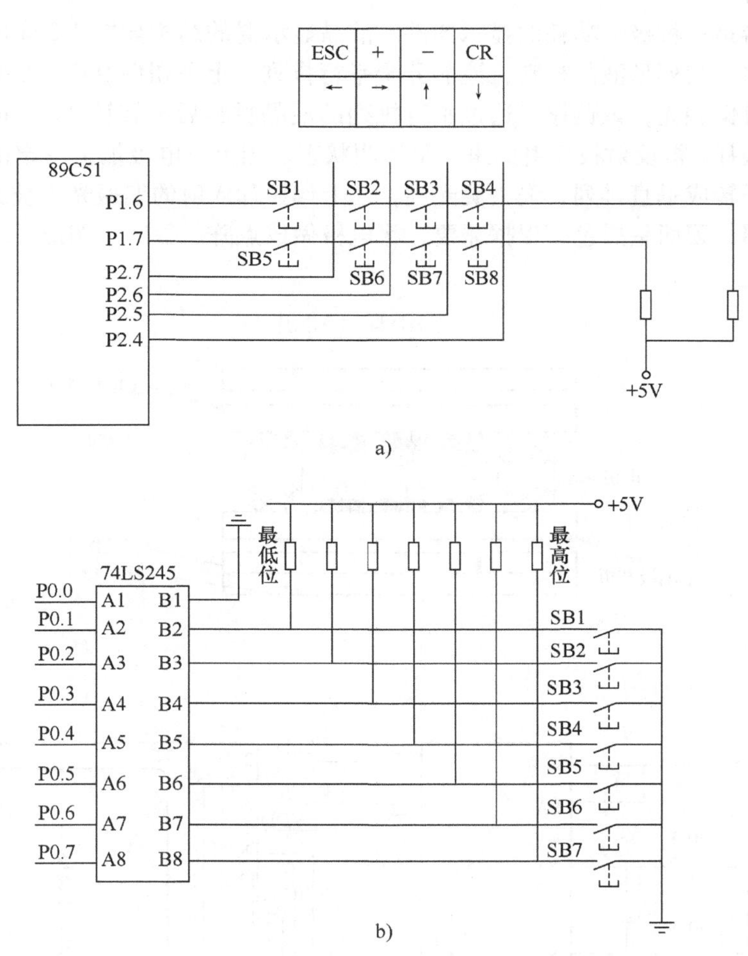

图1-31　键盘输入电路
a）行列式按键电路　b）独立式按键电路

1）行列式按键电路。如果键的数量较多，为节省I/O口线，可采用行列式按键电路，如图1-31a所示。CPU依次给列线P2.4~P2.7扫描输出“0”，然后从行线P1.6、P1.7读入按键输入数码。在没有键按下时行线输入均为“1”，当某个键按下，该键对应的行线输入就变为“0”，此时行线的数码与列线的数码是唯一确定的，将行线与列线数码组合起来，就能确定是哪一键按下。根据该键数码可以转向执行该键的功能程序。例如1-31a SB1~SB8共八个键，各自十六进制数码值分别为27H、2BH、2DH、2EH、17H、1BH、IDH、IEH。

2）独立式按键电路。如果只有少量键，可采用独立式键盘电路，如图1-31b所示。

在监控程序安排下，接口CPU通过数据总线对74LS245输出不停地检测。由于每一个按键都有特定键值，例如 SB1 的键值为 11111100D 即 FCH，SB2 为 11111010D 即 FAH。输入 CPU 后，根据该键特定键值就可转向执行该键的功能程序，例如按下“↑”键，就转入执行将光标移上一行的程序。当键均未被按下时，74LS245 接口芯片的输入数码为 11111110D 即 FEH，接口 CPU 就认为无键输入。

2. 液晶显示

液晶显示器是一种极低功耗的显示器件。液晶显示器的结构如图 1-32a 所示。在上、下玻璃电极之间封入向列型液晶材料，液晶分子平行排列，上下扭曲 90°，外部入射光线通过上偏振片后形成偏振光，该偏振光通过平行排列的液晶材料后被旋转 90°，再通过与上偏振光垂直的下偏振片，被反射板反射回来，呈透明状态。当上下电极加上一定的电压后，电极部分的液晶分子转成垂直排列，失去旋光性，从上偏振片入射的偏振光不被旋转，光无法通过下偏振片返回，因而呈黑色。根据需要，将电极做成点阵、数字、图形，就可以获得各种状态显示。

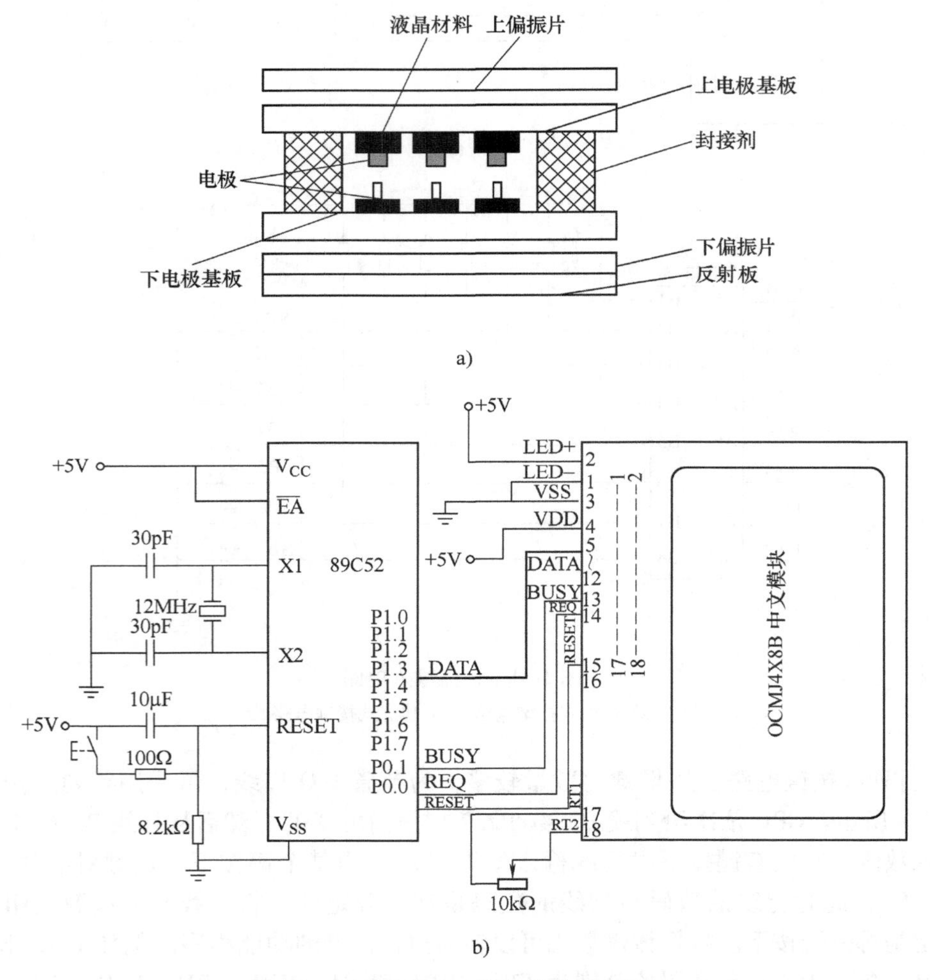

图 1-32　液晶显示器的结构及电路

a）液晶显示器结构　b）液晶显示电路

图 1-32b 为 OCMJ 型中文液晶模块与单片机 89C52 的接口电路图。液晶显示模块的数据总线由 89C52 的 P1 口驱动，应答信号 BUSY 与请求信号 REQ 分别由 89C52 的 P0.1、P0.0 来控制。液晶显示模块内含 GB/T 2312 的 15×15 点阵国标一、二级简体汉字和 8×8 点阵及 8×16 点阵 ASC II 字符，用户输入 GB/T 2312 区位码或 ASC II 码，即可实现汉字、ASC II 码、点阵图形和变化曲线的同屏显示。

3. 电源

当前保护装置电源插件一般采用逆变开关电源，它提供多组稳压电源。图 1-33 为一种微机继电保护装置的电源电路，共有 3 组稳压电源：+ 5V 供各保护 CPU 等芯片电源；±15V 供运算放大器及 VFC 模-数转换芯片电源；+ 24V 供启动、跳闸、信号、告警继电器电源。这 3 组稳压逆变电源均不共地，采用浮空方式，同外壳也不相连，而且输入正、负 220V 各采取双 *LC* 滤波措施，以增加其抗干扰性能。各输出电源设有+5V、+15V、−15V、+ 24V 的发光二极管作正常运行指示信号，面板上还设有供各路电源测试的转接插孔及电源控制开关。

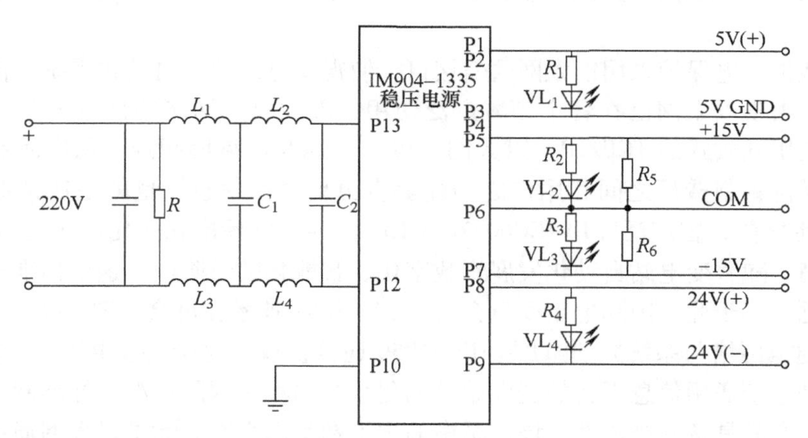

图 1-33 一种微机继电保护装置的电源电路

1.7 微机继电保护的通信电路

1.7.1 微机继电保护网络的通信功能及形式

1. 网络通信功能

网络通信功能是微机继电保护装置中必不可少的组成部分。在变电站综合自动化系统中，网络通信技术发挥着非常重要的作用。微机继电保护装置与变电站综合自动化系统之间的通信功能如下：

（1）保护监控

监控系统向保护装置发出对时、召唤数据等命令，传送新的保护定值；保护装置向监控系统报告保护动作参数（动作时间、动作性质、动作值及动作名称等），响应召唤命令上报当前保护动作值以及修改保护定值的反校信息，实现远方定值修改、事件记录及录波数据上传、压板遥控投退和遥测、遥信、遥控跳闸等。通常这类监控数据通信速率都比较低。

（2）分散式故障录波数据传送

随着电力系统自动化技术的发展，传统故障录波装置的结构和功能已无法满足现代电力系统发展的需要，当前微机继电保护装置中已经逐渐采用了分散式故障录波技术，这对网络通信的能力提出了新的要求。由于录波数据量较大，因此要求微机继电保护装置具有较高的通信速率。

2. 通信接口的方式

在变电站综合自动化系统传输规约和传输网络的相关标准还没有制定时，不同的制造厂家生产的微机继电保护装置选用了不同的网络标准。这些标准的共同特点是，大多是现场总线标准，并且尽可能是用标准的网络芯片来实现网络控制功能。国内变电站综合自动化系统中微机继电保护装置的网络通信大多选用了 CAN 网络标准或 LONWorks 网络标准，所有产品都支持 RS-232/RS-422/RS-485 串口通信标准。应该注意的是，无论是 CAN 网络标准，还是 LONWorks 网络标准，它们都不是针对电力系统变电站的特定要求专门设计的，都存在一些问题。如在时间同步性方面都不能完全满足变电站的要求，在实际应用中的通信速率也不太高。

新一代微机继电保护采用以太网通信接口，使得变电站综合自动化系统可由以太网来构架通信网络。由于以太网已在各个领域广泛使用，因此以太网络的接口十分丰富，也很廉价。另外，使用开放式的 TCP/IP，以太网可以方便地与广域网相连。从实际利益出发，必须在智能电子设备制造厂之间和用户之间能够自由地交换信息，也就是所谓的互操作。在 IEC61850 使用之前，曾广泛应用 IEC60870-5-103 标准，此标准在一定程度上促进了 IED 互操作性的提高，随着变电站自动化发展到数字化、智能化的新阶段，这个标准也暴露出了越来越多的问题。基于此，国际电工委员会（IEC）第 57 技术委员会（TC57）于 2004 年颁布了《变电站通信网络与系统》，也就是 IEC61850 通信协议，这个协议共有 14 个标准，这个系列的标准是基于通用信息平台的变电站自动化系统的唯一国际标准。标准制定的目的在于使不同厂商的产品具备互操作性，该体系中的主干网是以太网。除了以太网通信接口外，新一代微机保护还提供了与现有通信方式（RS-232C、RS-232/RS-422/RS-485）的兼容性设计，这使得变电站综合自动化系统的设计或改造的选择性更多、更灵活。

1.7.2 智能变电站的继电保护通信

1. 智能变电站的特征

智能变电站的发展是智能电网发展的核心。智能变电站的概念是指：以环保、节能、可靠、先进、集成的智能设备组合而成的，以信息共享标准化为基础的，能自动地完成信息的采集、测量、控制、计量、保护等功能，并支持电网实时智能调节、自动控制、在线分析决策、协同互动等高级应用功能的变电站。智能变电站的典型特征如下：

1）智能化的一次设备。随着基于光学或电子学原理的电子式互感器和智能断路器的应用，光纤和数字信号将逐步替代常规的控制光缆和模拟信号，保护测控装置的输入/输出信号均为数字通信信号，通信网络进一步向变电站现场延伸，全站甚至广域范围内都可以共享现场的采样数据和开关信息。

2）高级应用互动化。实现站内外各种高级应用相关对象间的互动，从而满足智能变电站互动化的要求，实现变电站与变电站、变电站与控制中心、变电站与用户及变电站与其他应用之间的互联、互通和互动。

3）全站信息数字化。可以实现一、二次设备的灵活控制，而且具备双向通信功能，通过信息网进行管理，使全站信息的采集、传输、处理及输出过程完全实现数字化。

4）信息共享标准化。智能变电站基于IEC61850标准的统一标准化信息模型实现了站内外信息的共享。智能变电站能统一并简化变电站的数据源，形成基于同一时间断面的基础信息，通过按照统一标准进行统一建模来实现变电站内信息的交互和共享，可以在基于信息共享的基础上将常规变电站内的多套系统集合成为业务应用系统。

5）坚强可靠的变电站。智能变电站除了关注站内设备及变电站本身的可靠性外，更关注自身的诊断和自治功能，做到设备故障提早预防、预警，并可以在故障发生时自动将设备故障带来的故障损失率降至最低。

6）网络化的二次设备。变电站内常规的二次设备，如继电保护装置、防误闭锁装置、测量控制装置、远动装置、故障录波装置、电压无功控制、同期操作装置以及正在发展中的在线状态检测装置等全部基于标准化、模块化的微处理器而设计制造，设备之间的连接全部采用高速的网络通信，二次设备不再出现常规功能装置重复的I/O现场接口，通过网络真正实现数据共享、资源共享。

2. 智能变电站网络通信

网络通信技术是智能变电站自动化技术的基础，也深刻地影响了继电保护的实现方法。智能变电站大量采用以太网（Ethernet），以太网技术被广泛引入变电站自动化系统的站控层、间隔层和过程层。以太网的优点体现在以下几个方面：

1）系统扩展性好，升级、更新方便。

2）以太网结合GOOSE（Generic Object Oriented Substation Event）技术，具有实时性强、分优先级、通信效率高的特点，可满足实时控制要求。

3）以太网是全开放网络，按照网络协议，不同厂商的设备可以很容易地实现互联，而且设备组网方便。

4）以太网通信速率高，当前的主流通信速率为100Mbit/s和10Mbit/s，比目前的现场总线快很多，1000Mbit/s以太网技术也逐渐成熟。

5）二次设备通过网络可实现数据共享、资源共享。

6）软、硬件成本低廉。

7）以太网可以采用不同的传输介质，因此变电站可以采用抗干扰能力强的光纤通信介质。

智能变电站间隔层与过程层设备之间的网络称为过程层网络，包括过程层SV网、过程层GOOSE网。智能变电站中最为典型的网络应用是对实时性和可靠性要求极高的过程层网络。过程层网络是实现数字化采集和信息共享的技术基础，采用了大量新技术、新设备，对继电保护的性能将产生重大影响，因此过程层网络技术的先进性在一定程度上代表了智能变电站的技术先进性。过程层网络传递的信息包括交流采样值、状态信号和控制信号。间隔层设备与站控层设备之间的网络是站控层网络，其通信内容是全站所有“四遥”数据、保护信息及其他需要监控的信息。

3. 智能变电站通信网络对继电保护的影响

（1）IEC61850标准

目前，IEC61850标准是应用于变电站内部通信网络和系统的国际标准，是基于网络通信平台的变电站唯一的国际标准：它对保护和控制等自动化产品和变电站自动化系统的设计产生了深刻的影响。它不仅应用在变电站内，而且运用于变电站与调度中心之间以及各级调度中心之间。IEC61850标准提出了变电站内信息分层的概念，将变电站的通信体系分为3个层次，即变电站层、间隔层和过程层，并且定义了层和层之间的通信接口。

智能变电站内部利用以太网取代并行电缆来传输IEC61850标准化数字信息，除了可大幅度简化设备连接方式和系统结构，并提高系统运行的可靠性之外，还能够集成原先面向某个特定应用或功能而设置的专用信息系统，形成统一的资源传输支撑平台，达成站内多源信息的应用共享机制。借此特性，智能变电站中完全地消除了信息交互孤岛，可促进站内各二次系统单元的充分联系，使继电保护装置能够获取更多的信息，经融合后用以执行故障综合判断处理，为集中式后备保护提供了便利条件。

（2）GOOSE网络

GOOSE，即面向通用对象的变电站事件，是IEC61850标准中用于满足变电站自动化系统快速报文需求的机制。主要用于实现在多智能电子设备（Intelligent Electronic Device，IED）之间的信息传递，包括传输跳闸、合闸信号（命令）等。基于GOOSE网络代替传统的硬接线实现开关位置、闭锁信号和跳闸命令等实时信息的可靠传输（相当于传统保护的开入/开出回路）主要依赖于各智能设备的通信处理能力以及GOOSE网络的组网方案。

1.7.3　继电保护在智能变电站网络中的配置简介

典型的智能变电站的结构是三层两网式结构，三层包括间隔层、过程层、站控层，所谓的两网是指过程层网络、站控层网络。过程层设备主要包括电子式电流互感器、电子式电压互感器、智能开关等智能化一次设备。目前采用的常规开关加智能操作箱的过渡方案，也属于过程层。过程层设备具有自检测、自描述的功能。通过过程层网络可以给间隔层设备传输一次设备信息，并接收间隔层设备发送的控制命令。间隔层设备包括保护、测控设备和计量、录波装置等。站控层设备包括监控系统、工程师工作站、故障信息系统等，记录变电站的相关信息，为变电站提供运行、管理、工程配置的界面。站控层设备建立在基于IEC61850模型的基础上，具有面向对象的统一数据模型。过程层与间隔层之间的网络称为过程层网络（包括SV和GOOSE网络），网络传递的信息是交流采样值、状态信号和控制信息，GOOSE网用于间隔层和过程层设备之间的状态与控制数据交换，SV网用于间隔层和过程层设备之间的采样值传输。间隔层设备和站控层设备之间的网络是站控层网络，其通信内容是全站所有“四遥”数据、保护信息及其他需要监控的信息。在智能变电站三层两网式的结构下，其继电保护的配置有以下三种方案。

（1）常规保护配置方案

智能变电站常规保护配置方案如图1-34所示。这种配置方案与传统变电站的保护配置方案基本一致，全部按被保护对象进行配置，基本不改变原有的保护原理，因此传统的保护得以保留，这些保护包括：馈出线保护、母线保护及其他的保护测控装置、主变压器保护等。这种配置方案在智能变电站运行前，不必对保护的原理进行试运行或过多动模试验，只需用数据采集的光纤通信接口更换保护装置中原有的交流量输入插件，用GOOSE光纤的通信接口替换I/O接口，用通信的接口处理替换CPU插件模拟量的处理，原有操作插件被智能操作箱所取代。

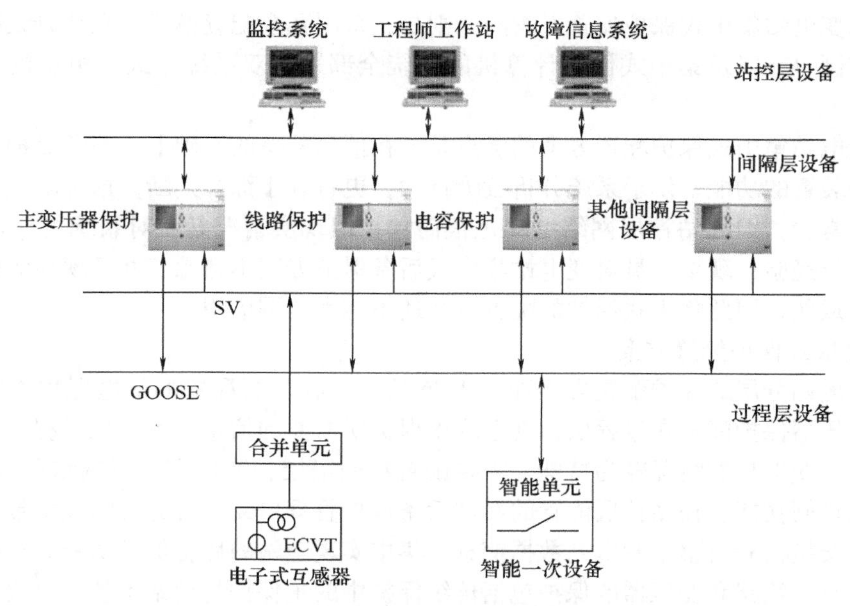

图 1-34　智能变电站常规保护配置方案

智能变电站常规保护配置的缺点如下：网络层复杂、智能型变电站信息共享的优势被忽略、GOOSE 网络结点多。虽然这种保护配置方案有如上缺点，但传统的保护配置方案被现场的继保人员所熟悉，能够为常规变电站继电保护向智能变电站继电保护提供过渡，在智能变电站的建设初期多采用智能变电站常规保护配置方案。

（2）集中式保护配置方案

智能变电站集中式保护配置方案如图 1-35 所示。集中式保护装置能够获取全站信息，在全站信息共享的基础上，不仅能够完成站内所有设备继电保护功能，还能够完成测控功

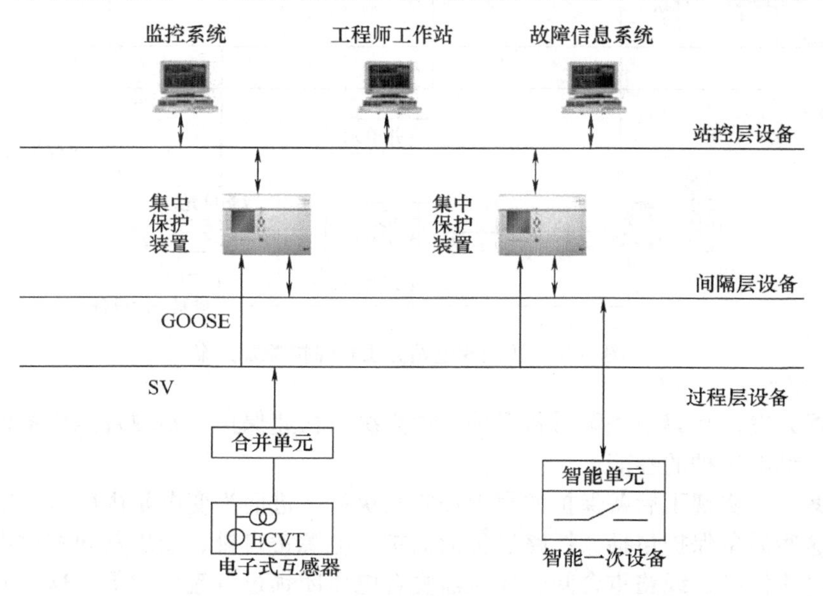

图 1-35　智能变电站集中式保护配置方案

能。智能化变电站集中式保护配置方案的原则是：采用冗余配置模式，光纤以太网、数据采集系统、控制单元以及集中式保护计算机的系统全部采取双系统方式，相互校验，互为热备用。

智能变电站集中式保护配置方案的优点是：在信息共享的基础上，一套保护装置综合多套常规保护装置的功能，便于系统分析故障行为，更有利于综合判断；这种配置方案保护装置的数量非常少，因此站控层网络结构也很简单。但现实情况是：对系统可靠性的要求较高；缺乏运行经验；现场人员对变电站集中式后备保护方案不熟悉，并且现存的软硬件等基础条件还不成熟，因此集中式保护的配置方案还不能大范围应用。

（3）分层式保护配置方案

智能变电站分层式保护配置方案如图1-36所示。在分层配置的继电保护方案中，将线路保护、变压器保护配置在过程层，就近取得保护所需要的信息，不依托过程层交换机实现独立跳闸。母线保护的情况较为特殊，需要配置在间隔层，通过交换机网络获取数据信息，实现保护和跳闸功能。在站控层配置的站域后备保护管理单元，可通过间隔层数据采集处理单元间隔层交换机获得整个变电站数据信息，集中实现全站的后备保护功能。在该方案中保护配置方案是：线路和变压器的保护包括传统保护中的主保护与后备保护。母线的保护保持不变，包括差动保护和断路器失灵近后备保护，其他的后备保护由站域后备单元来实现。

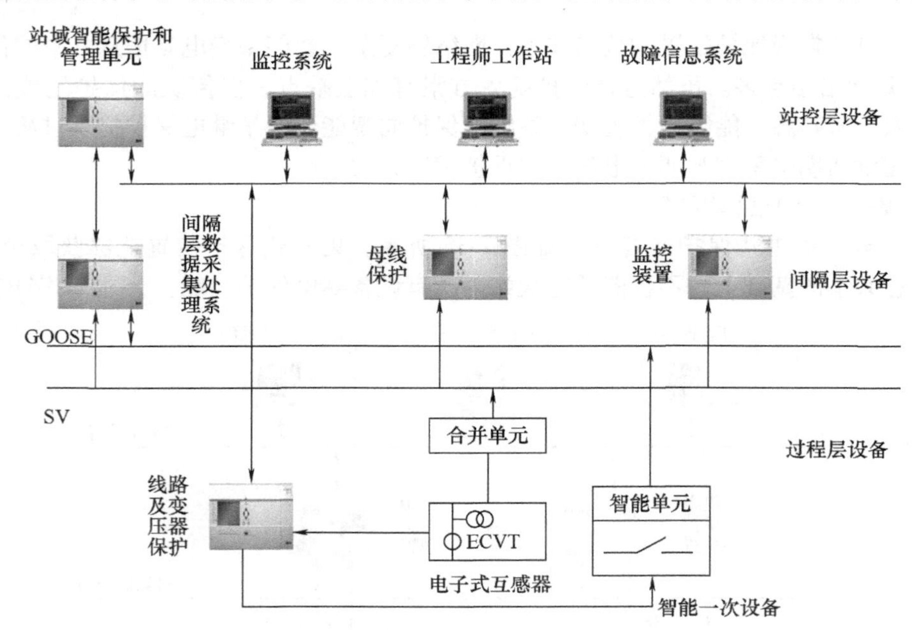

图1-36　智能变电站分层式保护配置方案

这种配置方案，在集中决策后备保护、独立决策快速保护、站域智能后备保护和控制三个方面提高了继电保护的性能。

在此方案中，实现了后备保护的集中控制与决策，进而为变电站内所有一次设备提供了后备保护，这些后备保护包括：线路过负荷保护、电源备自投、变压器间隙过电压保护、变压器间隙过电流保护、线路重合闸、变压器复合电压闭锁过电流保护等。这些后备保护体现的是一个个相对独立的功能模块，这些模块之间通过后备保护的整体逻辑来相互配合，而且这些配合关系与传统的继电保护比较类似。

在继电保护的分层配置方案中，线路保护、变压器保护等主设备保护，其快速动作不需要依赖其他间隔信息。因为主设备保护安放在过程层，直接和合并单元、智能操作箱等过程层的设备通过直连的方式进行信息交互，在智能变电站完全实现了传统保护性能，保护可以不依赖于外部通信条件可靠切除故障。

集中决策后备保护实现了后备保护的功能模块和原理统一，使分散到母线、变压器、断路器保护与线路保护的重复设置的后备保护得以简化。由于集中式的后备保护不仅能够充分利用变电站站域信息，能够迅速得到变电站中运行方式的变化，而且可以运用专家系统进行决策，判断出故障的具体位置，并能够处理保护拒动、断路器失灵等问题给故障的判断带来的一些影响，因此，它可以比较好地解决传统后备保护动作时间长、范围较大等问题，并且可以预防在发生故障后负荷转移所造成的后备保护误动的情况。

智能化变电站分层式的保护配置对网络的需求比智能化变电站集中式的保护配置方案低，能够初步利用全站信息共享的优势，适合于当前智能变电站保护配置研究的过渡阶段。

第2章 微机继电保护的数字滤波器分析

本章着重讨论微机继电保护中常用的数字滤波器的基本概念及其设计、应用方法。2.1节和2.2节简要论述数字滤波器的基本知识，它与模拟滤波器相比的优点。2.3节重点讨论减法滤波器、加法滤波器、积分滤波器、加减法滤波器等简单滤波单元的幅频特性及其应用方法，以及相应的MATLAB仿真程序。2.4节介绍设计数字滤波器时通过直接在z平面上合理地设置零点和极点，以得到合乎要求的频率响应特性和时延特性的零、极点配置法。

2.1 概述

在工程技术中采集到的实际信号$x(t)$，一般都包含有效信号$s(t)$与干扰信号$n(t)$，可表示为

$$x(t)=s(t)+n(t)$$

为了得到有效信号$s(t)$，消除干扰信号$n(t)$，就必须对原始的实际信号$x(t)$进行滤波处理。滤波处理的方法是多种多样的，在模拟信号领域内，按构成滤波器的物理器件可分为由*RLC*器件构成的无源滤波器和由*RLC*和运算放大器构成的有源滤波器；按滤波器的频率特性划分，可分为低通滤波器、高通滤波器、带通滤波器等。同样在离散的数字信号领域内，在进行信号处理时也要用到滤波器，这种滤波器不是由物理器件构成，而是按某种算法编写一段程序，对数字信号进行加工处理，从而达到滤波的要求，这种滤波器称为数字滤波器。可见，数字滤波器就是用软件编写的一段程序，但它同样可以达到滤波的目的。

电力系统在发生故障时，电流和电压信号中不仅含有工频分量，而且含有多种频率成分的谐波分量和衰减的直流分量，而微机继电保护的许多算法是基于工频信号的，因此必须用数字滤波器将工频信号滤出，将非工频信号滤除。另外有一些保护的原理是基于某些特殊频率成分信号的，例如，在变压器保护中，为了识别励磁涌流，需用到二次谐波分量，为防止变压器过励磁时差动保护误动，采用5次谐波制动。在发电机定子绕组接地保护中，利用3次谐波可保护靠近中性点范围的接地故障等。所以在微机继电保护中，对模-数转换后得到的数字信号进行分析运算和判断前，一般要先经过数字滤波，以取得信号中的有用分量，去掉无用分量。在前一章中提到的设置在采样保持电路前的模拟低通滤波器只是为了防止频率混叠，它的截止频率一般都是很高的。另外采用数字滤波器还可以抑制由于模-数转换而产生的量化噪声等数据采集系统中的各种噪声。

数字滤波器没有物理器件，因此，它具有以下模拟滤波器不可比拟的优点。

1）滤波器的性能稳定。模拟滤波器存在由于构成滤波器的元件特性差异造成的不一致性，而数字滤波器由于没有物理器件，只是软件编写的一段程序，所以不存在特性差异。同时，模拟滤波器存在由于元件老化及温度变化对滤波器性能的影响，而数字滤波器不受这些因素的影响。

2）具有高度的灵活性。模拟滤波器一旦设计完成，其滤波特性便固定不变。如要改变滤波器的特性，必须重新设计，更换元件。而数字滤波器要改变滤波器的滤波特性只需改变软件中某些参数即可实现。

3）无阻抗匹配的问题。模拟滤波器的输入阻抗应和信号源的阻抗匹配，输出阻抗应和负载的阻抗匹配。而数字滤波器不存在阻抗匹配的问题。

4）可方便地做到分时复用。同一个数字滤波器，可在不同时刻使用，这只需调用滤波器的程序即可。还可用同一数字滤波器分别处理多路数字信号，并能够保证各个通道的滤波性能完全一致。

正是由于数字滤波器与模拟滤波器相比具有许多优点，因此在微机继电保护中，得到了广泛的应用。数字滤波器的框图如图 2-1 所示。

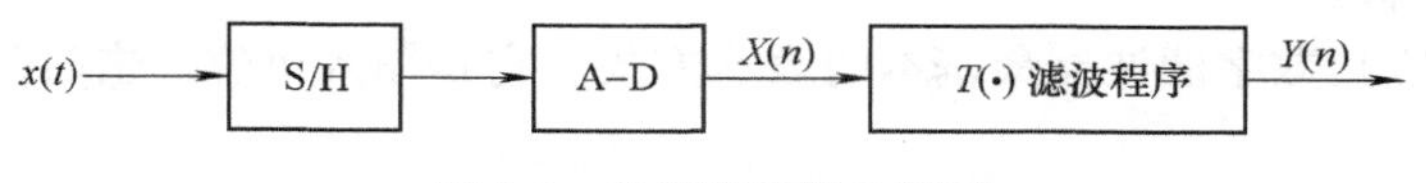

图 2-1　数字滤波器的框图

在数字信号领域中，数字滤波器已具有完整的理论体系和成熟的设计方法。原则上，这些理论和方法也可应用于微机继电保护的数字滤波器设计之中。但是，当电力系统作为一具体的特定系统，其信号的变化有着自身的特点，有些传统的滤波器设计方法并不完全适用。微机继电保护作为实时性要求较高的自动装置，对滤波器的性能也有一些特殊的要求。本章主要介绍在微机继电保护装置中常用的数字滤波器的工作原理和设计方法，有关数字信号处理的详细内容请读者参阅相关资料。

2.2　数字滤波器的基本知识

有关滤波器的一般概念和理论仍然适用于数字滤波器，但数字滤波器的设计具有数字系统的基本特点。

2.2.1　数字滤波器的概念

1. 数字滤波器

数字滤波器是实现滤波过程的一种数字信号处理系统，具有离散时间系统的基本特征。

2. 数字滤波器的实现方式

1）软件实现方式：滤波程序或算法。

2）硬件实现方式：滤波器由数字部件连接而成，或由专用信号处理器（DSP）芯片构成。

2.2.2 数字滤波器的表示方式

数字滤波器具有数字系统的一般特点，因此有以下表示方法：

1. 差分方式表示

输入信号为 $x(t)$，输出信号为 $y(t)$ 时，数字滤波器差分方程表示的一般形式为

$$y(n)=\sum_{k=0}^{M}b_kx(n-k)-\sum_{k=1}^{N}a_ky(n-k) \tag{2-1}$$

式中，系数 a_k，b_k 为常数。

2. 传递函数表示

传递函数为

$$H(z)=\frac{Y(z)}{X(z)}=\frac{\sum_{k=0}^{M}b_kz^{-k}}{1+\sum_{k=1}^{N}a_kz^{-k}} \tag{2-2}$$

3. 单位冲击响应

单位冲击响应是数字滤波器最基本的表示方式。它是输入单位冲击时间序列的滤波器输出序列，即

$$h(n)=T[\delta(n)] \tag{2-3}$$

已知数字滤波器的单位冲击响应以后，可以求出在任意输入信号时的数字滤波器输出，即

$$\begin{aligned}y(n)&=\sum_{k=-\infty}^{\infty}x(k)h(n-k)=x(n)\times h(n)\\&=\sum_{k=-\infty}^{\infty}x(k-n)h(n)=h(n)\times x(n)\end{aligned} \tag{2-4}$$

4. 频率特性（频率响应）

频率特性是数字滤波器对正弦输入序列的响应，即

$$H(\mathrm{j}\omega)=H(z)\,|z=\mathrm{e}^{\mathrm{j}\omega}=|H(\mathrm{j}\omega)|\mathrm{e}^{\mathrm{j}\varphi(\omega)} \tag{2-5}$$

5. 数字网络表示

作为数字系统，数字滤波器由延时器、加法器和乘法器三种基本元件构成，表示方法如下：

1）框图表示，如图 2-2a 所示。这种表示方法能够清楚地看到运算步骤、运算次数及存储单元的多少，便于研究数字滤波器的运算结构。框图由延时器、加法器和有向支路组成。带有箭头的支路表示信号流动方向，写在支路箭头旁边的系数称为支路增益。如果箭头旁边没有标明增益系数，则表示支路增益是 1。

2）信号流图表示，如图 2-2b 所示。用信号流图表示数字系统的结构更为简洁，因此普遍用来分析数字滤波器的结构。信号流图由节点和有向支路组成。写在支路箭头旁边的 z^{-1} 或系数称为支路增益。如果两个变量相加，用指向一个节点的两个箭头表示。因此，整个运算结构完全可用这样一些基本运算节点和有向支路组成。

图 2-2 为一阶数字滤波器的差分方程 $y(n)=a_0x(n)+a_1x(n-1)+b_1y(n-1)$ 的数字网络表示。

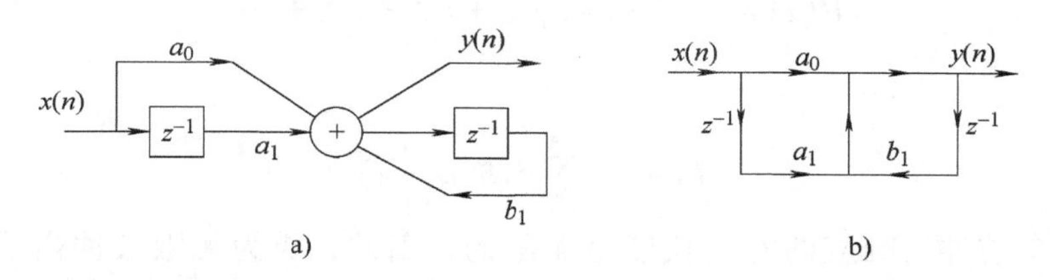

图 2-2　数字滤波器 $y(n)=a_0x(n)+a_1x(n-1)+b_1y(n-1)$ 的数字网络表示

a）框图表示　b）信号流图表示

2.2.3　数字滤波器的类型

1. 按频率特性划分

数字滤波器可分为低通、高通、带通和带阻滤波器等。

2. 按冲击响应划分

1）无限长冲击响应（Infinite Impulse Response，IIR）数字滤波器。

2）有限长冲击响应（Finite Impulse Response，FIR）数字滤波器。

FIR 与 IIR 滤波器在特性和设计方法上差别很大，构成了数字滤波器的两大类型。

3. 按结构特点划分

1）递归型：数字滤波器带有反馈回路的结构。

2）非递归型：数字滤波器没有反馈回路的结构。

IIR 滤波器只能用递归型结构；而 FIR 滤波器一般是非递归型滤波器，有时也可含递归型支路。

4. 关于 FIR、IIR 滤波器的简单说明

1）滤波器传递函数中，若 $a_k=0$，有

$$H(z)=\sum_{k=0}^{M}b_kz^{-k} \tag{2-6}$$

可求得

$$h(n)=\sum_{k=0}^{M}b_k\delta(n-k) \tag{2-7}$$

即滤波器单位冲击响应的时间长度是有限的，若序列时间间隔为 T_s，则总的时间长度为 MT_s。因此，称之为有限长冲击响应（FIR）滤波器。

FIR 滤波器的差分方程为

$$y(n)=\sum_{k=0}^{M}b_kx(n-k) \tag{2-8}$$

即滤波器的输出只与输入有关，因此，常用非递归（无反馈）型结构实现。

以上运算过程也就是将输入序列的当前输入值 $x(n)$ 与其前 M 个输入值进行加权平均的过程，而加权值就是滤波器的系数。随着运算时间的增加，参与运算的 $M+1$ 个输入值不断移动更新，因此 FIR 滤波器也被称为移动平均（Moving Average，MA）滤波器。

2）滤波器传递函数中，若 $a_k \neq 0$，最简单的情况有

$$H(z) = \frac{b_0}{1 - z^{-1}} = b_0(1 + z^{-1} + z^{-2} + \cdots) \tag{2-9}$$

可求得

$$h(n) = \sum_{k=0}^{\infty} b_0 \delta(n - k) \tag{2-10}$$

即滤波器单位冲击响应的时间长度是无限的，因此，成为无限长冲击响应（IIR）滤波器。

IIR滤波器的差分方程为

$$y(n) = \sum_{k=0}^{M} b_k x(n - k) - \sum_{k=1}^{N} a_k y(n - k) \tag{2-11}$$

即滤波器的输出不但与输入有关，也与过去的输出有关（递归），因此，常用递归（有反馈）型结构实现。

以上运算过程也就是将输入序列的当前输入值 $x(n)$ 及其前 M 个输入值进行加权平均，并将其前 N 个输出值进行自回归（Auto Regressive，AR）递归计算的过程。IIR滤波器也被称为自回归移动平均（ARMA）滤波器。

2.2.4 数字滤波器的主要性能指标

1. 频域特性

频域特性为

$$H(j\omega) = H(z)\big|_{z=e^{j\omega T_s}} = |H(j\omega T_s)| e^{j\varphi(\omega)} \tag{2-12}$$

式中，$|H(j\omega T_s)|$ 为滤波器的幅频特性；$\varphi(\omega)$ 为滤波器的相频特性，$\varphi(\omega) = \text{Arg}[H(j\omega T_s)]$。

注意：以 Ω 表示模拟域频率，以 ω 表示数字域频率（实际上为角频率，考虑到习惯用法，此处及以后均简称频率；此外，数字域频率没有确切的物理意义），有

$$\omega = \Omega T_s \tag{2-13}$$

未加特别说明时，习惯上也以 ω 表示模拟域频率。

2. 时延与计算量

1）时间窗。滤波器计算时使用的当前采样值与最早采样值间的时间跨度称为时间窗，记为 T_w。

2）数据窗。数据窗 D_w 为

$$D_w = \frac{T_w}{T_s} + 1 \tag{2-14}$$

例2-1 使用减法滤波器消除直流分量和4、8、12次谐波分量，采样频率为 $f_s = 1200\text{Hz}$（N=24）。滤波器差分方程为：$y(n) = x(n) - x(n-6)$，计算该减法滤波器的时间窗和数据窗。

解：已知采样频率 $f_s = 1200\text{Hz}$，则 $T_s = 1/f_s = 0.833\text{ms}$，显然一次计算时所用数据的时间窗为

$$T_w = 6 \times T_s = 5\text{ms}$$

一次计算时所用的数据窗长度为

$$D_w = \frac{T_w}{T_s} + 1 = 7$$

3）时延（暂态时延）τ_c。输入信号发生跃变到滤波器获得稳态输出的时间，称为时延。它是反映滤波器暂态响应性能的指标之一。它与滤波类型有关。

①FIR 滤波器，有

$$\tau_c = T_w \tag{2-15}$$

②IIR 滤波器，因其递推计算，使滤波器暂态时延 τ_c 不确定。考虑故障信号的突变性，τ_c 常以基于阶越信号输入时的各种指标表示，例如输出达到给定误差时的时延。

4）计算量。数字滤波器的计算量以乘除法的次数表示（乘除法的运算时间远大于加减法）。

为了减少计算量应尽量减少乘除法，乘除法系数用 2 的整数次幂替代，用移位和加减法代替乘除法。

2.3 简单数字滤波器

在微机继电保护中最简单的数字滤波器是通过对离散输入信号进行加、减法运算与延时构成的线性滤波器。这种滤波器是假定输入信号由稳态基波、稳态整数次谐波和稳态直流所组成，即不考虑暂态过程和其他高频成分，显然，基于这种考虑的计算结果是粗糙的，因此这种滤波器一般用于速度较低的保护中，例如过负荷保护、过电流和一些后备保护。由于这种滤波器只对相隔若干个周期的信号进行加减运算，不做乘除运算，所以计算量很小。

简单滤波单元的基本形式有以下四种：减法滤波器、加法滤波器、积分滤波器和加减法滤波器。

2.3.1 减法滤波器（差分滤波器）

减法滤波器是最为常用的一种滤波器，又称为差分滤波器，其差分方程为

$$y(n) = x(n) - x(n-k) \tag{2-16}$$

式中，k 为差分步长，$k \geqslant 1$ 可以根据不同的滤波要求进行选择。

将上式进行 Z 变换，得

$$Y(z) = X(z)(1 - z^{-k})$$

则其转移函数为

$$H(z) = \frac{Y(z)}{X(z)} = 1 - z^{-k}$$

将 $z = e^{j\omega T_s}$ 代入上式，得其幅频特性为

$$\begin{aligned} |H(e^{j\omega T_s})| &= |1 - e^{-jk\omega T_s}| \\ &= |1 - \cos k\omega T_s + j\sin k\omega T_s| \\ &= \sqrt{(1 - \cos k\omega T_s)^2 + \sin^2 k\omega T_s} \\ &= 2\left|\sin\frac{k\omega T_s}{2}\right| \end{aligned}$$

式中，ω 为输入信号的角频率，$\omega = 2\pi f$；T_s 为采样周期，与采样频率 f_s 的关系为 $f_s = 1/T_s$。通

常要求f_s为基波频率f_1的整数倍，即$f_s = Nf_1$，$N = 1，2，\cdots$，为每基频周期内采样的点数。

在使用减法滤波器时，应根据欲消除的谐波次数m来确定参数k值（即滤波器的阶数）。假定欲滤除的谐波角频率为ω，则有$\omega = m\omega_1$（ω_1为基波角频率，$\omega_1 = 2\pi f_1$），令

$$|H(e^{j\omega T_s})| = 2\left|\sin\frac{k\omega T_s}{2}\right| = 2\left|\sin\frac{km2\pi f_1 T_s}{2}\right| = 0$$

显然，当$\dfrac{k\omega T_s}{2} = 0，\pi，2\pi，\cdots$时，滤波器的幅度响应为零，也就是正好滤除了角频率为ω的谐波。进一步推导，则有

$$km\pi f_1 T_s = p\pi \qquad p = 0，1，2，\cdots，p < \frac{k}{2}$$

故滤波器的阶数为

$$k = \frac{p}{mT_s f_1} = \frac{pf_s}{mf_1} = p\frac{N}{m} \tag{2-17}$$

因此，若已知k值，便可求出能够滤除的谐波次数为

$$\frac{f}{f_1} = m = \frac{p}{kT_s f_1} = \frac{pf_s}{kf_1} = p\frac{N}{k} \tag{2-18}$$

式中对$p < \dfrac{k}{2}$的限制，是由采样定理的要求确定的。根据采样定理的要求，$f < \dfrac{f_s}{2}$，又要满足

$$\begin{cases}\dfrac{f}{f_1} = p\dfrac{N}{k}\\[2ex]\dfrac{f_s}{2f_1} = \dfrac{N}{2}\end{cases}$$

故：$p < \dfrac{k}{2}$

由式（2-18）可知，$p = 0$时必然有$m = 0$，所以无论f_s、k取何值，直流分量总能被滤除掉。另外，N/k的整数倍的谐波都将被滤除掉，其幅频特性如图2-3所示。

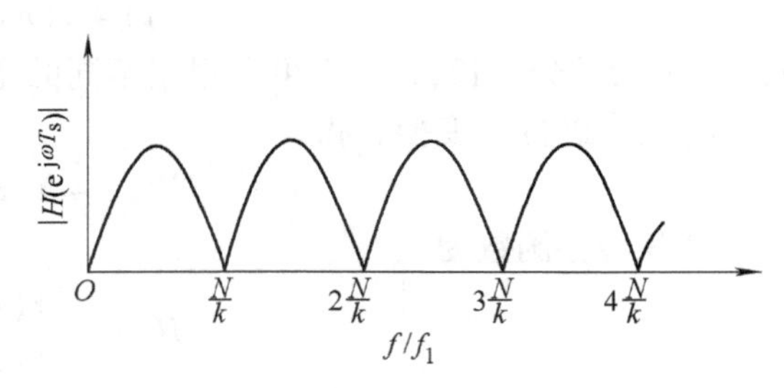

图2-3　减法滤波器幅频特性

下面举例说明，如果采样频率为$f_s = 1200\text{Hz}$，基波频率$f_1 = 50\text{Hz}$，代入式（2-17）中，可得

$$k = \frac{24p}{m}$$

1）如果要消除偶次谐波，取$m = 2p$（$p = 0，1，2，\cdots$），代入上式，得$k = 12$，故可消去直流成分及2、4、6、…偶次谐波，滤波器的差分方程为

$$y(n) = x(n) - x(n-12)$$

在软件程序中上述差分方程的实现如下：暂存第n次及其前$12T_s$时刻的采样值$x(n)$和$x(n-12)$，做减法即得滤波后的采样值$y(n) = x(n) - x(n-12)$。

2）如果要消除3次谐波及其整数倍的谐波，则可取 $m=3p$ ，得 $k=8$，滤波器的差分方程为

$$y(n)=x(n)-x(n-8)$$

3）如果要消除工频分量及直流和所有整数次谐波分量，则可取 $m=p$ 、$k=24$。在电力系统稳态情况下，该滤波器无输出；在系统发生故障后的一个基波周期内，该滤波器只输出故障分量，常被故障启动元件，故障选相元件及其他利用故障分量原理构成的保护使用。

需要注意的是，减法滤波器的滤波时间窗为 $T_w=kT_s$ ，从信号输入开始到 kT_s 以后才能得到正确的输出信号，此滤波方式的暂态时延为 $\tau_c=kT_s$ 。

例 2-2 已知采样频率为 $f_s=1200\text{Hz}$（$N=24$），基波频率 $f_1=50\text{Hz}$，要求设计的减法滤波器能够滤除直流分量和4、8、12次谐波。

解：欲滤除直流分量和4、8、12次谐波，则减法滤波器的阶数为

$$k=\frac{N}{m}=\frac{24}{4}=6$$

因此，能够滤除的谐波次数为

$$m=p\frac{N}{k}=p\frac{24}{6}=4p \qquad p=0,\ 1,\ 2,\ 3$$

所以滤波器的差分方程为

$$y(n)=x(n)-x(n-6)$$

相应的传递函数为

$$H(z)=1-z^{-6}$$

用 MATLAB 辅助设计的 M 文件为：

```
%---减法滤波器的MATLAB辅助设计文件-----
clc;
clear;
%设置减法滤波器的传递函数系数
a1=1;b1=[1 0 0 0 0 0 -1];
f=0:1:600;
h1=abs(freqz(b1,a1,f,1200));
%由传递函数系数确定传递函数的幅频特性
H1=h1/max(h1);
%绘出幅频特性
plot(f,H1);
xlabel('f/Hz');ylabel('H1');
%滤波效果仿真
%模拟输入参数
N=24;
t1=(0:0.02/N:0.04);
m=size(t1);
```

```
%基波电压
Va=100 * sin(2 * pi * 50 * t1);
%叠加直流分量和 4、8 次谐波分量
Va1=35+100 * sin(2 * pi * 50 * t1)+30 * sin(4 * pi * 100 * t1)+10 * sin(8 *
pi * 100 * t1);
%采用减法滤波器滤掉 Va1 中的直流分量和 4、8 次谐波分量
Y=zeros(1,6);
for jj=7:m(2)
    Y(jj)=(Va1(jj)-Va1 (jj-6))/1.414;
end
%输出波形
plot(t1,Va,'-ro',t1,Va1,'-bs',t1,Y,'-g*');
xlabel('t/s');ylabel('v/V');
grid on
```

运行这个M文件，得到此滤波器的幅频特性如图2-4所示。

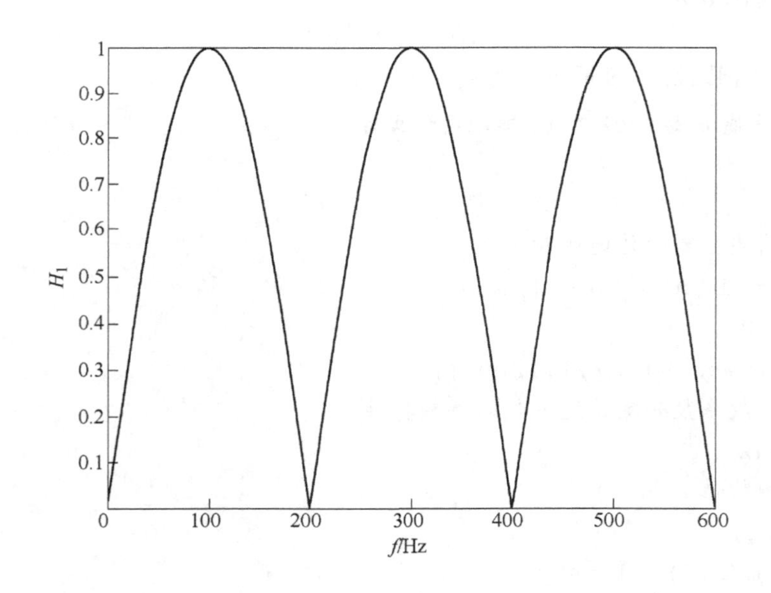

图2-4　滤波器的幅频特性

滤波效果的仿真波形如图2-5所示。图中带圆圈标记的为基波电压 V_a，带方形标记的为叠加直流分量和4、8次谐波分量后的电压 V_{a1}，带星号标记的为经过滤波后的输出电压 Y。显然输出电压已经完全滤除了直流分量和4、8次谐波分量。

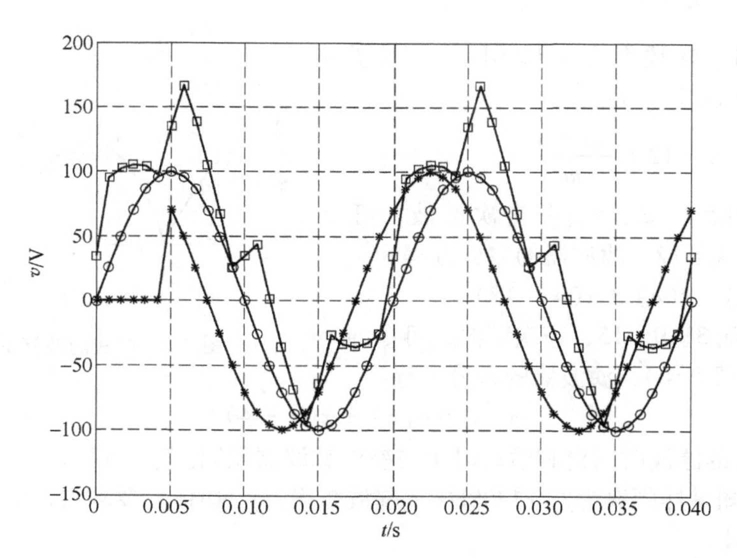

图 2-5 滤波效果的仿真波形

2.3.2 加法滤波器

加法滤波器对应的差分方程为

$$y(n)=x(n)+x(n-k) \tag{2-19}$$

式中，k 为差分步长，$k\geqslant 1$，可以根据不同的滤波要求进行选择。

将上式进行 Z 变换，得

$$Y(z)=X(z)(1+z^{-k})$$

则其转移函数为

$$H(z)=1+z^{-k}$$

将 $z=\mathrm{e}^{\mathrm{j}\omega T_s}$ 代入上式，得其幅频特性为

$$\begin{aligned}|H(\mathrm{e}^{\mathrm{j}\omega T_s})|&=|1+\mathrm{e}^{-\mathrm{j}k\omega T_s}|=|1+\cos k\omega T_s-\mathrm{j}\sin k\omega T_s|\\&=\sqrt{(1+\cos k\omega T_s)^2+\sin^2 k\omega T_s}=\sqrt{2(1+\cos k\omega T_s)}\\&=2\left|\cos\frac{k\omega T_s}{2}\right|\end{aligned} \tag{2-20}$$

假定要消除 m 次谐波，与减法滤波器中的推导方法相同，将 $\omega=m\omega_1$ 代入，使 $|H(\mathrm{e}^{\mathrm{j}\omega T_s})|=0$，由此可得

$$km\omega_1 T_s=(2p+1)\pi \qquad p=0,1,2,\cdots$$

故

$$k=\frac{(1+2p)f_s}{2mf_1}=\frac{(2p+1)N}{2m} \tag{2-21}$$

若已知 k 参数，可求滤除的谐波次数

$$m=\frac{(2p+1)}{2}\frac{N}{k} \tag{2-22}$$

加法滤波器的幅频特性如图 2- 6 所示。应该注意的是，当 $p=0$ 时，无论 f_s、k 取何值，m 都不为零，所以加法滤波器不能滤除直流分量。

例如，已知采样频率 $f_s=1200\text{Hz}$，基波 $f_1=50\text{Hz}$，代入式（2-21）、得

$$k=12\times\frac{2p+1}{m}$$

1）若要消除1、3、5、…奇次谐波，可令 $m=2p+1$，得 $k=12$，滤波器的差分方程为

$$y(n)=x(n)+x(n-12)$$

2）若要消除3、9、15、…次谐波，可令 $m=3(2p+1)$，可得 $k=4$，滤波器的差分方程为

$$y(n)=x(n)+x(n-4)$$

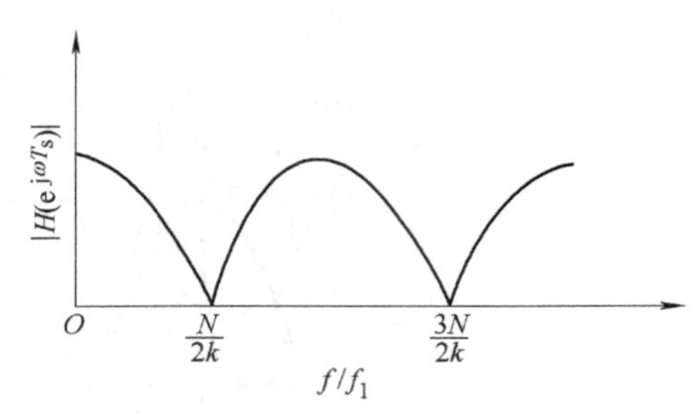

图2-6　加法滤波器的幅频特性

加法滤波器的滤波时间窗和暂态时延与减法滤波器相同。$T_w=kT_s$，$\tau_c=kT_s$。

例2-3　已知采样频率为 $f_s=1200\text{Hz}$，基波频率 $f_1=50\text{Hz}$，要求设计的加法滤波器能够滤除3、9次谐波。

解：欲滤除3、9次谐波，可令

$$m=3(2p+1)$$

则

$$k=12\times\frac{2p+1}{m}=4$$

所以滤波器的差分方程为

$$y(n)=x(n)+x(n-4)$$

相应的传递函数为

$$H(z)=1+z^{-4}$$

用MATLAB辅助设计的M文件为：

```
%---加法滤波器的MATLAB辅助设计文件-----
clc;
clear;
%设置加法滤波器的传递函数系数
a1=1;b1=[1 0 0 0 1];
f=0:1:600;
h1=abs(freqz(b1,a1,f,1200));
%由传递函数系数确定传递函数的幅频特性
H1=h1/max(h1);
%绘出幅频特性
plot(f,H1);
xlabel('f/Hz');ylabel('H1');
%滤波效果仿真
%模拟输入参数
N=24;
```

```
t1=(0:0.02/N:0.04);
m=size(t1);
%基波电压
Va=100*sin(2*pi*50*t1);
%叠加3、9次谐波分量
Va1=100*sin(2*pi*50*t1)+30*sin(3*pi*100*t1)+10*sin(9*pi*
100*t1);
%采用加法滤波器滤掉Va1中的3、9次谐波分量
Y=zeros(1,4);
for jj=5:m(2)
    Y(jj)=(Va1(jj)+Va1(jj-4))/1.414;
end
%输出波形
plot(t1,Va,'-ro',t1,Va1,'-bs',t1,Y,'-g*');
xlabel('t/s');ylabel('v/V');
grid on
```

运行这个M文件，得到此滤波器的幅频特性如图2-7所示。

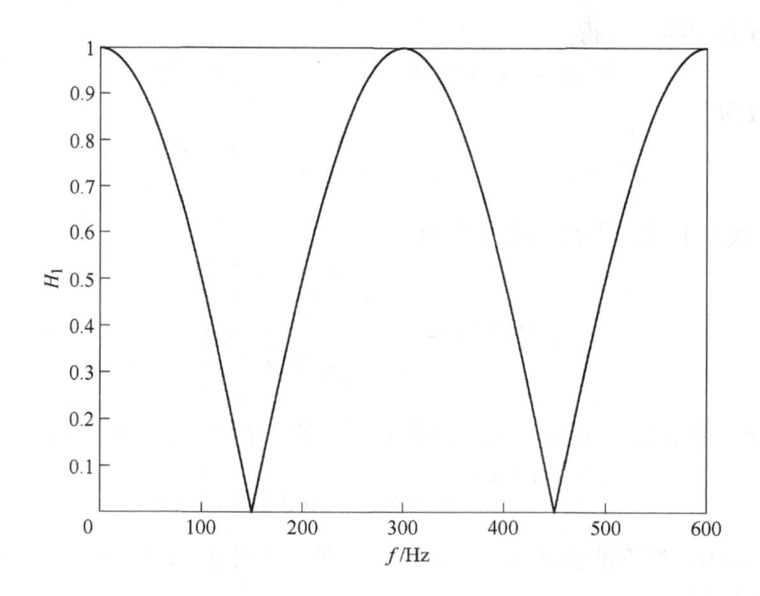

图2-7 滤波器的幅频特性

滤波效果的仿真波形如图2-8所示。图中带圆圈标记的为基波电压 V_a ，带方形标记的为叠加3、9次谐波分量后的电压 V_{a1} ，带星号标记的为经过滤波后的输出电压 Y 。显然输出电压已经完全滤除了3、9次谐波分量。

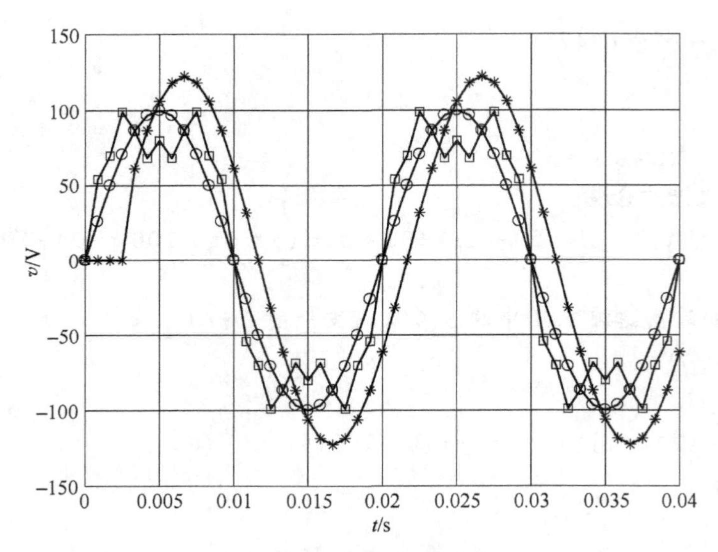

图 2-8　滤波效果的仿真波形

2.3.3　积分滤波器

积分滤波器的特点是进行连加运算，其对应的差分方程为

$$y(n)=x(n)+x(n-1)+x(n-2)+\cdots+x(n-k) \tag{2-23}$$

对上式进行Z变换，可得

$$Y(z)=X(z)(1+z^{-1}+z^{-2}+\cdots+z^{-k})$$

其传递函数为

$$H(z)=1+z^{-1}+z^{-2}+\cdots+z^{-k}=\frac{1-z^{-(k+1)}}{1-z^{-1}} \tag{2-24}$$

将 $z=\mathrm{e}^{\mathrm{j}\omega T_s}$ 代入上式，得其幅频特性为

$$|H(\mathrm{e}^{\mathrm{j}\omega T_s})|=\left|\frac{\sin\dfrac{(k+1)\omega T_s}{2}}{\sin\dfrac{\omega T_s}{2}}\right| \tag{2-25}$$

假定要消除 m 次谐波，将 $\omega=m\omega_1$ 代入上式，使 $|H(\mathrm{e}^{\mathrm{j}\omega T_s})|=0$，可得

$$\frac{(k+1)m\omega_1 T_s}{2}=p\pi \qquad p=0,1,2,\cdots \tag{2-26}$$

由于 $p=0$，则 $m=0$，但不能使式（2-25）为零，所以不论 f_s、k 取何值，都不能滤除直流分量。由式（2-26）得

$$k=\frac{2p\pi}{m\omega_1 T_s}-1 \tag{2-27}$$

当已知参数 k 值，可推出滤波器能滤除的谐波分量次数

$$m=\frac{pf_s}{(k+1)f_1}=p\frac{N}{k+1} \tag{2-28}$$

可见积分滤波器能滤除 $N/(k+1)$ 整数倍的所有谐波，其幅频特性如图 2-9 所示。

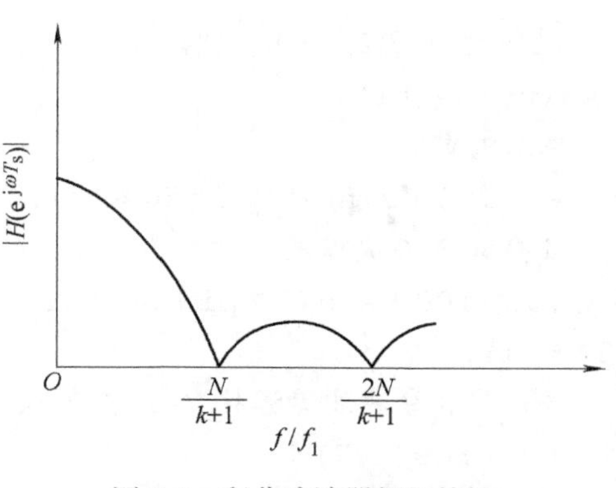

图 2-9　积分滤波器幅频特性

例如，已知采样频率 $f_s=1200\text{Hz}$，代入式(2-27)得

$$k=\frac{24p}{m}-1$$

1）若要消除偶次谐波，可令 $m=2p$，可得 $k=11$。

2）若要消除 3 的整数倍谐波，令 $m=3p$，可得 $k=7$，滤波器的差分方程为

$$y(n)=x(n)+x(n-1)+\cdots+x(n-7)$$

例 2-4　已知采样频率为 $f_s=1200\text{Hz}$，基波频率 $f_1=50\text{Hz}$，要求设计的积分滤波器能够滤除 3 的整数倍谐波。

解：欲滤除 3 的整数次谐波，可令

$$m=3p$$

则

$$k=\frac{24p}{m}-1=7$$

所以滤波器的差分方程为

$$y(n)=x(n)+x(n-1)+x(n-2)+\cdots+x(n-7)$$

相应的传递函数为

$$H(z)=\frac{1-z^{-8}}{1-z^{-1}}$$

```
%---积分滤波器的 MATLAB 辅助设计文件-----
clc;
clear;
%设置积分滤波器的传递函数系数
a1=1;b1=[1 1 1 1 1 1 1 1];
f=0:1:600;
h1=abs(freqz(b1,a1,f,1200));
%由传递函数系数确定传递函数的幅频特性
H1=h1/max(h1);
%绘出幅频特性
plot(f,H1);
xlabel('f/Hz');ylabel('H1');
%滤波效果仿真
%模拟输入参数
N=24;
```

```
t1=(0:0.02/N:0.04);
m=size(t1);
%基波电压
Va=100*sin(2*pi*50*t1);
%叠加 3、6 次谐波分量
Va1=100*sin(2*pi*50*t1)+30*sin(3*pi*100*t1)+10*sin(6*pi*
100*t1);
%采用积分滤波器滤掉 Va1 中的 3、6 次谐波分量
Y=zeros(1,7);
for jj=8:m(2)
Y(jj)=(Va1(jj)+Va1(jj-1)+Va1(jj-2)+Va1(jj-3)+Va1(jj-4)+Va1(jj-5)
+Va1(jj-6)+Va1(jj-7))/1.414;
end
%输出波形
plot(t1,Va,'-ro',t1,Va1,'-bs',t1,Y,'-g*');
xlabel('t/s');ylabel('v/V');
grid on
```

运行这个 M 文件，得到此滤波器的幅频特性如图 2-10 所示。

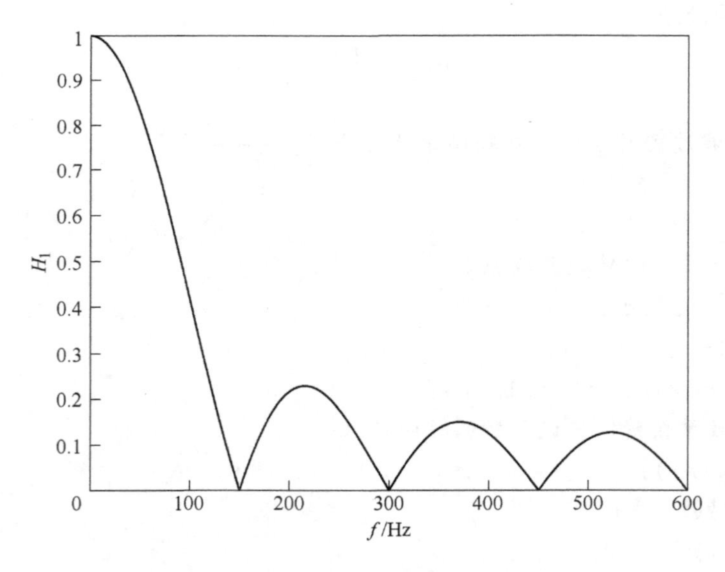

图 2-10　滤波器的幅频特性

滤波效果的仿真波形如图 2-11 所示。图中带圆圈标记的为基波电压 V_a，带方形标记的为叠加 3、6 次谐波分量后的电压 V_{a1}，带星号标记的为经过滤波后的输出电压 Y。显然输出电压已经完全滤除了 3、6 次谐波分量。

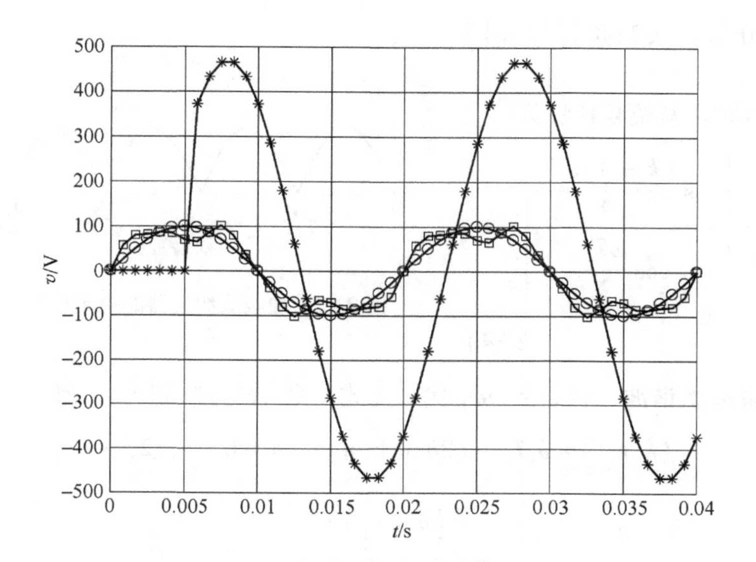

图 2-11　滤波效果的仿真波形

2.3.4　加减法滤波器

加减法滤波器的特点是进行加减交替运算，其差分方程为

$$y(n)=x(n)-x(n-1)+x(n-2)+\cdots+(-1)^k x(n-k) \tag{2-29}$$

对上式进行 Z 变换，并求得转移函数

$$H(z)=1-z^{-1'}+z^{-2}+\cdots+(-1)^k z^{-k}=\frac{1+(-1)^k z^{(k+1)}}{1+z^{-1}} \tag{2-30}$$

1) k 为奇数时，其幅频特性为

$$|H(\mathrm{e}^{\mathrm{j}\omega T_s})|=\left|\frac{\sin\dfrac{(k+1)\omega T_s}{2}}{\cos\dfrac{\omega T_s}{2}}\right| \tag{2-31}$$

假定要消除 m 次谐波，将 $\omega=m\omega_1$ 代入上式，令 $|H(\mathrm{e}^{\mathrm{j}\omega T_s})|=0$，则有

$$\frac{(k+1)m\omega_1 T_s}{2}=p\pi \qquad p=0,\ 1,\ 2,\ \cdots$$

$$k=\frac{2p\pi f_s}{m\omega_1}-1 \tag{2-32}$$

若已知参数 k，可得

$$m=\frac{2p\pi f_s}{(k+1)\omega_1}=\frac{pf_s}{(k+1)f_1}=p\frac{N}{k+1} \tag{2-33}$$

该滤波器可滤除 $N/(k+1)$ 整数倍次谐波。当 $p=0$，$m=0$ 时，此时无论 k 、f_s 取何值，

都能滤除直流分量，其幅频特性如图2-12所示。

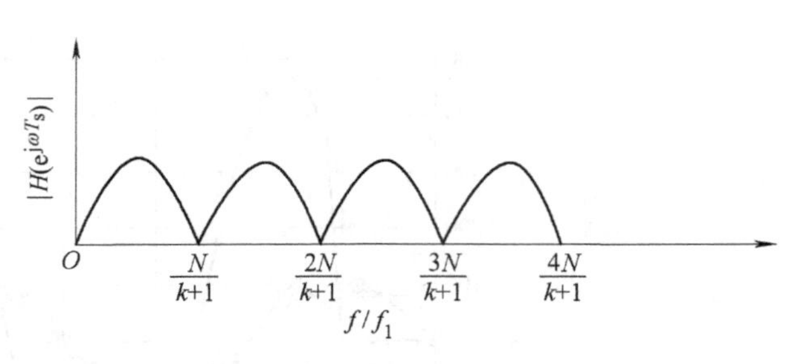

图2-12　加减法滤波器的幅频特性（k为奇数）

2）k为偶数时。其幅频特性为

$$|H(e^{j\omega T_s})| = \left|\frac{\cos\frac{(k+1)\omega T_s}{2}}{\cos\frac{\omega T_s}{2}}\right| \tag{2-34}$$

假定要消除m次谐波，将$\omega = m\omega_1$代入上式，令$|H(e^{j\omega T_s})| = 0$，则有

$$(k+1)m\omega_1 T_s = (2p+1)\pi \qquad p = 0,\ 1,\ 2,\ \cdots$$

$$k = \frac{\left(p+\frac{1}{2}\right)f_s}{mf_1} - 1 \tag{2-35}$$

若已知参数k值，可得

$$m = \frac{\left(p+\frac{1}{2}\right)f_s}{(k+1)f_1} = \frac{(2p+1)N}{2(k+1)} \tag{2-36}$$

显然，该滤波器不能消除直流分量，可滤除$N/2(k+1)$的整数倍次谐波，其幅频特性如图2-13所示。

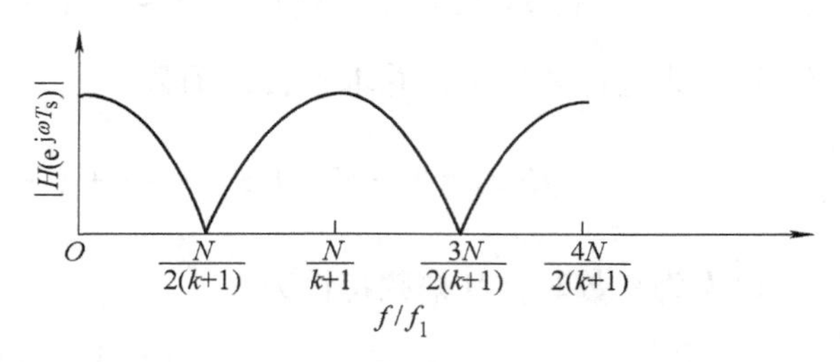

图2-13　加减法滤波器的幅频特性（k为偶数）

读者可参照前面的例子，计算当$f_s = 1200\text{Hz}$时，k的取值。

例2-5　已知采样频率为$f_s = 1200\text{Hz}$，基波频率$f_1 = 50\text{Hz}$，要求加减法数字滤波器能够滤除4的整数倍谐波和6的整数倍谐波。

解：1）欲滤除4的整数次谐波，可令

$$m = 4(2p+1)$$

则

$$k = \frac{(2p+1)f_s}{2mf_1} - 1 = 2$$

所以滤波器的差分方程为

$$y(n) = x(n) - x(n-1) + x(n-2)$$

相应的传递函数为

$$H(z) = \frac{1+z^3}{1+z^{-1}}$$

```
%---加减法滤波器的 MATLAB 辅助设计文件 -----
clc;
clear;
%设置积分滤波器的传递函数系数
%--- k=2 加减法滤波器的 MATLAB 辅助设计文件 -----
clc;
clear;
%设置加法滤波器的传递函数系数
a1=1;b1=[1 -1 1];
f=0:1:600;
h1=abs(freqz(b1,a1,f,1200));
%由传递函数系数确定传递函数的幅频特性
H1=h1/max(h1);
%绘出幅频特性
plot(f,H1);
xlabel('f/Hz');ylabel('H1');
%滤波效果仿真
%模拟输入参数
N=24;
t1=(0:0.02/N:0.04);
m=size(t1);
%基波电压
Va=100*sin(2*pi*50*t1);
%叠加 4 次谐波分量
Va1=100*sin(2*pi*50*t1)+30*sin(4*pi*100*t1);
%采用加减法滤波器滤掉 Va1 中的 4 次谐波分量
Y=zeros(1,2);
for jj=3:m(2)
    Y(jj)=(Va1(jj)-Va1(jj-1)+Va1(jj-2))/1.414;
end
%输出波形
plot(t1,Va,'-ro',t1,Va1,'-bs',t1,Y,'-g*');
xlabel('t/s');ylabel('v/V');
grid on
```

运行这个 M 文件，得到此滤波器的幅频特性如图 2-14 所示。

滤波效果的仿真波形如图 2-15 所示。图中带圆圈标记的为基波电压 V_a，带方形标记的为叠加 4 次谐波分量后的电压 V_{a1}，带星号标记的为经过滤波后的输出电压 Y。显然输出电压已经完全滤除了 4 次谐波分量。

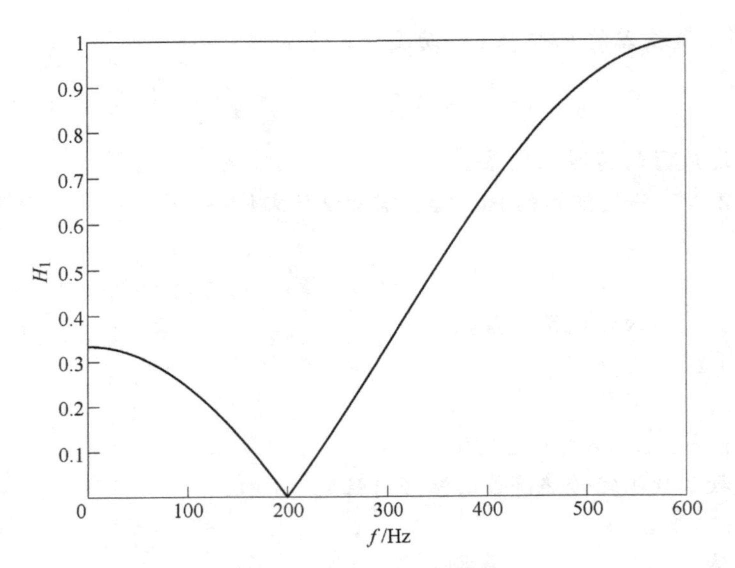

图 2-14　滤波器的幅频特性

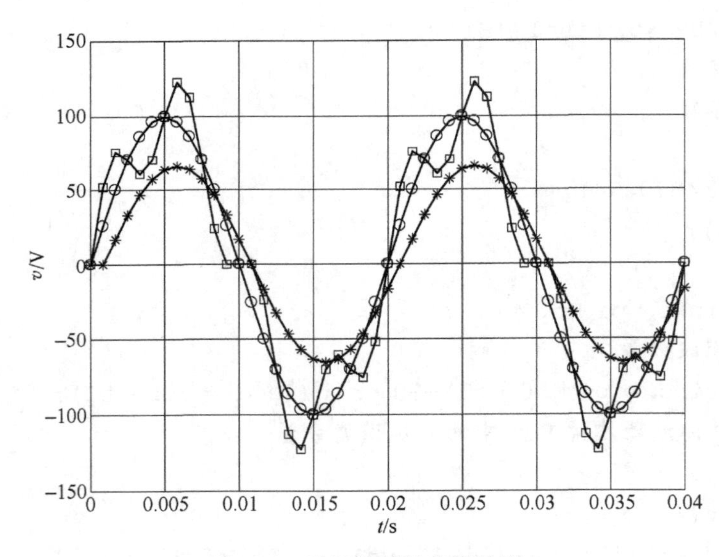

图 2-15　滤波效果的仿真波形

2）欲滤除 6 的整数次谐波，可令

$$m = 6p$$

则

$$k = \frac{24p}{m} - 1 = 3$$

所以滤波器的差分方程为

$$y(n) = x(n) - x(n-1) + x(n-2) - x(n-3)$$

相应的传递函数为

$$H(z)=\frac{1-z^{4}}{1+z^{-1}}$$

```
%---加减法滤波器的 MATLAB 辅助设计文件 -----
clc;
clear;
%设置积分滤波器的传递函数系数
% k=3 设置加减法滤波器的传递函数系数
a1=1;b1=[1 -1 1 -1];
f=0:1:600;
h1=abs(freqz(b1,a1,f,1200));
%由传递函数系数确定传递函数的幅频特性
H1=h1/max(h1);
%绘出幅频特性
plot(f,H1);
xlabel('f/Hz');ylabel('H1');
%滤波效果仿真
%模拟输入参数
N=24;
t1=(0:0.02/N:0.04);
m=size(t1);
%基波电压
Va=100*sin(2*pi*50*t1);
%叠加 6、12 次谐波分量
Va1=100*sin(2*pi*50*t1)+30*sin(6*pi*100*t1)+10*sin(12*pi*
100*t1);
%采用加减法滤波器滤掉 Va1 中的 6、12 次谐波分量
Y=zeros(1,3);
for jj=4:m(2)
    Y(jj)=(Va1(jj)-Va1(jj-1)+Va1(jj-2)-Va1(jj-3))/1.414;
end
%输出波形
plot(t1,Va,'-ro',t1,Va1,'-bs',t1,Y,'-g*');
xlabel('t/s');ylabel('v/V');
grid on
```

运行这个 M 文件，得到此滤波器的幅频特性如图 2-16 所示。

滤波效果的仿真波形如图 2-17 所示。图中带圆圈标记的为基波电压 V_a，带方形标记的为叠加 6、12 次谐波分量后的电压 V_{a1}，带星号标记的为经过滤波后的输出电压 Y。显然输出电压已经完全滤除了 6、12 次谐波分量。

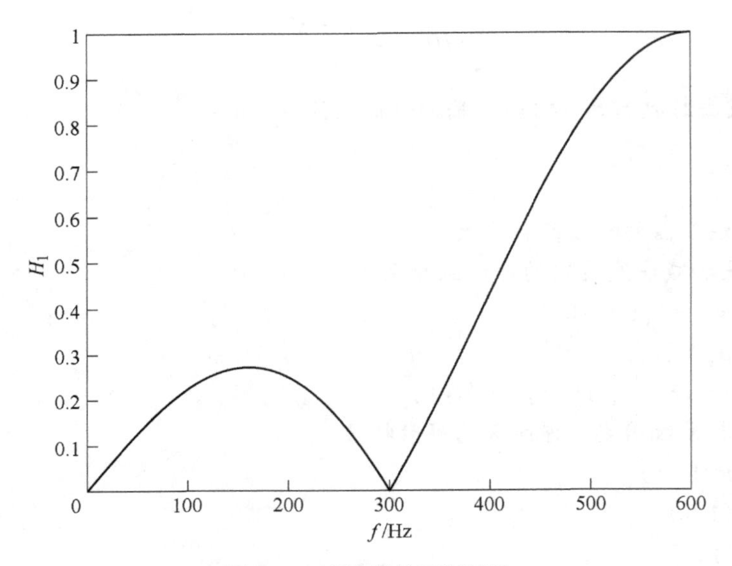

图 2-16　滤波器的幅频特性

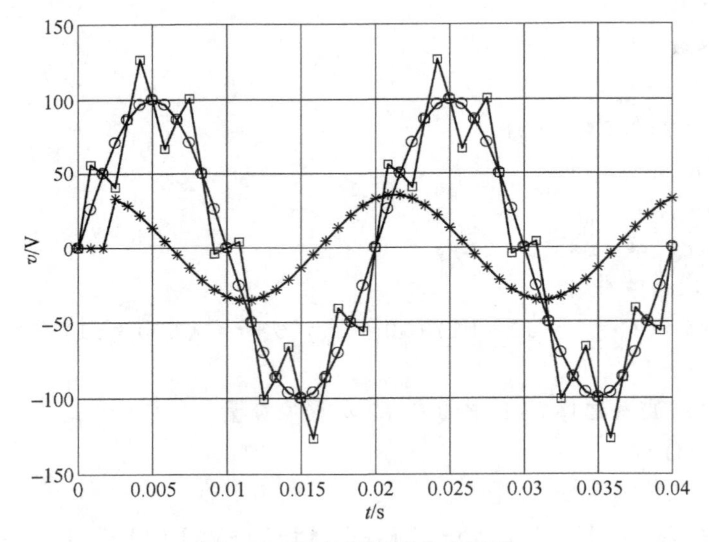

图 2-17　滤波效果的仿真波形

2.3.5　简单滤波器的共同特点

1. 运算简单

除不需要进行乘法运算外，加减法运算次数也很少。加法、减法滤波单元只需一次加减运算；当按递推格式运算时，其他 3 种滤波单元的加减次数也不多于 2 次。以积分滤波器为例。根据其差分方程或转移函数，其递推计算式为

$$y(n) = y(n-1) + x(n) - x(n-k-1) \tag{2-37}$$

同理，对于加减法滤波单元也可得到递推计算式。

当 k 为奇数时，有

$$y(n)=x(n)-x(n-k-1)-y(n-1) \tag{2-38}$$

当k为偶数时，有

$$y(n)=x(n)+x(n-k-1)-y(n-1) \tag{2-39}$$

2. 梳状频谱

简单滤波器在幅频特性上出现一些较大的旁瓣，只能对事先考虑滤除的那些谐波（m次谐波）可完全抑制，而对其他次谐波的滤波效果较差，称之为“频率泄漏”。并且，当系统频率发生波动时，会出现较大的误差。系统故障时往往伴随有频率变化，因此在微机继电保护中常采用自适应频率跟踪技术等措施。

3. 时延 τ_c 反比于 m

滤除的谐波次数m越低（直流除外），时延τ_c越长，成反比变化。对于使用工频量的保护，主要考虑3、5、7次谐波分量，则相应的τ_c较长。

4. 有限冲击响应

这些滤波器都只有零点没有极点，故没有稳定性问题。

2.3.6 简单滤波单元的组合

简单滤波单元虽然计算量很小，性能却难以满足要求。即使输入信号只有直流分量和整次谐波分量，每种滤波单元可滤除的谐波成分也很有限。当微机继电保护算法需要使用选频带通滤波器时，可以把具有不同特性的简单滤波单元级联起来，以得到预期的滤波特性。数字滤波器的级联，类似于模拟滤波器的串联，即把前一滤波单元的输出作为后一滤波单元的输入，一个由m个简单的滤波单元组成的级联滤波器的转移函数可表示为

$$H(z)=\prod_{i=1}^{m}H_i(z) \tag{2-40}$$

式中，$H_i(z)$为级联滤波器中第i个滤波单元的转移函数。

其幅频特性与相频特性分别为

$$|H(e^{j\omega T_s})|=\prod_{i=1}^{m}|H_i(e^{j\omega T_s})| \tag{2-41}$$

$$\varphi(\omega T_s)=\sum_{i=1}^{m}\varphi_i(\omega T_s) \tag{2-42}$$

时延特性为

$$\tau_c=\sum_{i=1}^{m}\tau_{ci} \tag{2-43}$$

级联滤波器具有单元滤波器的主要特点，但它在性能上较简单滤波器有了较大的改善。例如，若需提取故障信号中的基频分量，可将减法滤波单元与积分滤波单元相级联，利用减法滤波器减少非周期分量的影响，而借助积分滤波器来抑制高频分量。下面举例加以说明。

例 2-6 设采样频率$f_s=1200\text{Hz}$（$N=24$），要求设计滤波器完全滤除直流分量及3、4、6、8、9、12次谐波分量，并且具有良好的高频衰减特性。

解： 1）用减法滤波单元滤除直流分量和4、8、12次谐波分量

差分方程步长

$$k=\frac{N}{m}=\frac{24}{4}=6$$

则相应差分方程及传递函数为

$$y_1(n) = x(n) - x(n-6)$$

$$H_1(z) = 1 - z^{-6}$$

2）使用积分滤波器滤除 3、6、9、12 次谐波分量

差分方程步长

$$k = \frac{N}{m} - 1 = \frac{24}{3} - 1 = 7$$

则相应差分方程及传递函数为

$$y_2(n) = \sum_{k=0}^{7} y_1(n-k)$$

$$H_2(z) = \sum_{i=0}^{7} z^{-i}$$

3）级联滤波器的传递函数为

$$H(z) = H_1(z)H_2(z) = (1 - z^{-6})\sum_{i=0}^{7} z^{-i}$$

4）级联滤波器的暂态时延为

$$\tau_c = \tau_1 + \tau_2 = (6+7)T_s = 10.833 \text{ ms}$$

该级联滤波器的幅频特性如图 2-18 所示。从幅频特性可以看出，级联滤波器的滤波特性相当理想，对非周期分量和谐波分量均具有良好的滤波效果。但需要指出的是，随着滤波

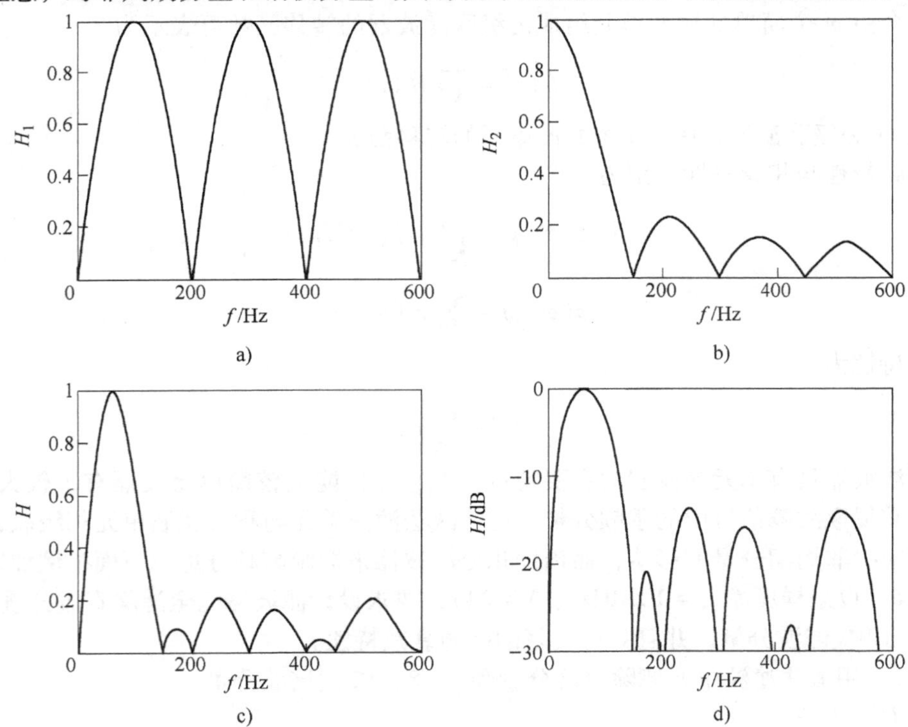

图 2-18　级联滤波器的幅频特性

a）减法滤波器单元　b）积分滤波器单元　c）、d）级联滤波器

特性的改善，滤波器的数据窗也将随之增长，在上例中，级联滤波器数据窗为各单元滤波器数据窗之和，需要13个采样点，从而降低了滤波速度。因此，在实际使用中，应注意在滤波特性与滤波速度之间取得合理的平衡。

2.4 零、极点配置法设计数字滤波器

利用零、极点配置法设计的数字滤波器就是通过直接在 z 平面上合理地设置零点和极点，以得到合乎要求的频率响应特性和时延特性。在微机继电保护中除了用基本滤波单元组成级联滤波器外，利用零、极点配置法设计的数字滤波器也使用得较多。

2.4.1 零、极点对系统频率响应的影响

N 阶数字滤波器的转移函数一般表达式为

$$H(z)=A\frac{\prod_{i=1}^{M}(1-c_iz^{-1})}{\prod_{i=1}^{N}(1-d_iz^{-1})}=A\frac{\prod_{i=1}^{M}(z-c_i)}{\prod_{i=1}^{N}(z-d_i)} \tag{2-44}$$

式中，c_i、d_i 分别为 z 平面上的零点、极点。

若 z 的取值在单位圆上，即 $z=\mathrm{e}^{\mathrm{j}\omega}$，则系统的频率响应为

$$H(\mathrm{e}^{\mathrm{j}\omega})=A\frac{\prod_{i=1}^{M}(\mathrm{e}^{\mathrm{j}\omega}-c_i)}{\prod_{i=1}^{N}(\mathrm{e}^{\mathrm{j}\omega}-d_i)}$$

在 z 平面上，$(\mathrm{e}^{\mathrm{j}\omega}-c_i)$ 可以用由零点指向单位圆上 $\mathrm{e}^{\mathrm{j}\omega}$ 点（A 点）的向量 $\boldsymbol{C}_i$ 来表示，即

$$\boldsymbol{C}_i=\mathrm{e}^{\mathrm{j}\omega}-c_i=C_i\mathrm{e}^{\mathrm{j}\alpha_i}$$

式中，C_i 为向量 $\boldsymbol{C}_i$ 的幅值；α_i 为向量 $\boldsymbol{C}_i$ 的辐角。

同理，$(\mathrm{e}^{\mathrm{j}\omega}-d_i)$ 也可用由极点指单位圆上 $\mathrm{e}^{\mathrm{j}\omega}$ 的向量 $\boldsymbol{D}_i$ 来表示，即

$$\boldsymbol{D}_i=\mathrm{e}^{\mathrm{j}\omega}-d_i=D_i\mathrm{e}^{\mathrm{j}\beta_i}$$

式中，D_i 为向量 $\boldsymbol{D}_i$ 的幅值；β_i 为向量 $\boldsymbol{D}_i$ 的辐角。

如图2-19所示，称 $\boldsymbol{C}_i$ 为零向量，$\boldsymbol{D}_i$ 为极向量。因此有

$$H(\mathrm{e}^{\mathrm{j}\omega})=A\frac{\prod_{i=1}^{M}C_i}{\prod_{i=1}^{N}D_i}=A\frac{\prod_{i=1}^{M}C_i\mathrm{e}^{\mathrm{j}\alpha_i}}{\prod_{i=1}^{N}D_i\mathrm{e}^{\mathrm{j}\beta_i}} \tag{2-45}$$

于是，得到数字滤波器的幅频特性为

$$|H(\mathrm{e}^{\mathrm{j}\omega})|=A\frac{\prod_{i=1}^{M}C_i}{\prod_{i=1}^{N}D_i} \tag{2-46}$$

相频特性为

$$\varphi(\omega)=\sum_{i=1}^{M}\alpha_i-\sum_{i=1}^{N}\beta_i \tag{2-47}$$

从以上两式可知，频率响应的幅频特性，可看成所有零点到单位圆周给定点 $e^{j\omega}$ 的各向量长度的积，除以所有极点到给定点 $e^{j\omega}$ 的各向量长度的积，再乘以增益 A；相频特性则是上述各向量的相角代数和。因此，频率响应的幅频特性可以用各个零、极点指向单位圆上点的向量幅值所确定，相频特性则是这些向量的相角所确定。当频率 ω 为 $0\sim2\pi$ 时，这些向量的终端点沿单位圆反时针方向旋转一圈，从而可以估算整个系统的频率响应。

图 2-19 所示为具有两个极点、一个零点的系统以及它的频率响应的几何表示，这个频率响应用几何法很容易得到。

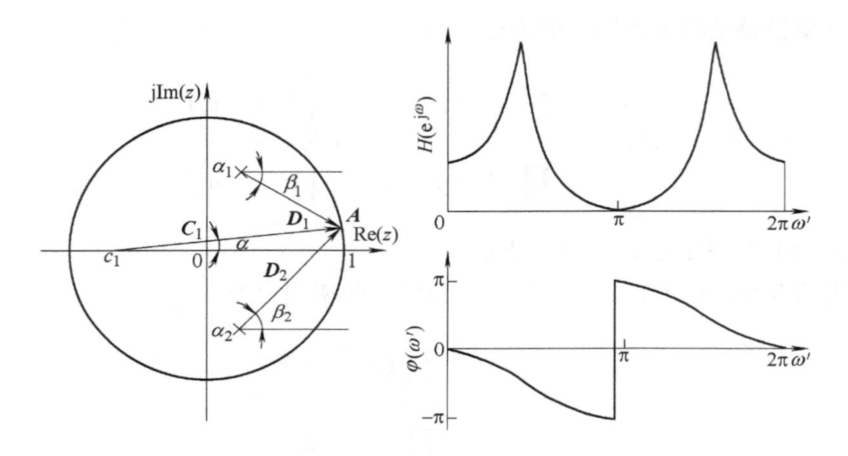

图 2-19　频率响应的几何表示

由式（2-46）和式（2-47）也容易看出零、极点位置对系统频率响应的影响。

极点的影响：当极点 d_i 越靠近单位圆上 $e^{j\omega}$ 点时，极向量的幅值 D_i 就越短。当极点 d_i 落在 $e^{j\omega}$ 点上时，$D_i=0$，则 $|H(e^{j\omega})|\to\infty$，这相当于在该频率处出现无耗谐振（$Q=\infty$）。当极点越出单位圆时，系统不稳定，这是人们所不希望的。

零点的影响：与极点相反，c_i 越接近 $e^{j\omega}$ 点时，$|H(e^{j\omega})|\to0$，亦即在零点所在频率上出现传输零点，该频率信号完全被滤除掉。零点也可在单位圆以外，不受稳定性约束。

2.4.2　零、极点配置方法

由于数字滤波器的差分方程系数必须为实数，因此，在 z 平面上 $H(z)$ 的零点或极点除是实数外，其余必须共轭成对出现。为了保持滤波器的稳定，极点的极径 r（极点到原点的距离）必须小于 1；零点的极径虽不受此限制，但为使衰减最大，常把零点设置在单位圆上，即极径等于 1。

为了合理地设置零、极点，必须首先弄清楚在 z 平面单位圆上各次谐波对应的位置。

在 z 平面单位圆 $z=e^{j\omega}$ 上，显然有

$$-\pi\leqslant\omega\leqslant\pi$$

将数字域频率 ω 与模拟域频率 Ω 的关系 $\omega=2\pi fT_s=\Omega T_s$ 代入上式，则

$$-\pi\leqslant 2\pi fT_s\leqslant\pi$$

即

$$-\frac{\pi}{T_s}\leqslant\Omega\leqslant\frac{\pi}{T_s}$$

因

$$\frac{\pi}{T_s}=\pi f_s=\pi f_1 N=\omega_1\frac{N}{2}$$

式中，ω_1 为基波频率，$N=\dfrac{f_s}{f_1}$ 一般为正整数，则

$$-\omega_1\frac{N}{2}\leqslant\omega\leqslant\omega_1\frac{N}{2}\tag{2-48}$$

上式说明，对于每基频周期有 N 点采样的情况，将 z 平面单位圆等分为 N 份，每一份对应频率间隔为 ω_1 的，若不考虑频率 ω 周期重复，那么上半圆对应正频率，即

$$0\leqslant\omega\leqslant\omega_1\frac{N}{2}\tag{2-49}$$

令 $\omega=k\omega_1$，即令 k 为谐波次数（ k 可以不为整数），则有

$$0\leqslant k\leqslant\frac{N}{2}\tag{2-50}$$

因 k 次谐波在单位圆上所对应的位置为 $re^{jk\omega_1 T_s}$（$r>0$），故可以在这个位置设置零、极点。

当需要抑制 k 次谐波时，应在 $re^{jk\omega_1 T_s}$（$r>0$）处设置零点。为使转移函数的系数为实数，应设置一对共轭零点，故有下列转移函数

$$\begin{aligned}H_k(z)&=(1-re^{jk\omega_1 T_s}z^{-1})(1-re^{-jk\omega_1 T_s}z^{-1})\\&=1-2r\cos(k\omega_1 T_s)z^{-1}+r^2z^{-2}\end{aligned}\tag{2-51}$$

若希望完全滤除 k 次谐波，可令 $r=1$，这时零点位于单位圆上。

当零点位于正实轴上（ $z=1$）和负实轴上（ $z=-1$）时，有

$$H_0(z)=1-rz^{-1}\tag{2-52}$$

$$H_{\frac{N}{2}}(z)=1+rz^{-1}\tag{2-53}$$

$H_0(z)$ 和 $H_{\frac{N}{2}}(z)$ 可分别滤除直流分量和 $N/2$ 次谐波，这是两个只有单实根的特殊情况。若设置多个零点分别滤除 k_1，k_2，… 次谐波时，传递函数可表示为

$$H(z)=H_{k1}(z)H_{k2}(z)\cdots$$

将其看作为基本滤波单元的级联，则基本滤波单元的转移函数的一般表达式为

$$H_i(z)=(1-r\mathrm{e}^{\mathrm{j}k_i\omega_1 T_s}z^{-1})(1-r\mathrm{e}^{-\mathrm{j}k_i\omega_1 T_s}z^{-1})$$

当 $k_i=0$ 时，得到式（2-52），当 $k_i=N/2$ 时，得到式（2-53），当 $0\leqslant k\leqslant N/2$ 时，因零点为一对共轭复数，其转移函数为

$$\begin{aligned}H_{k_i}(z)&=1-2r\cos(k\omega_1 T_s)z^{-1}+r^2z^{-2}\\&=1-2r\cos\left(k\frac{2\pi}{N}\right)z^{-1}+r^2z^{-2}\end{aligned}$$

极点的设置方法与上述类似，只要对式（2-51）求倒数即可，为保持滤波系统稳定，在设置极点时，应取 $r<1$。

第3章 微机继电保护的算法

本章着重讨论微机继电保护的算法。由于在微机继电保护装置中，CPU是通过软件对采样序列进行分析、运算和判断，实现故障量的测量及各种继电保护功能的。因此，寻找适当的离散运算方法，使运算结果的精确度在能够满足工程要求的同时计算耗时又要尽可能短，以达到既判断准确又满足速动性和可靠性的要求，这一直是微机继电保护研究中的一个基本问题。本章3.1节对保护算法做了初步的介绍，对评价各种算法优劣的标准进行了分析说明。3.2节重点讨论了正弦函数模型算法，这也是学习微机继电保护的基础。3.3~3.5节分别对微机继电保护中常用的傅里叶算法、最小二乘算法和解微分方程算法做了介绍。3.6节介绍了移相和滤序算法。3.7节介绍了常用的继电器特性算法。3.8节介绍了微机继电保护算法的选择。

3.1 概述

电力系统中的各种电气量通过微机继电保护装置的模-数转换器后形成了若干个离散的、量化了的数字采样序列。微机继电保护的CPU通过软件对采样序列进行分析、运算和判断，实现故障量的测量及各种继电保护的功能。因此，在微机继电保护中，一个基本问题就是寻找适当的离散运算方法，使运算结果的精确度在能够满足工程要求的同时计算耗时又要尽可能短，以达到既判断准确又满足速动性和可靠性的要求。近年来，微机继电保护算法这一研究领域一直十分活跃，国内外的继电保护工作者提出了许多适合于微机继电保护的计算方法。

微机继电保护算法可分为两大类。一类是根据输入电气量的若干点采样值通过数学式或方程式计算出保护所反映的量值，然后与给定值进行比较。这一类算法利用了微机能进行数值计算的特点，从而实现许多常规继电保护无法实现的功能，例如微机距离保护，可根据电压和电流的采样值计算出复阻抗的模和辐角或阻抗的电阻和电抗分量，然后同给定的阻抗动作区进行比较。其动作特性的形状就可以非常灵活（如采用多边形的动作区），不像常规距离保护的动作特性形状决定于一定的动作方程。此外还可以根据阻抗计算值中的电抗分量推算出短路点距离，起到一定的测距作用等。另一类算法是直接模仿模拟型继电保护的实现方法，根据继电保护的功能或动作方程来判断是否动作，虽然这一类算法所依照的原理和常规的模拟型保护同出一宗，但由于运用计算机所特有的数学处理和逻辑运算功能，可以使保护的性能有明显的提高。

继电保护的种类很多，按保护原理可分为差动保护，距离保护，电流、电压保护等；按保护对象可分为元件保护（发电机、变压器、母线等）、线路保护等。然而，不论哪一类保护的算法，其核心问题归根结底不外乎是算出可表征被保护对象运行特点的物理量，如电流、电压等的有效值和相位以及复阻抗等，或者算出它们的序分量，或基波分量，某次谐波分量的大小和相位等。利用这些基本电气量的计算值，就可以很容易地构成各种不同原理的保护。

算法是研究微机继电保护的重点之一。分析和评价各种不同的算法优劣的标准是精度和速度。精度就是保护根据输入量判断电力系统故障或不正常运行状态的准确程度。速度包括两个方面的内容：一是算法所要求的数据窗长度（或称采样点数）；二是算法运算工作量。精度和速度又总是相互矛盾的。若要计算精确则往往要利用更多的采样点和进行更多的计算工作量。所以研究算法的实质是如何在速度和精度两方面进行权衡。例如，有的快速保护选择的采样点数较少，而后备保护不要求很高的计算速度，但对计算精度要求高，选择的采样点数就较多。对算法除了有精度和速度要求之外，还要考虑算法的数字滤波功能，有的算法本身就具有数字滤波功能，而有的算法则需要对输入量先进行数字滤波后再计算，因此在评价算法时还要考虑它对数字滤波的要求。

3.2 正弦函数模型算法

假设被采样的电压、电流信号都是纯正弦量时，可以利用正弦函数的一系列特性，从若干个采样值中计算出电压、电流的幅值、相位以及功率和测量阻抗的量值，然后进行比较、判断，以完成一系列的保护功能。

实际上在电力系统发生故障后电流、电压都含有各种暂态分量，而且数据采集系统还会引入各种误差，所以这一类算法要获得精确的结果，必须和数字滤波器配合使用，即尽可能地滤掉非周期分量和高频分量之后，才能采用此类算法，否则，计算结果将出现较大的误差。

3.2.1 两点乘积算法

两点乘积算法是利用两个采样值的乘积来计算电流、电压、阻抗的幅值和相位等电气参数的方法，由于这种方法只是利用两个采样值推算出整个曲线情况，所以属于曲线拟合法。其特点是计算的判定时间较短。

以电压为例，设 u_1 和 u_2 分别为两个相隔 π/2 时刻的采样值，如图 3-1 所示，即

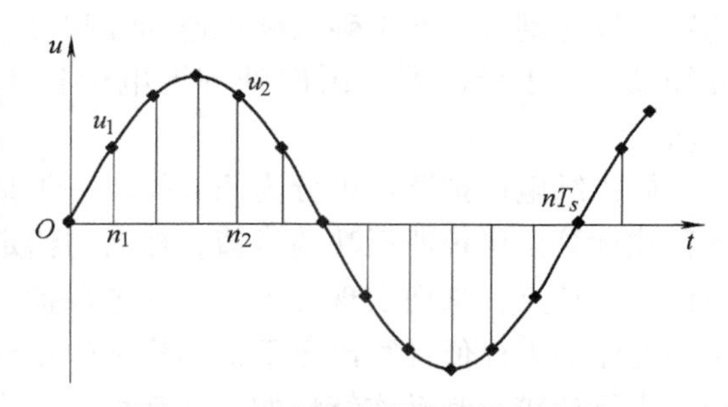

图 3-1 两点乘积算法采样示意图

$$u_1 = U_m\sin(\omega t_n + \alpha_{0u}) = \sqrt{2}U\sin\theta_{1u} \tag{3-1}$$

$$u_2 = U_m\sin(\omega t_n + \alpha_{0u} + \pi/2) = \sqrt{2}U\cos\theta_{1u} \tag{3-2}$$

式中，θ_{1u}为 t_n 采样时刻电压的相位，$\theta_{1u} = \omega t_n + \alpha_{0u}$，可能为任意值。

将式（3-1）和式（3-2）二次方后相加，即得

$$2U^2 = u_1^2 + u_2^2 \tag{3-3}$$

再将式（3-1）和式（3-2）相除，得

$$\tan\theta_{1u} = \frac{u_1}{u_2} \tag{3-4}$$

式（3-3）和式（3-4）表明，只要知道任意两个相隔 π/2 的正弦量的瞬时值，就可以计算出该正弦量的有效值和相位。

如要求出阻抗，只要同时测出两个相隔 π/2 的电流和电压 u_1、i_1 和 u_2、i_2，用上述结论，得

$$Z = \frac{U}{I} = \frac{\sqrt{u_1^2 + u_2^2}}{\sqrt{i_1^2 + i_2^2}} \tag{3-5}$$

$$\alpha_Z = \alpha_{1U} - \alpha_{1I} = \arctan\left(\frac{u_1}{u_2}\right) - \arctan\left(\frac{i_1}{i_2}\right) \tag{3-6}$$

式（3-6）用到了反三角函数，所以更为方便的算法是求出阻抗的电阻分量和电抗分量。将电流和电压写成复数形式，即

$$\dot{U} = U\cos\theta_{1u} + \mathrm{j}U\sin\theta_{1u}$$

$$\dot{I} = I\cos\theta_{1i} + \mathrm{j}I\sin\theta_{1i}$$

参照式（3-1）和式（3-2），可得

$$\dot{U} = \frac{u_2 + \mathrm{j}u_1}{\sqrt{2}}$$

$$\dot{I} = \frac{i_2 + \mathrm{j}i_1}{\sqrt{2}}$$

于是

$$\frac{\dot{U}}{\dot{I}} = \frac{u_2 + \mathrm{j}u_1}{i_2 + \mathrm{j}i_1} = \frac{u_1 i_1 + u_2 i_2}{i_1^2 + i_2^2} + \mathrm{j}\,\frac{u_1 i_2 - u_2 i_1}{i_1^2 + i_2^2} \tag{3-7}$$

上式中实部即为 R，虚部则为 X，所以

$$R = \frac{u_1 i_1 + u_2 i_2}{i_1^2 + i_2^2} \tag{3-8}$$

$$X = \frac{u_1 i_2 - u_2 i_1}{i_1^2 + i_2^2} \tag{3-9}$$

由于式（3-8）和式（3-9）中用到了两个采样值的乘积，因此称为两点乘积法。

$\dot{U}$、$\dot{I}$ 之间的相位差可由下式计算

$$\tan\theta = \frac{u_1 i_2 - u_2 i_1}{u_1 i_1 + u_2 i_2} \tag{3-10}$$

上述乘积用了两个相隔 π/2 的采样值，所需的时间为 1/4 周期，对 50Hz 的工频来说为 5ms。事实上，两点乘积法从原理上可以采用相隔任意角度的两个采样值，只是算式较为复

杂。读者可以参考相关的文献进行推导。

例 3-1 对如图 3-2 所示电路，若测得输入电压为 $v(t)=100\sin\omega t\text{V}$，输入电流为 $i(t)=50\sin(\omega t-\pi/6)\text{A}$，每周采样点数 $N=12$ 时，利用两点乘积法计算输入信号的有效值、相位差及电路参数。

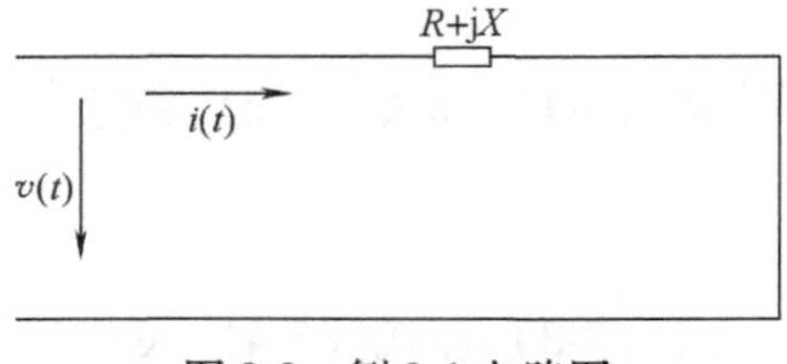

图 3-2 例 3-1 电路图

解：利用两点乘积法计算输入信号的有效值、相位差及电路参数的 MATLAB 程序为：

```
%---两点乘积算法的 MATLAB 辅助分析文件-----
clc;
clear;
%模拟测量到的电压和电流量
N=12;
t1=(0:0.02/N:0.02);
m=size(t1);
%电压
Va=100*sin(2*pi*50*t1);
%电流
Ia=50*sin(2*pi*50*t1-pi/6);
%利用两点乘积算法计算
%电压
for jj=4:m(2)
    U(jj)=sqrt((Va(jj)*Va(jj)+Va(jj-3)*Va(jj-3))/2);
end
%电流
for jj=4:m(2)
    I(jj)=sqrt((Ia(jj)*Ia(jj)+Ia(jj-3)*Ia(jj-3))/2);
end
%电阻、电抗,相位差
for jj=4:m(2)
    R(jj)=((Va(jj)*Ia(jj)+Va(jj-3)*Ia(jj-3))/(Ia(jj)*Ia(jj)+Ia
(jj-3)*Ia(jj-3)));
    X(jj)=((Va(jj-3)*Ia(jj)-Va(jj)*Ia(jj-3))/(Ia(jj)*Ia(jj)+Ia
(jj-3)*Ia(jj-3)));
    O(jj)=180/pi*atan((Va(jj-3)*Ia(jj)-Va(jj)*Ia(jj-3))/(Va(jj)
*Ia(jj)+Va(jj-3)*Ia(jj-3)));
end
%输出波形
subplot(231);
```

```
plot(t1,Va,'-b^',t1,Ia,'--bo');                    %测量到的电压和电流量
legend('V','I');
ylabel('V,I');
xlabel('t(s)');
subplot(232);
plot(t1,U,'-bo');                                  %计算得到的电压有效值
ylabel('V(V)');
xlabel('t(s)');
subplot(233);
plot(t1,I,'-bo');                                  %计算得到的电流有效值
ylabel('I(A)');
xlabel('t(s)');
subplot(234);
plot(t1,R,'-bo');                                  %计算得到的电阻值
ylabel('R(\Omega)');
xlabel('t(s)');
subplot(235);
plot(t1,X,'-bo');                                  %计算得到的电抗值
ylabel('X(\Omega)');
xlabel('t(s)');
subplot(236);
plot(t1,O,'-bo');                                  %计算得到的相位差
ylabel('angle(\circ)');
xlabel('t(s)');
```

运行程序后，得到输入信号的有效值、相位差及电路的电阻、电抗如图3-3所示。

3.2.2 三采样值乘积算法

三采样值乘积算法是利用三个连续的等时间间隔 ΔT 的采样值，通过适当的组合消去 ωt 项以求出采样的幅值和相位的方法。

为分析方便，设电压的初相位为0，电流滞后电压的角度为 θ，则

$$u = U_{\mathrm{m}}\sin\omega t$$

$$i = I_{\mathrm{m}}\sin(\omega t - \theta)$$

取 t_k、t_{k+1}、t_{k+2} 为采样时刻，每个采样间隔为 ΔT，则对应的电压和电流的采样值为：u_1、i_1，u_2、i_2，u_3、i_3，如图3-4所示。则 t_k 时刻的采样值可表示为

$$\begin{cases} u_1 = U_{\mathrm{m}}\sin\omega t_k \\ i_1 = I_{\mathrm{m}}\sin(\omega t_k - \theta) \end{cases} \tag{3-11}$$

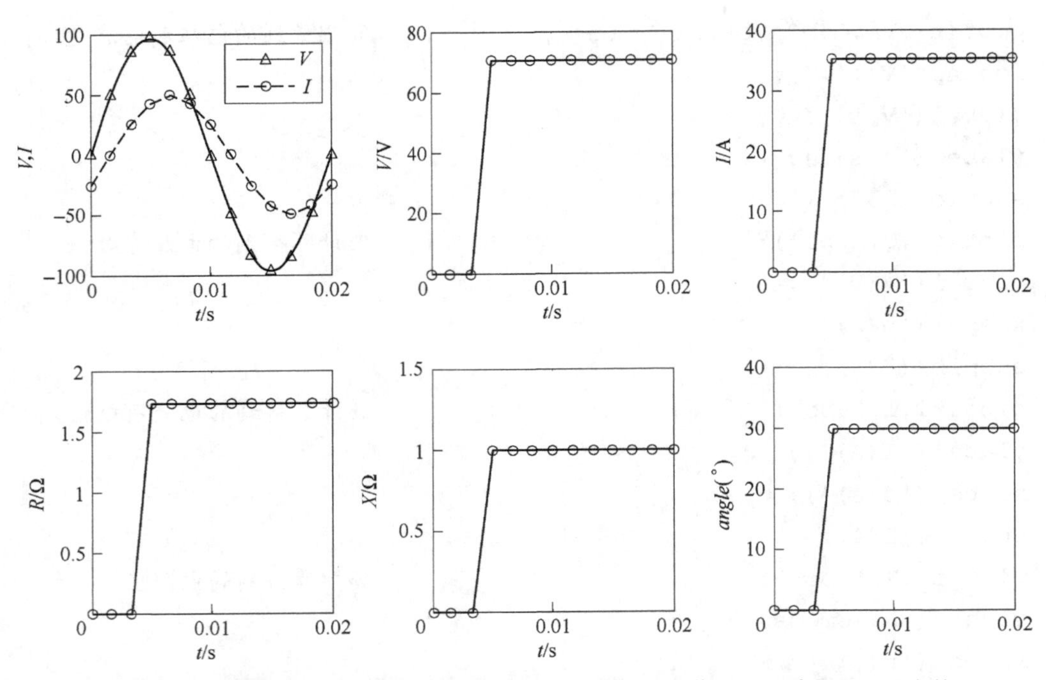

图3-3　利用两点乘积法计算得到的输入信号有效值、相位差及电路的电阻、电抗

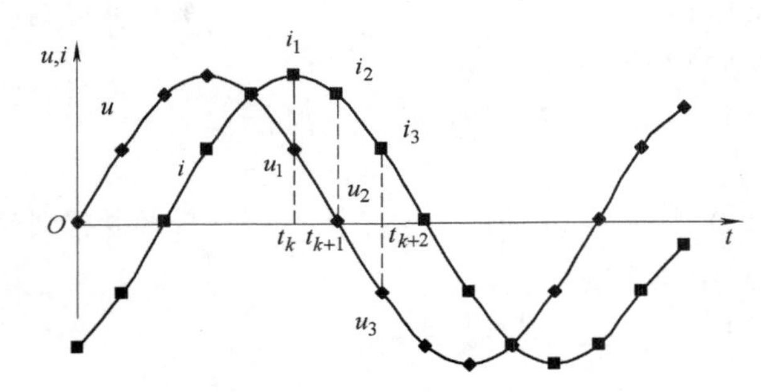

图3-4　三采样值乘积算法采样示意

在 t_{k+1} 时刻的采样值为

$$\begin{cases} u_2 = U_m \sin\omega t_{k+1} = U_m \sin\omega(t_k + \Delta T) \\ i_2 = I_m \sin(\omega t_{k+1} - \theta) = I_m \sin[\omega(t_k + \Delta T) - \theta] \end{cases} \tag{3-12}$$

在 t_{k+2} 时刻的采样值为

$$\begin{cases} u_3 = U_m \sin\omega t_{k+2} = U_m \sin\omega(t_k + 2\Delta T) \\ i_3 = I_m \sin(\omega t_{k+2} - \theta) = I_m \sin[\omega(t_k + 2\Delta T) - \theta] \end{cases} \tag{3-13}$$

如果将式（3-13）中的两式相乘积，有

$$u_3 i_3 = \frac{U_m I_m}{2}[\cos\theta - \cos(2\omega t_k + 4\omega\Delta T - \theta)] \tag{3-14}$$

将式（3-12）中的两式相乘积，有

$$u_2i_2=\frac{U_mI_m}{2}[\cos\theta-\cos(2\omega t_k+2\omega\Delta T-\theta)] \tag{3-15}$$

将式（3-14）与 u_1i_1 相加，得

$$u_1i_1+u_3i_3=\frac{U_mI_m}{2}[\cos\theta-\cos(2\omega t_k-\theta)]+\frac{U_mI_m}{2}[\cos\theta-\cos(2\omega t_k+4\omega\Delta T-\theta)]$$

$$=\frac{U_mI_m}{2}[2\cos\theta-2\cos2\omega\Delta T\cos(2\omega t_k+2\omega\Delta T-\theta)] \tag{3-16}$$

很显然，式（3-16）与式（3-15）经过适当组合便可消去 ωt_k 项，得

$$U_mI_m\cos\theta=\frac{u_1i_1+u_3i_3-2u_2i_2\cos2\omega\Delta T}{2\sin^2\omega\Delta T} \tag{3-17}$$

当 $i(t)$ 用 $u(t)$ 代替时，即用 U_m 代替 I_m，则有

$$U_m^2=\frac{u_1^2+u_3^2-2u_2^2\cos2\omega\Delta T}{2\sin^2\omega\Delta T} \tag{3-18}$$

同理

$$I_m^2=\frac{i_1^2+i_3^2-2i_2^2\cos2\omega\Delta T}{2\sin^2\omega\Delta T} \tag{3-19}$$

当采样频率 $f_s=600\text{Hz}$，$\omega\Delta T=30°$时，则式（3-17）、式（3-18）、式（3-19）可简化为

$$U_mI_m\cos\theta=2(u_1i_1+u_3i_3-u_2i_2) \tag{3-20}$$

$$\begin{cases}U_m^2=2(u_1^2+u_3^2-u_2^2)\\I_m^2=2(i_1^2+i_3^2-i_2^2)\end{cases} \tag{3-21}$$

或写成有效值 U 和 I，有

$$\begin{cases}U^2=u_1^2+u_3^2-u_2^2\\I^2=i_1^2+i_3^2-i_2^2\end{cases} \tag{3-22}$$

进一步推导，可得

$$R=\frac{U_m}{I_m}\cos\theta=\frac{u_1i_1+u_3i_3-u_2i_2}{i_1^2+i_3^2-i_2^2} \tag{3-23}$$

$$X=\frac{U_m}{I_m}\sin\theta=\frac{u_1i_2-u_2i_1}{i_1^2+i_3^2-i_2^2} \tag{3-24}$$

依照前面的方法，可求得 Z 值和 θ 值。

例 3-2 对如图 3-2 所示电路，若测得输入电压为 $v(t)=100\sin\omega t$ V，输入电流为 $i(t)=50\sin(\omega t-\pi/6)$ A，每周采样点数 $N=12$ 时，利用三采样值乘积算法计算输入信号的有效值、相位差及电路参数。

解： 利用三采样值乘积算法计算输入信号的有效值、相位差及电路参数的 MATLAB 程序为：

```
%---三采样值乘积算法的 MATLAB 辅助分析文件 -----
clc;
clear;
```

```
%测量得到的电压和电流量
N=12;
t1=(0:0.02/N:0.02);
m=size(t1);
%电压
Va=100*sin(2*pi*50*t1);
%电流
Ia=50*sin(2*pi*50*t1-pi/6);
%利用三采样值乘积算法计算
%电压
for jj=3:m(2)
    U(jj)=sqrt(Va(jj)*Va(jj)+Va(jj-2)*Va(jj-2)-Va(jj-1)*Va(jj-1));
end
%电流
for jj=3:m(2)
    I(jj)=sqrt(Ia(jj)*Ia(jj)+Ia(jj-2)*Ia(jj-2)-Ia(jj-1)*Ia(jj-1));
end
%电阻、电抗、相位差
for jj=3:m(2)
R(jj)=(Va(jj-2)*Ia(jj-2)+Va(jj)*Ia(jj)-Va(jj-1)*Ia(jj-1))/(Ia(jj-2)*Ia(jj-2)+Ia(jj)*Ia(jj)-Ia(jj-1)*Ia(jj-1));
X(jj)=(Va(jj-2)*Ia(jj-1)-Va(jj-1)*Ia(jj-2))/(Ia(jj-2)*Ia(jj-2)+Ia(jj)*Ia(jj)-Ia(jj-1)*Ia(jj-1));
O(jj)=180/pi*atan((Va(jj-2)*Ia(jj-1)-Va(jj-1)*Ia(jj-2))/(Va(jj-2)*Ia(jj-2)+Va(jj)*Ia(jj)-Va(jj-1)*Ia(jj-1)));
end
%输出波形
subplot(231);
plot(t1,Va,'-b^',t1,Ia,'--bo');                %测量到的电压和电流量
legend('V','I');
ylabel('V,I');
xlabel('t(s)');
subplot(232);
plot(t1,U,'-bo');                              %计算得到的电压有效值
ylabel('V(V)');
xlabel('t(s)');
subplot(233);
plot(t1,I,'-bo');                              %计算得到的电流有效值
```

```
ylabel('I(A)');
xlabel('t(s)');
subplot(234);
plot(t1,R,'-bo');                              %计算得到的电阻值
ylabel('R(\Omega)');
xlabel('t(s)');
subplot(235);
plot(t1,X,'-bo');                              %计算得到的电抗值
ylabel('X(\Omega)');
xlabel('t(s)');
subplot(236);
plot(t1,O,'-bo');                              %计算得到的相位差
ylabel('angle(\circ)');
xlabel('t(s)');
```

运行程序后，得到输入信号的有效值、相位差及电路的电阻、电抗如图 3-5 所示。

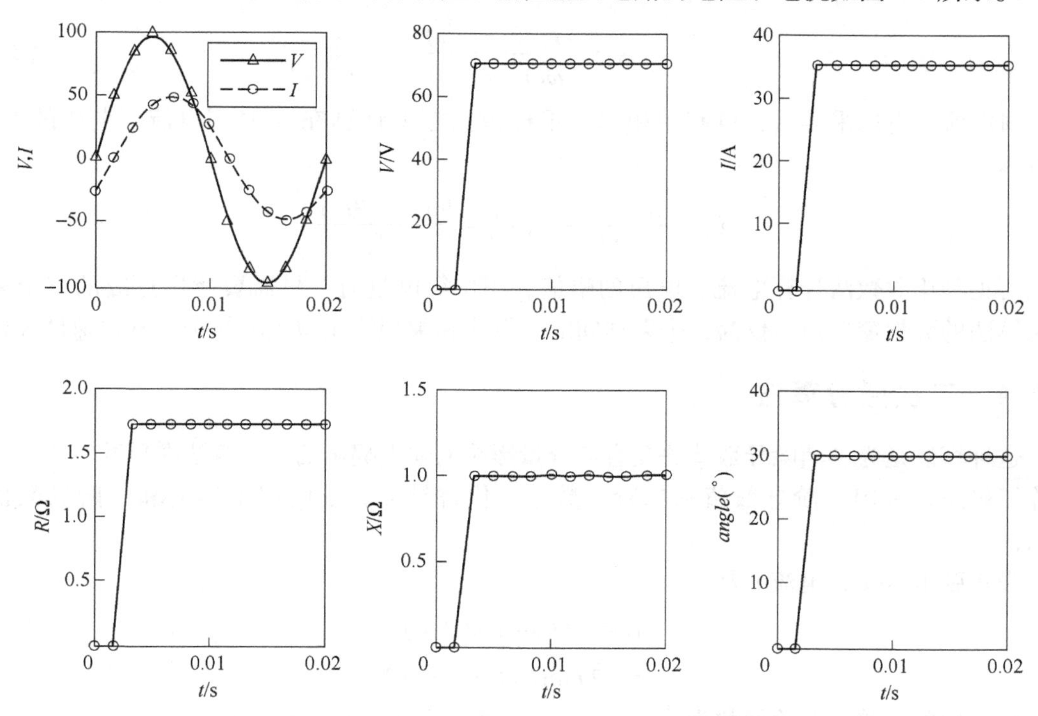

图 3-5　利用三采样值乘积算法计算得到的输入信号有效值、相位差及电路的电阻、电抗

当采样频率 $f_s=600\text{Hz}$ 时，三采样值乘积算法与二采样值乘积算法虽然同样是简化算法，但三采样值算法只需等待 60°的时间，而二采样值乘积算法则需等待 90°的时间，所以三采样值乘积算法延时稍短一些，速度较快，其缺点是要用较多的乘除法。

3.2.3　导数算法（一次微分算法）

导数算法是利用输入正弦量在某一个时刻 t_1 的采样值及在该时刻采样值的导数，即可算出有效值和相位的算法，如图 3-6 所示。

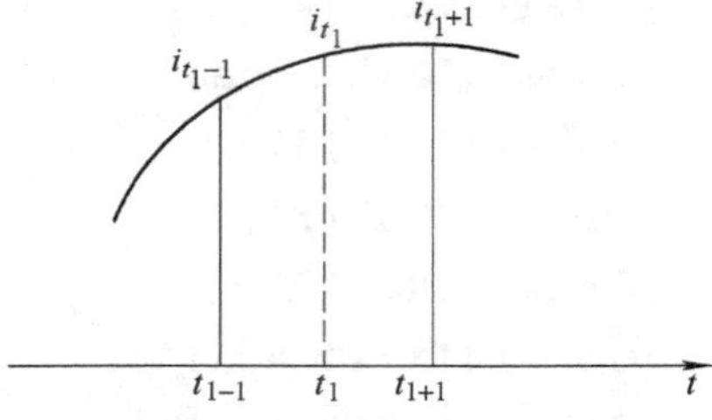

图 3-6　导数算法采样示意

设正弦电压 u 、电流 i 在 t_1 时刻的值为

$$u = \sqrt{2}U\sin(\omega t_1 + \theta)$$

$$i = \sqrt{2}I\sin(\omega t_1 + \theta - \phi)$$

则 t_1 时刻的导数为

$$u' = \omega\sqrt{2}U\cos(\omega t_1 + \theta)$$

$$i' = \omega\sqrt{2}I\cos(\omega t_1 + \theta - \phi)$$

由上述 4 式可以求出

$$2U^2 = u^2 + (u'/\omega)^2 \tag{3-25}$$

$$2I^2 = i^2 + (i'/\omega)^2 \tag{3-26}$$

$$R = \frac{\omega^2 ui + u'i'}{(\omega i)^2 + (i')^2} \tag{3-27}$$

$$X = \frac{\omega(ui' - u'i)}{(\omega i)^2 + (i')^2} \tag{3-28}$$

对电流、电压采样后，可利用相邻的采样数据近似计算在 t_1 时刻电流、电压的导数，则有

$$i'_{t1} = \frac{i_{t1+1} - i_{t1-1}}{2T_s},\ u'_{t1} = \frac{u_{t1+1} - u_{t1-1}}{2T_s}$$

可见利用导数法计算电流、电压的幅值、相位等电量时，只需要使用连续的三个采样值；算法的数据窗较短，仅为二个采样间隔，算式和乘积法相似也不复杂，其快速性较好。

3.2.4　二次微分算法

这种算法是为了消除导数算法受直流分量影响的缺点提出的。该算法在导数算法的基础上作了修正，采用一阶导数值和二阶导数值，代替导数算法的用采样值和一阶导数值的方法。

设正弦电压 u 、电流 i 为

$$u = \sqrt{2}U\sin(\omega t + \theta)$$

$$i = \sqrt{2}I\sin(\omega t + \theta - \phi)$$

则对应的一阶、二阶导数为

$$u' = \omega\sqrt{2}U\cos(\omega t + \theta)$$

$$i' = \omega\sqrt{2}I\cos(\omega t + \theta - \phi)$$

$$u'' = -\omega^2\sqrt{2}U\sin(\omega t + \theta)$$

$$i'' = -\omega^2\sqrt{2}I\sin(\omega t + \theta - \phi)$$

整理上式，可得

$$\left(\frac{u'}{\omega}\right)^2+\left(\frac{u''}{\omega^2}\right)^2=U_m^2$$

$$\left(\frac{i'}{\omega}\right)^2+\left(\frac{i''}{\omega^2}\right)^2=I_m^2$$

而且有

$$\frac{ui''-u'i'}{ii''-i'^2}=\frac{U_m}{I_m}\cos\theta=R \tag{3-29}$$

$$\frac{u'i-ui'}{ii''-i'^2}=\frac{U_m}{\omega I_m}\sin\theta=\frac{X}{\omega}=L \tag{3-30}$$

3.2.5 半周积分算法

半周积分算法的依据是一个正弦量在任意半周期内绝对值的积分为一个常数 S，并且积分值 S 和积分的起始点初相角 α 无关，因为画有断面线的两块面积 S_α 显然是相等的，如图 3-7 中所示，即

$$S=\int_0^{T/2}U_m\sin\omega t\mathrm{d}t=\frac{-U_m}{\omega}\cos\omega t\mid_0^{\pi/\omega}=\frac{2}{\omega}U_m=\frac{T}{\pi}U_m \tag{3-31}$$

即正弦量半周期绝对值的积分正比于幅值 U_m，从而半周期积分算法可用下式表示

$$S=\sum_{i=1}^{k}|U_i|=K(\alpha)U_m \tag{3-32}$$

式中，S 为半周期内 K 个采样值的总和；U_i 为第 i 个采样值，且 $U_i=U_m\sin[\alpha+\omega(i-1)T_s]$；$K$ 为半周期内的采样数；α 为第一个采样值的初相角；$K(\alpha)$ 为 S 与 U_m 的比值。

由于用采样值求和代替积分，所以也带来误差，此误差 $K(\alpha)$ 随 α 值而变化。当一个周期内采样点数不变时，$K(\alpha)$ 的值只与 α 有关。设半周期内采样点数 $N/2=6$，$\omega T_s=30°$，则 $K(\alpha)$ 随初相角 α 的变化见表 3-1。

半周积分算法也有一定的滤波作用，因为在半波积分过程中，谐波中的正负半周相抵消，剩余未被抵消的部分占总和的比重就减少了。但由于它不能全部滤除谐波分量，因此仍要求加入滤波环节。

表 3-1 $K(\alpha)$ 随初相角 α 的变化

α/(°)	0	5	10	15	20	25	30
$K(\alpha)$	3.732	3.81	3.85	3.846	3.85	3.81	3.732

用上述方法同样可以求出电流 I 的幅值，从而可以进一步计算阻抗的绝对值 Z，公式如下：

$$Z=\frac{U_m}{I_m} \tag{3-33}$$

用梯形法近似半周积分算法的示意如图 3-8 所示。

例 3-3　对如图 3-2 所示电路，若测得输入电压为 $v(t)=100\sin\omega t$ V，输入电流为 $i(t)=50\sin(\omega t-\pi/6)$ A，每周采样点数 $N=12$ 时，利用半周积分算法计算输入信号的幅值及输入阻抗。

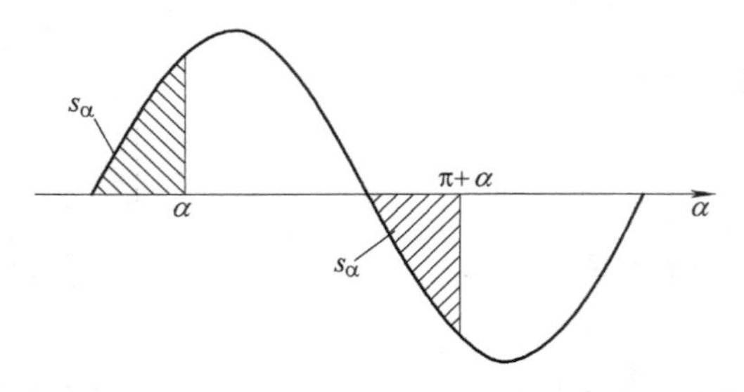

图 3-7　半周积分原理示意

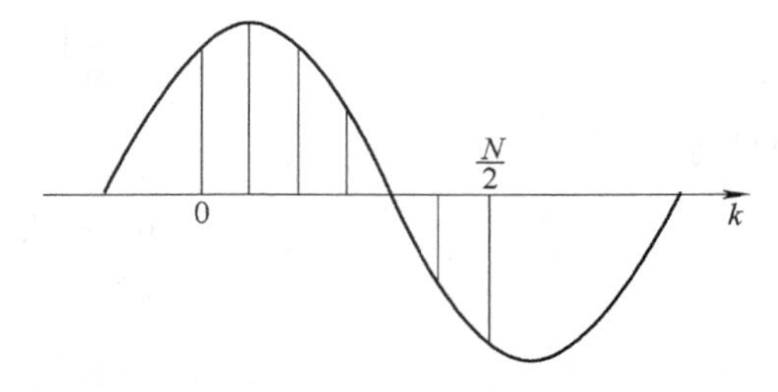

图 3-8　用梯形法近似半周积分示意

解：利用半周积分算法计算输入信号的幅值及输入阻抗的 MATLAB 程序为：

```
%---半周积分算法的 MATLAB 程序 -----
clear
%测量到的电压和电流量
N=12;
t1=(0:0.02/N:0.02);
S=0;
T=0.02;
u=100*sin(2*50*pi*t1);
i=50*sin(2*pi*50*t1-pi/6);
%利用半周积分算法计算
%数据窗
s=[0,0,0,0,0,0,0];
for n=0:6
    s(n+1)=abs(100*sin(2*50*pi*(n)*0.02/N));
end
for n=0:6
    t(n+1)=abs(50*sin((2*50*pi*(n)*0.02/N)-pi/6));
end
%计算电压和电流
m=size(t1);
for j=8:m(2)
    for k=1:6
        s(k)=s(k+1);
    end
    s(7)=abs(u(j));
```

```
    S=S+0.5*s(1)+s(2)+s(3)+s(4)+s(5)+s(6)+0.5*s(7);
    S=T/12*S;
    Um(j)=pi*50*S;
end
for j=8:m(2)
    for k=1:6
        t(k)=t(k+1);
    end
    t(7)=abs(i(j));
    S=S+0.5*t(1)+t(2)+t(3)+t(4)+t(5)+t(6)+0.5*t(7);
    S=T/12*S;
    Im(j)=pi*50*S;
end
%计算阻抗有效值
for j=8:m(2)
    Z(j)=Um(j)/Im(j);
end
%输出波形
subplot(221);
plot(t1,u,'-b^',t1,i,'--bo');                  %测量到的电压和电流量
legend('V','I');
ylabel('V,I');
xlabel('t(s)');
subplot(222);
plot(t1,Um,'-bo');                             %计算得到的电压有效值
ylabel('V(V)');
xlabel('t(s)');
subplot(223);
plot(t1,Im,'-bo');                             %计算得到的电流有效值
ylabel('I(A)');
xlabel('t(s)');
subplot(224);
plot(t1,Z,'-bo');                              %计算得到的阻抗有效值
ylabel('Z(\Omega)');
xlabel('t(s)');
```

运行程序后，得到输入信号的幅值及输入阻抗如图 3-9 所示。

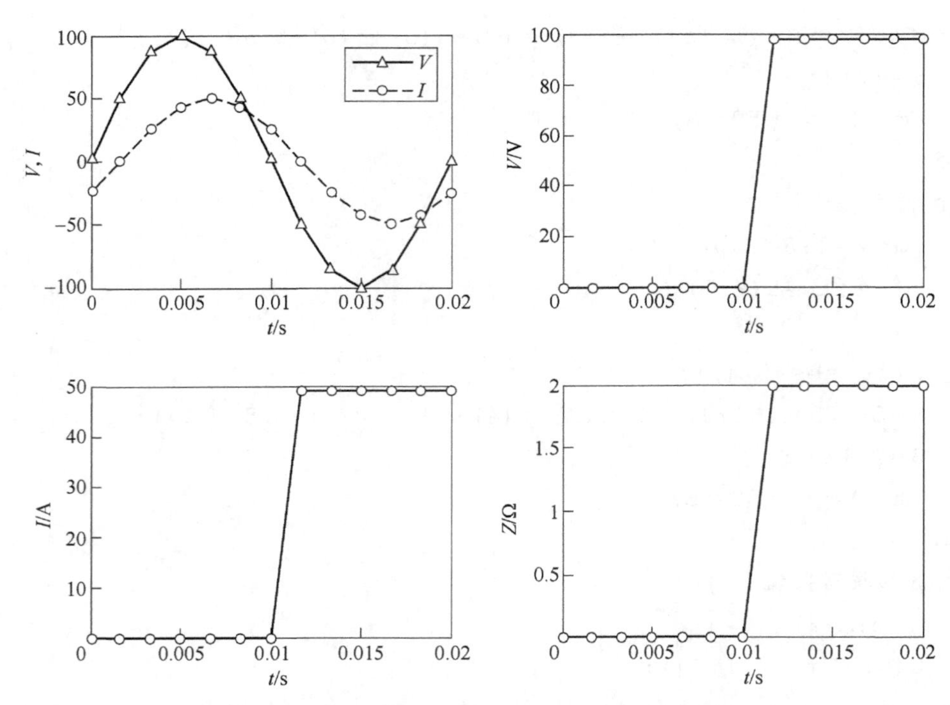

图 3-9　利用半周积分算法计算得到的输入信号幅值及输入阻抗

3.3　傅里叶算法

傅里叶算法的基本思路来自傅里叶级数，是利用正弦、余弦函数的正交函数性质来提取信号中某一频率的分量。假定被采样的模拟信号是一个周期性时间函数，可按下式展开成傅里叶级数形式

$$x(t) = \sum_{n=0}^{\infty}[b_n\cos n\omega_1 t + a_n\sin n\omega t] \tag{3-34}$$

式中，n 为自然数，$n=0$，1，2，…；a_n、b_n 为各次谐波的正弦项和余弦项的振幅。其中，a_1、b_1 分别为基波分量的正弦、余弦项的振幅，b_0 为直流分量的值。

根据傅里叶级数的原理，可以求出 a_1、b_1 分别为

$$a_1 = \frac{2}{T}\int_0^T x(t)\sin\omega_1 t\mathrm{d}t \tag{3-35}$$

$$b_1 = \frac{2}{T}\int_0^T x(t)\cos\omega_1 t\mathrm{d}t \tag{3-36}$$

于是 $x(t)$ 中的基波分量为

$$x_1(t) = a_1\sin\omega_1 t + b_1\cos\omega_1 t$$

经三角变换，合并正弦、余弦项后可写为

$$x_1(t) = \sqrt{2}X\sin(\omega_1 t + \theta_1)$$

式中，X 为基波分量的有效值；θ_1 为 $t=0$ 时基波分量的初相角。

将 $\sin(\omega_1 t+\theta_1)$ 用和角公式展开，不难得到 X 和 θ_1 同 a_1、b_1 之间的关系为

$$a_1=\sqrt{2}X\cos\theta_1 \tag{3-37}$$

$$b_1=\sqrt{2}X\sin\theta_1 \tag{3-38}$$

因此可根据 a_1 和 b_1 求出有效值和相角

$$2X^2=a_1^2+b_1^2 \tag{3-39}$$

$$\mathrm{tg}\theta_1=\frac{b_1}{a_1} \tag{3-40}$$

在用微机计算 a_1 和 b_1 时，式（3-35）和式（3-36）通常都是采用有限项方法获得，即将 $x(t)$ 用各采样点数值代入，通过梯形法求和代替积分法。考虑到 $N\Delta t=T$，$\omega_1 t=2k\pi/N$，则

$$a_1=\frac{1}{N}\left(2\sum_{k=1}^{N}x_k\sin k\frac{2\pi}{N}\right) \tag{3-41}$$

$$b_1=\frac{1}{N}\left(2\sum_{k=1}^{N}x_k\cos k\frac{2\pi}{N}\right) \tag{3-42}$$

式中，N 为一个周期采样点数；x_k 为第 k 次采样值。

当采样间隔 T_s 为 $\omega_1 T_s=30°$，即 $N=12$ 时，有

$$a_1=\frac{1}{N}\left(2\sum_{k=1}^{N}x_k\sin k\frac{2\pi}{N}\right)=\frac{1}{6}\left(\sum_{k=1}^{12}x_k\sin k\frac{\pi}{6}\right)$$

或

$$a_1=\frac{1}{6}\left[(x_3-x_9)+\frac{1}{2}(x_1+x_5-x_7-x_{11})+\frac{\sqrt{3}}{2}(x_2+x_4-x_8-x_{10})\right]$$

同理

$$b_1=\frac{1}{6}\left[(x_{12}-x_6)+\frac{1}{2}(x_2-x_8-x_4+x_{10})+\frac{\sqrt{3}}{2}(x_1-x_5-x_7+x_{11})\right]$$

既然假定 $x(t)$ 是周期函数，那么求 a_1、b_1 所用的一个周期积分区间可以是 $x(t)$ 的任意一段。为此将式（3-35）和式（3-36）写成更一般的形式

$$a_1(t_1)=\frac{2}{T}\int_0^T x(t+t_1)\sin\omega_1 t\mathrm{d}t \tag{3-43}$$

$$b_1(t_1)=\frac{2}{T}\int_0^T x(t+t_1)\cos\omega_1 t\mathrm{d}t \tag{3-44}$$

如果在上式中取 $t_1=0$，即假定取从故障起始的一个周期来积分，当 $t_1>0$ 时，$x(t+t_1)$ 将相当于时间坐标的零点向左平移，相当于积分从故障后 t_1 开始。改变 t_1 不会改变基波分量的有效值，但基波分量的初相角 α_1 却会改变。因此式（3-43）和式（3-44）中将 a_1 和 b_1 都写成为移动量 t_1 的函数。图3-10示出了 a_1 和 b_1 同 t_1 和 α_1 之间的函数关系。从式（3-37）和式（3-38）可见，$a_1(t_1)$ 和 $b_1(t_1)$ 都是 α_1（因而也是 t_1）的正弦函数，

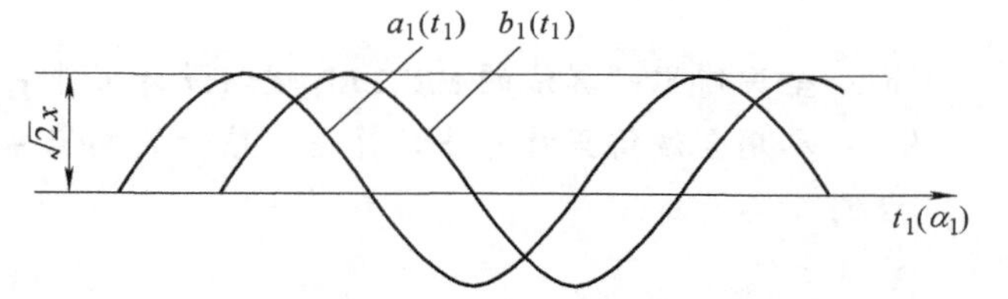

图3-10 a_1 和 b_1 同 t_1 和 α_1 之间的函数关系曲线

它们的峰值都是基波分量的峰值，但相位不同，a_1 相位超前 b_1 90°。a_1 和 b_1 随 t_1 而改变的概

念对分析傅里叶算法的滤波特性很重要。

将式（3-41）和式（3-42）中的 n 取不同的数值，即可求得任意次谐波的振幅和相位，即

$$a_n = \frac{1}{N}\left(2\sum_{k=1}^{N} x_k \sin kn\frac{2\pi}{N}\right) \tag{3-45}$$

$$b_n = \frac{1}{N}\left(2\sum_{k=1}^{N} x_k \cos kn\frac{2\pi}{N}\right) \tag{3-46}$$

在利用式（3-41）和式（3-42）及式（3-45）、式（3-46）计算一个频率分量时，需要 $2N$ 次乘法和 $2(N-1)$ 次加法，计算量相当大。因此，为了提高计算速度，常采用递推的傅里叶算法。其基本原理如下：

假定对被采样信号每周期采样点数为 N，采样间隔 $T_s=\frac{2\pi}{N}$，则在一个基波周期后的 $t=mT_s\ (m>N)$ 采样时刻的计算值为

$$a_n(m) = \frac{2}{N}\sum_{i=1}^{N} x(i+m-N)\sin\left[\frac{2\pi}{N}n(i+m-N)\right] \tag{3-47}$$

$$b_n(m) = \frac{2}{N}\sum_{i=1}^{N} x(i+m-N)\cos\left[\frac{2\pi}{N}n(i+m-N)\right] \tag{3-48}$$

式中，$a_n(m)$ 、$b_n(m)$ 分别为第 n 次谐波分量在 $t=mT_s$ 采样时刻计算的正弦、余弦项的幅值；$x(i+m-N)$ 为 $t=(m-N+i)T_s(i=1,\ 2\cdots N)$ 时刻的采样值。

以上两式与 $t=(m-1)T_s$ 采样值的计算公式只差 $x(m-N)$ 和 $x(m)$ 两项。据此，有下列递推公式：

$$a_n(m) = a_n(m-1) + \frac{2}{N}[x(m) - x(m-N)]\sin\left(\frac{2\pi}{N}nm\right) \tag{3-49}$$

$$b_n(m) = b_n(m-1) + \frac{2}{N}[x(m) - x(m-N)]\cos\left(\frac{2\pi}{N}nm\right) \tag{3-50}$$

以上两式的运算只需要2次乘法和4次加减法，且与 N 选取无关，极大地减少了运算量，因此具有广泛的使用价值。

例3-4　若输入电压为 $v(t)=100\sin\omega t+20\sin3\omega t+5\sin5\omega t$，每周采样点数 $N=36$ 时，利用全波傅里叶算法计算输入信号的基波、3次及5次谐波。

解： 利用全波傅里叶算法计算输入信号的基波、3次及5次谐波的MATLAB程序为：

```
%---全波傅里叶算法的MATLAB辅助设计文件-----
%---利用全波傅里叶算法计算输入信号的幅值---
clc;
clear;
N=36;
i=1:N;
t1=(0:0.02/N:0.06);
```

```
%输入的电压信号
Va=100*sin(2*pi*50*t1)+20*sin(3*pi*100*t1)+5*sin(5*pi*100
*t1);
subplot(221);
plot(t1,Va);
xlabel('t/s');ylabel('V(t)');
%计算基波电压幅值
hs(i)=sin(2*pi*i/N);                                 %傅里叶滤波系数
hc(i)=cos(2*pi*i/N);
ys=filter(hs,1,Va);                                  %正弦幅值
yc=filter(hc,1,Va);                                  %余弦幅值
ym=2*sqrt(ys.^2+yc.^2)/N;
subplot(222);
plot(t1,ym);legend('基波幅值');
xlabel('t/s');ylabel('V(t)');
%计算3次谐波电压幅值
hs3(i)=sin(3*2*pi*i/N);                              %傅里叶滤波系数
hc3(i)=cos(3*2*pi*i/N);
ys3=filter(hs3,1,Va);                                %正弦幅值
yc3=filter(hc3,1,Va);                                %余弦幅值
ym3=2*sqrt(ys3.^2+yc3.^2)/N;
subplot(223);
plot(t1,ym3);legend('3次谐波幅值');
xlabel('t/s');ylabel('V3(t)');
%计算五次谐波电压幅值
hs5(i)=sin(5*2*pi*i/N);                              %傅里叶滤波系数
hc5(i)=cos(5*2*pi*i/N);
ys5=filter(hs5,1,Va);                                %正弦幅值
yc5=filter(hc5,1,Va);                                %余弦幅值
ym5=2*sqrt(ys5.^2+yc5.^2)/N;
subplot(224);
plot(t1,ym5);legend('5次谐波幅值');
xlabel('t/s');ylabel('V5(t)');
```

运行程序，计算结果如图3-11所示。从图中可以看出，全波傅里叶算法的数据窗为一个周波，它以较长的数据窗换取了良好的滤波效果和计算的准确性。

应该注意的是，全波傅里叶算法只能消除直流分量和整次谐波分量，但当电力系统发生故障时，故障信号中除了各次谐波分量外，还含有衰减的直流分量，由于衰减的直流分量对应的频谱为连续谱，从而与信号中的基频分量频谱混叠，导致在利用全波傅里叶算法计算时

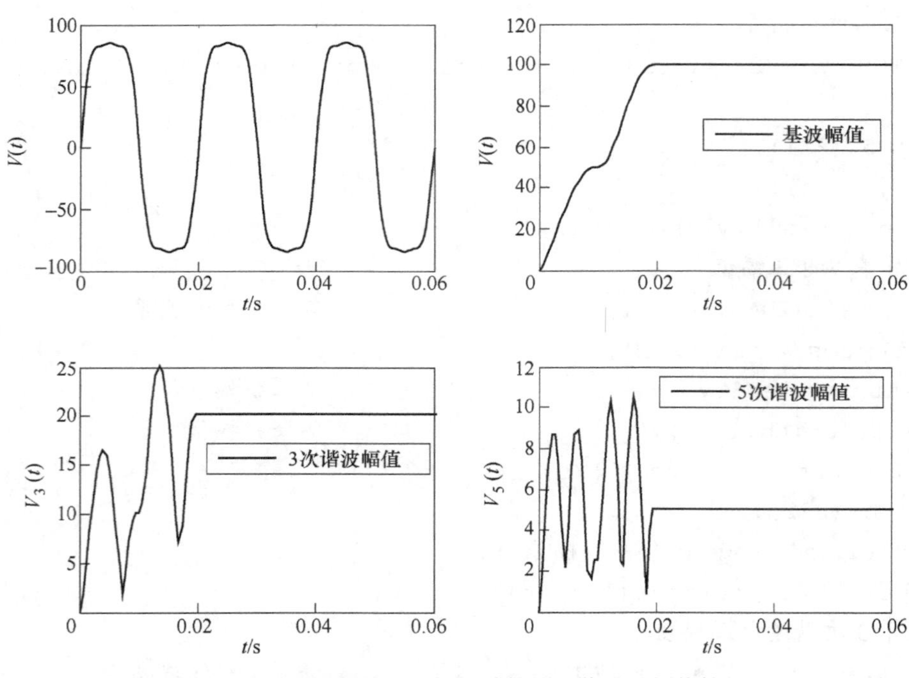

图3-11　利用全波傅里叶算法计算输入信号的幅值算例

出现误差。因此，在实际应用时必须采取改进算法，目前相应的改进算法很多，读者可查阅相关资料。

傅里叶算法由于原理简单，计算精度高，本身具有较强的滤波作用，因此在微机继电保护中得到了广泛的应用。该算法需要一个基波周期才能完成参数计算，从而降低了保护的动作速度。实际上，无论采用何种参数计算算法，要提高计算的准确性，都不可避免地需要延长它们的数据窗，两者难以同时兼顾。就微机断电保护的具体应用而言，对参数计算的准确性和计算速度的要求常常并不是完全一致的。以距离保护为例，要求参数计算准确主要是为了保证在保护范围末端附近发生故障时，能有选择性地切除故障，在此情况下，对保护速动性的要求可以适当降低。而对于近区故障，则要求保护能快速动作，但可放宽对参数计算精度的要求。因此，在算法设计中，一种合理、适宜的方法是采用具有变数据窗特点的参数计算算法，通过实时调整算法的数据窗的长度来满足保护对参数计算精度和速度的不同要求。对于近区故障，可采用短数据窗算法，以加快保护的动作速度，而对于保护范围末端附近的故障，则通过延长算法的数据窗长度来提高参数的计算准确性。在下一节中，将以递推最小二乘算法为例，介绍变数据窗算法的基本原理。

3.4　递推最小二乘算法

最小二乘算法是广泛应用于数据处理和自动控制等领域中的一种经典方法。该算法将包含随机噪声分量的输入信号与一预设的信号模型（拟合函数）按最小二乘原理进行拟合，根据拟合误差最小的原则来确定预设模型中的基频及各种暂态分量的幅值和相位参数。在微机继电保护中，根据应用目的的不同，可选择不同的预设模型，相应地，最小二乘算法也有不同的表现形式。

以线路保护为例，输入的故障信号中，除有效信号基频分量和具有确定性数学模型的非周期分量外，其他分量如各种高频信号都具有明显的随机信号特性，因为它的频率、幅值、相位以及衰减速率与故障类型、故障点位置、故障初始时刻和故障前系统的运行状态等随机因素有关。因此，有关基频分量的参数计算问题，严格地说应是具有随机噪声信号模型的参数估计问题。基于以上认识，以随机信号模型为基础的参数优化估计算法，如最小二乘法和卡尔曼滤波算法等也被引进微机继电保护中，以提高参数计算的准确性。

在线路保护中，采用最小二乘法对基频分量参数进行计算时，输入信号的预设模型可选择为

$$x(t)=X_0\mathrm{e}^{-t/T_\mathrm{d}}+X_\mathrm{m}\cos(\omega t+\varphi) \tag{3-51}$$

式中，X_0、T_d 为非周期分量的初值和衰减时间常数；X_m、φ 为基频分量的幅值和初相角。

将式（3-51）用实、虚部表示有

$$x(t)=X_0\mathrm{e}^{-t/T_\mathrm{d}}+X_\mathrm{R}\cos\omega t-X_\mathrm{I}\sin\omega t \tag{3-52}$$

式中，X_R、X_I 为基频分量的实部和虚部。

而实际故障信号 $y(t)$ 可视为由预设信号 $x(t)$ 与附加的随机噪声信号 $\omega(t)$ 共同组成，即

$$y(t)=x(t)+\omega(t)$$

或

$$y(t)=X_0\mathrm{e}^{-t/T_\mathrm{d}}+X_\mathrm{R}\cos\omega t-X_\mathrm{I}\sin\omega t+\omega(t) \tag{3-53}$$

式中，随机信号 $\omega(t)$ 包括了故障信号中基频分量和非周期分量之外的其他所有成分。

对于式（3-53）所示的输入信号而言，待确定的模型参数为非周期分量的初值和衰减时间常数 T_d 以及基频分量的实部 X_R 和虚部 X_I 。在实际应用中，为了简化计算，参数 T_d 通常可作为事先给定的常数处理，如在它可能变化范围内选择一恰当的数值。显然，若实际衰减时间常数偏离给定的数值，这种处理方式对基频参数 X_R 和 X_I 的计算会带来一定误差。但仿真计算表明，这种误差可控制在允许的范围之内。这样，待确定的参数可简化为只包括 X_0、X_R 和 X_I。

将式（3-53）用离散采样值形式表示时，有

$$y(i)=X_0\mathrm{e}^{-iT_\mathrm{s}/T_\mathrm{d}}+X_\mathrm{R}\cos(\omega iT_\mathrm{s})-X_\mathrm{I}\sin(\omega iT_\mathrm{s})+\omega(iT_\mathrm{s})$$

现假设已知得到了 k 个输入信号的采样值 $y(i)$ ，$i=1，2，\cdots，k$ 。根据最小二乘估计理论的基本原则，以这 k 个采样值确定的有关参数 X_0、X_R 和 X_I 的最优估计值 $\hat{X}_0(k)$ 、$\hat{X}_\mathrm{R}(k)$ 和 $\hat{X}_\mathrm{I}(k)$ 应使残差二次方和达到最小，即

$$J=\sum_{i=1}^{k}\{y(i)-[\hat{X}_0(k)\mathrm{e}^{-iT_\mathrm{s}/T_\mathrm{d}}+\hat{X}_\mathrm{R}(k)\cos(\omega iT_\mathrm{s})-\hat{X}_\mathrm{I}(k)\sin(\omega iT_\mathrm{s})]\}^2\Rightarrow\min$$

或

$$J=\sum_{i=1}^{k}[y(i)-h(i)\hat{X}(k)]^2\Rightarrow\min \tag{3-54}$$

其中

$$\hat{X}(k)=[\hat{X}_0(k),\ \hat{X}_\mathrm{R}(k),\ \hat{X}_\mathrm{I}(k)]^\mathrm{T}$$

可证明，满足式（3-54）的最小二乘估计值为

$$\hat{\boldsymbol{X}}(k)=[\boldsymbol{H}^\mathrm{T}(k)\boldsymbol{H}(k)]^{-1}\boldsymbol{H}^\mathrm{T}(k)\boldsymbol{Y}(k) \tag{3-55}$$

其中

$$\boldsymbol{H}(k)=\begin{pmatrix}\boldsymbol{h}(1)\\\boldsymbol{h}(2)\\\vdots\\\boldsymbol{h}(k)\end{pmatrix};\ \boldsymbol{Y}(k)=\begin{pmatrix}\boldsymbol{y}(1)\\\boldsymbol{y}(2)\\\vdots\\\boldsymbol{y}(k)\end{pmatrix}$$

对于最小二乘算法来说，参数的估计精度与算法所采用的采样数目有关，所使用的采样值越多（k值越大），估计精度也越高。在微机继电保护中，采样数据是按采样频率逐个提供给计算机的。在得到新的采样数据后，若希望利用新的采样数据来改进原有的参数估计结果，以提高估计精度，一般不直接使用估计方程式（3-55）进行计算。因为，每增加一个新的采样数据，方程式（3-55）必须重新计算一次，而该方程要用较多的矩阵相乘运算，计算量太大。一般的实时处理方法是，新增加采样数据后，仅对原有的估计值进行某些修正，构成递推型的最小二乘法。

假设新增加的采样数据为$y(k+1)$，改进后参数估计向量为$\hat{\boldsymbol{X}}(k+1)$。由式（3-55）有

$$\hat{\boldsymbol{X}}(k+1)=[\boldsymbol{H}^{\mathrm{T}}(k+1)\boldsymbol{H}(k+1)]^{-1}\boldsymbol{H}^{\mathrm{T}}(k+1)\boldsymbol{Y}(k+1) \tag{3-56}$$

其中

$$\boldsymbol{H}(k+1)=\begin{bmatrix}\boldsymbol{H}(k)\\\boldsymbol{h}(k+1)\end{bmatrix};\ \boldsymbol{Y}(k+1)=\begin{bmatrix}\boldsymbol{Y}(k)\\\boldsymbol{y}(k+1)\end{bmatrix}$$

令

$$\boldsymbol{P}(k)=[\boldsymbol{H}^{\mathrm{T}}(k)\boldsymbol{H}(k)]^{-1}$$

根据矩阵求逆公式，有

$$\begin{aligned}\boldsymbol{P}(k+1)&=[\boldsymbol{H}^{\mathrm{T}}(k+1)\boldsymbol{H}(k+1)]^{-1}\\&=\boldsymbol{P}(k)-\boldsymbol{P}(k)\boldsymbol{h}^{\mathrm{T}}(k+1)[\boldsymbol{h}(k+1)\boldsymbol{P}(k)\boldsymbol{h}^{\mathrm{T}}(k+1)+1]^{-1}\boldsymbol{h}(k+1)\boldsymbol{P}(k)\end{aligned}$$

将上式代入式（3-56），并经过整理后，可得到具有递推计算形式的最小二乘估计方程

$$\hat{\boldsymbol{X}}(k+1)=\hat{\boldsymbol{X}}(k)+\boldsymbol{K}(k+1)[\boldsymbol{Y}(k+1)-\boldsymbol{h}(k+1)\hat{\boldsymbol{X}}(k)] \tag{3-57}$$

式中

$$\boldsymbol{K}(k+1)=\boldsymbol{P}(k)\boldsymbol{H}^{\mathrm{T}}(k+1)\ [\boldsymbol{h}(k+1)\boldsymbol{P}(k)\boldsymbol{h}^{\mathrm{T}}(k+1)+1]^{-1}$$

从式（3-57）可以看出，新的估计量$\hat{\boldsymbol{X}}(k+1)$可以由原有的估计量$\hat{\boldsymbol{X}}(k)$加上一个修正项来得到。修正项正比于$[\boldsymbol{Y}(k+1)-\boldsymbol{h}(k+1)\hat{\boldsymbol{X}}(k)]$，而该项实际上反映的是以原有的估计向量对当前采样时刻的采样值进行预测时产生的预测误差（拟合误差）。向量$\boldsymbol{K}(k+1)$则决定了在进行修正计算时，对预测误差的重视程度。在递推计算方程式（3-57）中，矩阵$\boldsymbol{K}(k+1)$与采样值无关，可以离线求出，所以，递推最小二乘法的实时计算量最小，易于在微机继电保护中采用。

递推最小二乘算法的突出优点是具有可变的数据窗，它的数据窗长度将随着采样值的增多而自动延长，参数的估计精度也随之逐步提高。并且，算法计算简便、收敛速度快、收敛过程稳定。因此，可较好满足不同场合对参数计算精度和计算速度的不同要求。此外，该算法对非周期分量和各种高频分量具有良好的滤波能力，在实际使用中，无需再附加其他的数字滤波器。

最小二乘算法除用于基频分量参数的计算之外，也可用来计算其他谐波分量的参数，如

变压器保护中2次谐波分量或发电机定子接地保护中的3次谐波分量等。

3.5 解微分方程算法

在微机线路距离保护中，阻抗的计算可以采用前面几节介绍的方法算出基频电压、电流的幅值和相位后再计算电阻和电感。另一种常用的方法是以输电线路模型为基础，通过求解线路模型方程，直接进行阻抗计算。其中应用最多的就是解微分方程算法。

采用解微分方程算法进行阻抗计算时，输电线路的模型可以有不同的处理方法。当被保护线路的分布电容可以忽略时，输电线路简化为串联的 $R-L$ 模型，于是在短路时下列微分方程成立：

$$u(t)=Ri(t)+L\frac{\mathrm{d}i(t)}{\mathrm{d}t} \tag{3-58}$$

式中，R、L 为故障点至保护安装处线路段的正序电阻和电感；$u(t)$、$i(t)$ 为保护安装处的电压、电流。

若用于反映线路相间短路保护，则方程中电压、电流的组合与常规保护相同；若用于反映线路接地短路保护，则方程中的电压用相电压、电流用相电流加零序补偿电流。

式（3-58）中的 u、i 和 $\mathrm{d}i/\mathrm{d}t$ 都是可以测量计算的，未知数为 R 和 L。如果在两个不同时刻分别测量 u、i 和 $\mathrm{d}i/\mathrm{d}t$，就可以得到两个独立的方程，即

$$\begin{cases}u_1=Ri_1+LD_1\\u_2=Ri_2+LD_2\end{cases} \tag{3-59}$$

式中，D 表示 $\mathrm{d}i/\mathrm{d}t$，下标“1”和“2”分别表示测量时刻为 t_1 和 t_2。

联立求解上述两个方程可求得两个未知数 R 和 L。解方程的方法有差分法和积分法，下面对其分别进行介绍。

3.5.1 差分法

利用连续3次（$n-2$，$n-1$，n）的采样值，并用采样值的差分代替微分，有

$$\begin{cases}\dfrac{u_n+u_{n-1}}{2}=R\dfrac{i_n+i_{n-1}}{2}+L\dfrac{i_n-i_{n-1}}{T_s}\\[2ex]\dfrac{u_{n-1}+u_{n-2}}{2}=R\dfrac{i_{n-1}+i_{n-2}}{2}+L\dfrac{i_{n-1}-i_{n-2}}{T_s}\end{cases}$$

由于 $\dfrac{L}{T_s}=\dfrac{L}{T/N}=NfL=N\dfrac{\omega L}{2\pi}=\dfrac{NX}{2\pi}$，所以有

$$\begin{cases}u_n+u_{n-1}=R(i_n+i_{n-1})+\dfrac{NX}{\pi}(i_n-i_{n-1})\\[2ex]u_{n-1}+u_{n-2}=R(i_{n-1}+i_{n-2})+\dfrac{NX}{\pi}(i_{n-1}-i_{n-2})\end{cases}$$

可解得

$$\begin{cases}R=\dfrac{(i_n-i_{n-1})(u_{n-1}+u_{n-2})-(u_n+u_{n-1})(i_{n-1}-i_{n-2})}{(i_n-i_{n-1})(i_{n-1}+i_{n-2})-(i_n+i_{n-1})(i_{n-1}-i_{n-2})}\\ X=\dfrac{\pi[(u_n+u_{n-1})(i_{n-1}+i_{n-2})-(u_{n-1}+u_{n-2})(i_n-i_{n-1})]}{N[(i_n-i_{n-1})(i_{n-1}+i_{n-2})-(i_n+i_{n-1})(i_{n-1}-i_{n-2})]}\end{cases}$$

从上述方程可以看出，解微分方程法实际上解的是一组二元一次代数方程。有的文献称这种方法为 $R-L$ 串联模拟法。

3.5.2 积分法

在两个不同的时间段内对式（3-58）积分可得到两个独立的方程

$$\begin{cases}\displaystyle\int_{t_{n-1}}^{t_n}u\mathrm{d}t=R\int_{t_{n-1}}^{t_n}i\mathrm{d}t+L\int_{t_{n-1}}^{t_n}\mathrm{d}i\\ \displaystyle\int_{t_{n-2}}^{t_{n-1}}u\mathrm{d}t=R\int_{t_{n-2}}^{t_{n-1}}i\mathrm{d}t+L\int_{t_{n-2}}^{t_{n-1}}\mathrm{d}i\end{cases}$$

在处理各项积分值时，可用梯形积分法来计算，得

$$\begin{cases}\dfrac{T_s}{2}(u_n+u_{n-1})=R\dfrac{T_s}{2}(i_n+i_{n-1})+L(i_n-i_{n-1})\\ \dfrac{T_s}{2}(u_{n-1}+u_{n-2})=R\dfrac{T_s}{2}(i_{n-1}+i_{n-2})+L(i_{n-1}-i_{n-2})\end{cases}$$

可解得

$$\begin{cases}R=\dfrac{(i_{n-1}-i_{n-2})(u_n+u_{n-1})-(u_{n-2}+u_{n-1})(i_n-i_{n-1})}{(i_n+i_{n-1})(i_{n-1}-i_{n-2})-(i_n-i_{n-1})(i_{n-1}+i_{n-2})}\\ X=\dfrac{\pi[(u_{n-2}+u_{n-1})(i_{n-1}+i_n)-(u_{n-1}+u_n)(i_{n-1}+i_{n-2})]}{N[(i_n+i_{n-1})(i_{n-1}-i_{n-2})-(i_n-i_{n-1})(i_{n-1}+i_{n-2})]}\end{cases}$$

3.5.3 对解微分方程算法的分析和评价

解微分方程算法所依据的串联 $R-L$ 模型，忽略了输电线路分布电容，由此带来的误差只要用一个低通滤波器预先滤除电压和电流中的高频分量就可以基本消除。因为分布电容的容抗只有对高频分量才是不可忽略的。

对于考虑分布参数的输电线路，在短路时保护装置所感受到的阻抗为

$$Z(f)=Z_{\mathrm{cl}}\mathrm{th}(rd) \tag{3-60}$$

式中，Z_{cl} 为输电线路的正序波阻抗；r 为每公里的正序传输常数；d 为短路点到保护安装处的距离，单位为 km。

从式（3-60）可见，继电器感受的阻抗与短路点不成正比。但在 rd 较小时，有 $\mathrm{th}(rd)\approx rd$，于是式（3-60）简化成

$$Z(f)\approx(r_1+\mathrm{j}\omega L_1)d=R_1+\mathrm{j}\omega L_1 \tag{3-61}$$

上式说明只要以上简化条件成立，则在相当宽的一个频率范围内，忽略分布电容是允许的。

解微分方程算法可以不必滤除非周期分量，因而算法时间窗较短，而且它不受电网频率变化的影响。这些突出的优点使它在微机距离保护中得到了广泛的应用。

3.6 移相与滤序算法

3.6.1 移相算法

已知电量 $x(t)=x_m\sin\omega t$，欲将其移相 θ 角，则 $x_\theta(t)=kx_m\sin(\omega t+\theta)$ 的算法如下：

设第 n 个和第 $n-k$ 个采样值分别为

$$\begin{cases}x(n)=A\sin\omega t\\x(n-k)=A\sin(\omega t-k\omega T_s)\end{cases}\tag{3-62}$$

则

$$\begin{aligned}x_\theta&=x(n)-x(n-k)\\&=x_m\sin\omega t-x_m\sin(\omega t-k\omega T_s)\\&=x_m\sin\omega t-x_m(\sin\omega t\cos k\omega T_s-\cos\omega t\sin k\omega T_s)\\&=x_m[\sin\omega t(1-\cos k\omega T_s)+\cos\omega t\sin k\omega T_s]\end{aligned}\tag{3-63}$$

令 $\theta=\arctan\dfrac{\sin k\omega T_s}{1-\cos k\omega T_s}$ 代入上式，则有

$$x_\theta=Kx_m\sin(\omega t+\theta)$$

式中，$K=\sqrt{2-2\cos\omega T_s}$。

当取 $k=1$，$\omega T_s=\omega\Delta t=30°$ 时，有 $K=\sqrt{2-2\cos30°}\approx0.517$，$\theta=75°$，则

$$x_\theta=0.517x_m\sin(\omega t+75°)$$

式中，x_θ 为将原 $x(t)$ 移相 75° 角的电量。

3.6.2 滤序算法

在零序电流保护、发电机保护、电动机保护、距离保护的振荡闭锁功能等中都需要使用序分量进行计算，下面以电压的序分量为例讨论常用的滤序算法。滤序器的基本表达式为

$$\begin{pmatrix}\dot U_1\\\dot U_2\\\dot U_0\end{pmatrix}=\frac{1}{3}\begin{pmatrix}1&\alpha&\alpha^2\\1&\alpha^2&\alpha\\1&1&1\end{pmatrix}\begin{pmatrix}\dot U_a\\\dot U_b\\\dot U_c\end{pmatrix}\tag{3-64}$$

式中，$\dot U_1$、$\dot U_2$、$\dot U_0$ 分别表示正序、负序、零序电压分量；算子 $\alpha=e^{j120°}$ 、$\alpha^2=e^{j240°}$

1. 数据窗为 13.32ms 的滤序器表达式

当采样频率为 600Hz，两个采样点之间的相位差为 30°时，对滤序器的移相较为有利。$U(k)$ 为当前值，αU 是 U 往前移 120°，可用 $U(k+4)$ 表示；α^2U 是 U 往前移 240°，可用 $U(k+8)$ 表示。则在 k 时刻的序分量用数值序列可表示为

$$\begin{cases}3U_1(k)=U_a(k)+U_b(k+4)+U_c(k+8)\\3U_2(k)=U_a(k)+U_b(k+8)+U_c(k+4)\\3U_0(k)=U_a(k)+U_b(k)+U_c(k)\end{cases}\tag{3-65}$$

2. 数据窗为 6.66ms 的滤序器表达式

$U(k)$ 为当前值，αU 是通过 U 往后移 60°后再取负值而得到，即以 $-U(k-2)$ 表示；α^2U

可通过 U 往后移120°得到，即以 $U(k-4)$ 表示。则在 k 时刻的正序、负序分量为

$$\begin{cases}3U_1(k)=U_a(k)-U_b(k-2)+U_c(k-4)\\3U_2(k)=U_a(k)+U_b(k-4)-U_c(k-2)\end{cases}\tag{3-66}$$

3. 数据窗为3.33ms的滤序器表达式

由于 $\alpha^2=e^{j240°}=-0.5-j0.866=-1+0.5-j0.866=-1+e^{-j60°}$

则
$$\alpha^2U=U(-1+e^{-j60°})=U(k)+U(k-2)$$

同理
$$\alpha=-(1+\alpha^2)=-e^{-j60°}$$

所以
$$\alpha U=U(-e^{-j60°})=-U(k-2)$$

将以上式代入式（3-66），得

$$\begin{cases}3U_1(k)=U_a(k)-U_b(k-2)-U_c(k)+U_c(k-4)\\3U_2(k)=U_a(k)-U_b(k)+U_b(k-2)-U_c(k-2)\end{cases}$$

3.7 继电器特性算法

继电器特性算法是已知某种继电器的动作特性，不经电流、电压幅值和相位的中间计算环节，利用采样值直接得到要求的继电器特性方程的算法。

3.7.1 方向阻抗继电器算法

方向阻抗继电器的特性是在 R—X 平面上通过坐标原点的圆，它可由绝对值比较或相位比较方法构成。当方向阻抗继电器的整定阻抗为 Z_{zd}，按相位比较方法构成时的动作方程为

$$-\frac{\pi}{2}\leqslant\arg\frac{\dot{I}Z_{zd}-\dot{U}}{\dot{U}}\leqslant\frac{\pi}{2}$$

或
$$(\dot{I}Z_{zd}-\dot{U})\dot{U}\cos\varphi>0$$

式中，$\dot{U}$、$\dot{I}$ 为加在继电器上的电压和电流；Z_{zd} 为整定阻抗。

令 $i=I_m\sin(\omega t-\theta)$；$u=U_m\sin\omega t$，且取电流为基准，$Z_{zd}=Ze^{j\theta}$，$Z$ 为整定阻抗 Z_{zd} 的模。

于是，$\dot{I}Z_{zd}=Z\dot{I}e^{j\theta}=Z\dot{I}_\theta$，$\dot{I}_\theta$ 为电流 $\dot{I}$ 前移相位 θ。

设电压和电流的任意3个连续采样值为 u_{k-2}，u_{k-1}，u_k 和 i_{k-2}，i_{k-1}，i_k，移相 θ 角后的电流为 $i_{\theta,k-2}$、$i_{\theta,k-1}$、$i_{\theta,k}$；则直接引用三采样值的算法公式，如下式：

$$U_mI_m\cos\theta=\frac{u_ki_k+u_{k-2}i_{k-2}-2u_{k-1}i_{k-1}\cos2\omega\Delta T}{2\sin^2\omega\Delta T}$$

当 $f_s=600\text{Hz}$，$\omega\Delta T=30°$ 时，由式（3-20）得

$$U_mI_m\cos\theta=2(u_ki_k+u_{k-2}i_{k-2}-u_{k-1}i_{k-1})$$

对比上式与动作方程可得，方向阻抗继电器的算法为

$$(Zi_{\theta,k}-u_k)u_k+(Zi_{\theta,k-2}-u_{k-2})u_{k-2}-(Zi_{\theta,k-1}-u_{k-1})u_{n-1}>k_0$$

式中，k_0 为方向阻抗继电器的动作门槛，用以防止动作边界不稳定的输出。

3.7.2 偏移特性阻抗继电器

偏移特性阻抗继电器的正、反向整定阻抗分别为 Z_1、Z_2 时，动作方程为

$$-\frac{\pi}{2} \leqslant \arg \frac{\dot{I}Z_1 - \dot{U}}{\dot{I}Z_2 + \dot{U}} \leqslant \frac{\pi}{2}$$

$$(\dot{I}Z_1 - \dot{U})(\dot{I}Z_2 + \dot{U})\cos\varphi > 0$$

与方向性阻抗继电器的算法推导方法相同，同样可写出偏移特性阻抗继电器的算法

$$(Z_1 i_{\theta,\ k-2} - u_{k-2})(u_{k-2} + Z_2 i_{\theta,\ k-2}) - (Z_1 i_{\theta,\ k-1} - u_{k-1})(u_{k-1} + Z_2 i_{\theta,\ k-1}) + (Z_1 i_{\theta,\ k} - u_k)(u_k + Z_2 i_{\theta,\ k}) > k_c$$

3.7.3 相电流突变量算法

微机继电保护中常采用相电流突变量作为起动元件。相电流突变量为

$$\Delta i_k = i_k - i_{k-N} \tag{3-67}$$

式中，Δi_k 为 kT_s 采样时刻的电流突变量；i_k 为 kT_s 时刻的采样值；i_{k-N} 为前 NT_s 时刻的采样值；N 为一个工频周期内的采样点数。

电流突变量采样值如图 3-12 所示。系统正常运行时，负荷虽有变化、但不会在一个工频周期（20ms）内有很大的变化，故两采样值 i_k 与 i_{k-N} 应接近相等，即 $\Delta i_k \approx 0$。

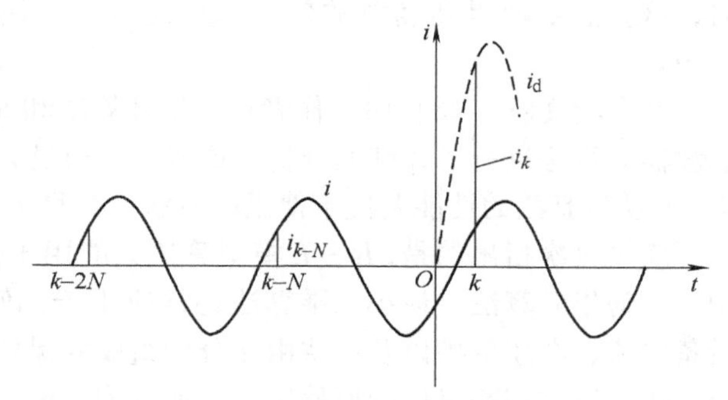

图 3-12 电流突变量采样值

当某一时刻发生短路故障时，故障相电流突然增大、如图 3-12 中虚线所示。采样值 i_k 突然增大了很多，其中包含有负荷分量，与 i_{k-N} 作差后，得到的 Δi_k 中不包含负荷分量，仅为短路时的故障分量电流，$\Delta i_k \neq 0$，使起动元件动作。但是，系统正常运行时，当电网频率波动偏离 50Hz 时，i_k 与 i_{k-N} 将不是同一相角的电流值，将会产生较大的不平衡电流，致使起动元件误动作。为消除因电网频率波动引起的不平衡电流，相电流突变量按下式计算：

$$\Delta i_k = |(i_k - i_{k-N}) - (i_{k-N} - i_{k-2N})| \tag{3-68}$$

式中，$(i_k - i_{k-N})$ 和 $(i_{k-N} - i_{k-2N})$ 两部分的不平衡电流相抵消，防止了起动元件的误动作。

为提高抗干扰能力，避免突变量元件误动作，可在连续几次计算 Δi_k 都超过定值时，元件才动作。

3.8 微机继电保护算法的选择

目前，有关微机继电保护的算法种类是非常多的，作为一本入门级的教材，本章介绍的只是几种最为基础的算法，以此作为读者了解微机继电保护算法的入门知识。许多其他类型的算法读者可根据需要阅读相关文献。另外，随着对微机继电保护研究和实践的不断广泛和深入，将会出现更多更完善的算法。在实际应用中对本章提到的几类算法应如何选择，读者可以参考以下思路：

对于输入信号中暂态分量不丰富或计算精确度要求不高的保护，可采用输入信号为纯基频分量的一类算法，由于这类算法本身所需的数据窗很短（如最少只要两个或三个采样

点)，计算量很小。例如可将这类算法直接应用于低压网络的电流、电压后备保护中，或者将其配备一些简单的差分滤波器以削弱电流中衰减的直流分量作为电流速断保护，加速出口故障时的切除时间；另外，还可作为复杂保护的起动元件的算法，如距离保护的电流起动元件就有采用半周积分法来粗略地估算，以判别是否发生故障。但是，如将这类算法用于复杂保护，则需配以良好的带通滤波器，这样将使保护总的响应时间加长，计算工作量加大。

在高压线路距离保护中傅里叶算法、最小二乘算法和 $R-L$ 模型算法都有应用，但各自的特点不同。

傅里叶算法是一种能够适用于各种保护的算法，在实际中应用较多。一般在采用傅里叶算法时，需考虑衰减直流分量造成的计算误差，并应采取适当的补救措施。

应用最小二乘算法，在设计、选择拟合模型时，要认真顾及精确度和速度两方面的合理折中，否则可能造成精确度虽然很高，但响应速度太慢，计算量太大等不可取的局面。$R-L$ 模型算法一般不宜单独应用于分布电容不可忽略的较长线路，但当配以适当的数字滤波器时，该算法就能得到满意的效果，从而可以应用于高压、超高压长距离输电线的距离保护中。

在参考文献［26］中，作者对傅里叶算法和 $R-L$ 模型算法配合非递归、递归数字低通滤波器等算法进行了详细的分析、比较，并通过大量试验，确认配合递归数字低通滤波器的 $R-L$ 模型算法的性能要优于傅里叶算法，并且十分适合于实时处理。

应当再次指出的是，$R-L$ 模型算法只能用于计算输电线路阻抗，因此多用于线路保护中。而傅里叶算法、最小二乘算法还常应用于元件保护（如发电机、变压器的差动保护），后备电流、电压保护以及一些由序分量组成的保护中，也可以应用于谐波分析；对于测量场合，还可以应用测量值的原始定义，如方均根值等。

总之，在进行微机继电保护装置设计时，选择哪一种算法需根据保护对象对保护功能的要求、应用场合能配备的硬件情况来具体确定。当前，数字信号处理器（DSP）的应用和微机运行速度的提高为各种计算量较大的算法提供了有力的硬件保障。与此同时，暂态行波原理、暂态分量保护等新的保护原理以及自适应理论、模糊理论、小波分析、神经网络、专家系统及人工智能等新技术和新方法在电力系统控制和继电保护的应用不断取得新的进展，对微机继电保护算法的发展提供了新的思路，有兴趣的读者可查阅相关文献。

第4章 微机继电保护的软件原理

各种不同功能的微机继电保护装置，主要的区别体现在软件上，因此，将算法与程序结合，并合理安排程序结构就成为实现保护功能的关键所在。本章首先在4.1、4.2节介绍了微机继电保护主程序框图原理和采样中断服务程序与故障处理程序原理。然后在第4.3、4.4节讨论了当前流行的基于实时操作系统的继电保护软件设计思想并进行了举例说明。

4.1 微机继电保护主程序框图原理

微机继电保护装置接通电源（上电）或整组复归时，CPU响应复位中断，进入主程序入口。不同厂家及不同产品型号的主程序不可能完全相同，本节所述的是一种典型的格式。主程序框图如图4-1所示，其各部分的功能在下面加以说明。

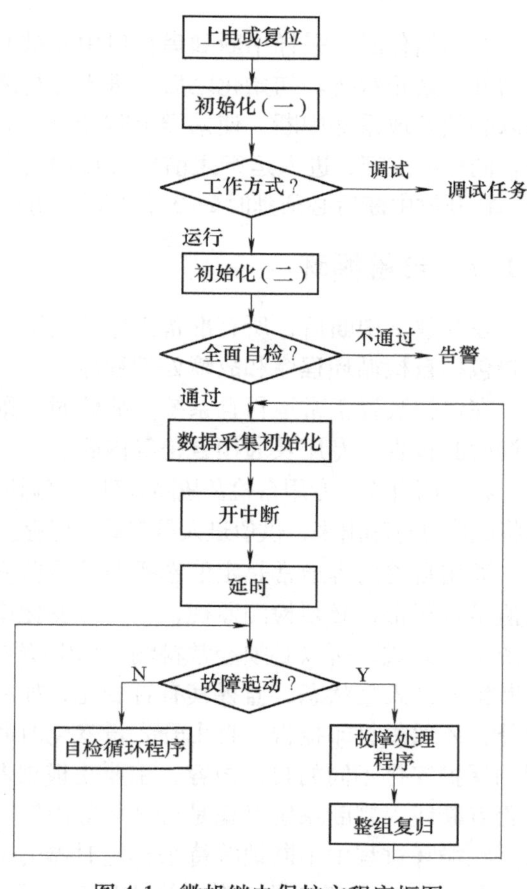

图4-1 微机继电保护主程序框图

4.1.1 初始化

“初始化”是指保护装置在上电或整组复归时首先执行的程序，它主要是对微机系统及其可编程扩展芯片的工作方式初始化、各种标志设置、参数的设置、整定值加载等，以便在后面的程序中按预定方案工作。例如CPU的各种地址指针的设置、模-数转换及定时器芯片的工作方式和参数的设置。初始化包括初始化（一）、初始化（二）及数据采集系统初始化3个部分。

初始化（一）主要是对微处理器CPU及其扩展芯片的初始化及保护输出的开关量出口初始化，赋以正常初值，以保证出口继电器均不动作。初始化（一）是运行与监控程序都需要用到的初始化程序。初始化（一）

部分运行结束后，在人机接口液晶显示器上显示主菜单，由工作人员选择运行或调试（退出运行）工作方式。如果选择“调试”（退出运行）就进入监控程序，进行人机对话并执行调试命令。若选择“运行”，则开始运行初始化（二）程序。初始化（二）包括采样定时器的初始化、对RAM区中所有运行时要使用的软件计数器及各种标志位清零等程序。

初始化（二）完成后，开始对保护装置进行全面自检。如装置不正常则显示装置故障信息，然后开放串行口中断，等待管理系统CPU通过串行口中断来查询自检状况，向微机监控系统及调度传送各保护的自检结果。如装置自检通过，则进行数据采集系统的初始化。这部分的初始化主要指采样值存放地址指针初始化，如果是VFC式采样方式，则还需对可编程计数器初始化。完成采样系统初始化后，开放采样定时器中断和串行口中断，等待中断发生后转入中断服务程序。

4.1.2　全面自检的内容

在完成初始化（二）之后进入全面自检程序，全面自检包括对RAM、EPROM、开关量输入/输出等回路的自检。如果检查出存在错误，则驱动显示器显示故障信号（故障字符代码）和故障时间及故障类型说明。自检的方式将在第7章中详细说明，在此就不做赘述了。

4.1.3　开放中断与等待中断

在初始化时，采样中断和串行口中断被CPU的软开关关断，这时模-数转换和串行口通信均处于禁止状态。初始化之后，进入运行之前应开始模-数转换，并进行一系列采样计算。所以必须开放采样中断，使采样定时器开始计时，并每隔 T_s 时间发出一次采样中断请求信号。同样的道理，进入运行之前应开放串行口中断，以保证接口CPU对保护CPU的正常通信。在开放中断后必须延时2~3个工频周期（40~60ms），以确保采样数据的完整性和正确性。

4.1.4　自检循环

在开放了中断后，所有准备工作就绪了，主程序就进入相应的主循环程序。主循环程序主要包括自检循环程序和故障处理程序。

在保护装置正常运行且系统无故障时，则进入自检循环程序。这部分程序主要进行包括查询检测报告、专用及通用自检等内容。

在全面自检、专用自检及故障处理程序返回主程序时均带有自检信息和保护动作信息，有必要将此信息打印出来，供值班人员查看、保存。所以自检循环一开始就安排查询检测报告程序。

通用自检内容通常是定值选择拨轮号监视和开入量监视。定值选择拨轮号关系到保护整定值是否正常，必须检测监视，一旦有变化或者接触不良就发呼唤信号。开入量的状态涉及系统运行方式，所以必须经常检测。CPU预先读入各开入量的状态并存入RAM，然后通过不断读取开入量状态，监视其有否变化，如有变化经延时发出呼唤信号，除了呼唤信号灯亮之外，还通过打印报告，打出开入量变化时间及变化前后的状态。专用自检的内容是根据不同的保护安排不同的自检内容，主要是根据保护的要求，加入检测 $3I_0$ 和 $3U_0$，判断TA、TV是否有断线，判断系统静稳是否破坏等内容。

在循环过程中不断地等待采样定时器的采样中断和串行口通信的中断请求信号。当保护CPU接到请求中断信号，在允许中断后，程序就进入中断服务程序。每当中断服务程序结束后又回到自检循环并继续等待中断请求信号。主程序如此反复自检、中断，进入不断循环阶段，这是保护运行的重要程序部分。

在自检程序中，如果检测到故障起动标志，则进入故障处理程序。在故障处理程序中进行各种保护的算法计算，跳闸逻辑判断与时序处理，告警与跳闸出口处理，以及事件报告、故障报告的整理等。其中，保护的算法计算是完成微机继电保护功能的核心模块。其主要内容有：数字滤波、故障特征量计算、保护的动作判据计算等。在故障处理程序完成保护跳闸和重合闸等全部处理任务、整组复归时间到后，执行整组复归，清除所有临时标志、收回各种操作命令、保护装置返回到故障前的状态，为下一次保护动作做好准备。

4.1.5 微机继电保护主程序实例

为了更好地理解微机继电保护主程序的设计方法，以电力系统中最为简单的电流保护主程序的实例来进行说明。图4-2为电流保护主程序的流程图。

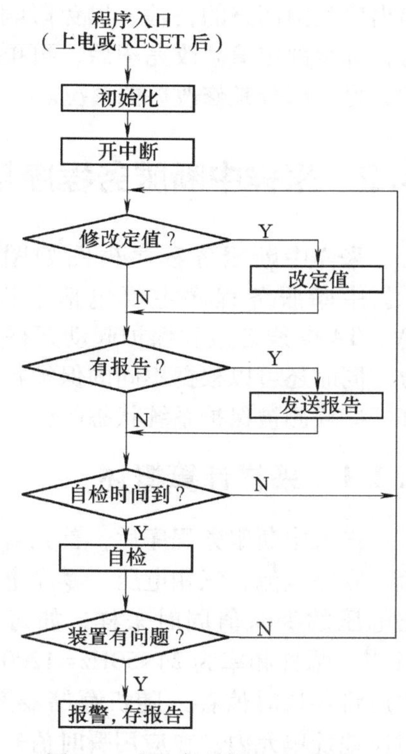

图4-2 电流保护主程序流程图

1. 电流保护主程序初始化模块

从图4-2中可见，程序入口的第一个模块是初始化，该模块主要完成如下工作：

首先，对硬件电路所设计的可编程并行接口进行初始化。按电路设计的输入和输出要求，设置每一个端口用作输入还是输出，用于输出的还要赋初值，如出口回路控制、模-数转换接口方式等。这一步必须首先执行，保证所有的继电器均处于预先设计的状态，如出口继电器应处于不动作状态；同时，便于通过并行接口读取各开关量输入的状态。

其次，是读取所有开关量输入的状态，并将其保存在规定的RAM或FLASH地址单元内，以备以后在自检循环时，不断监视开关量输入是否有变化。

还有，要对装置的软硬件进行一次全面自检，包括RAM、FLASH或ROM、各开关量输出通道、程序和定值等，保证装置在投入使用时处于完好的状态。这一次全面自检不包括对数据采集系统的自检，因为它尚未工作。对数据采集系统的检测安排在中断服务程序中。当然，只要在自检中发现有异常情况，就发出告警信号，并停止保护程序的运行。

另外，经过全面自检后，应将所有标志字清零，因为每一个标志代表了一个“软件继电器”和逻辑状态，这些标志将控制程序流程的走向。一般情况下，还应将存放采样值的循环寄存器进行清零。

最后，进行数据采集系统的初始化，包括循环寄存器存数指针的初始化（一般指向存放采样值第一个地址单元）、设计定时器的采样间隔等。

2. 主程序的其他流程

经过初始化和全面自检后，表明微型机的准备工作已经全部就绪，此时，开放中断，将数据采集系统投入工作，于是，可编程的定时器将按照初始化程序规定的采样间隔 T_s 不断地发出采样脉冲，控制各模拟量通道的采样和模-数转换，并在每一次采样脉冲的下降沿（也可以是其他方式）向微型机请求中断。只要微机保护不退出工作、装置无异常状况，就会不断地发出采样脉冲，实时地监视和获取电力系统的采样信号。

之后，系统程序进入一个自检循环回路，它除了分时地对装置各部分软硬件进行自动检测外，还包括人机对话、定值显示和修改、通信以及报文发送等功能。将这些不需要完全实时响应的功能安排在这里执行，是为了尽量少占用中断程序的时间，保证继电保护的功能可以更实时地运行。当然，在软硬件自检的过程中，一旦发现异常情况，就应当发出信号和报文，如果异常情况会危及保护的安全性和可靠性，则立即停止保护工作。

应当指出，在从保护起动到复归之前的过程中，应当退出相关的自检功能，尤其应当退出出口跳闸回路的自检，以免影响安全性和可靠性。另外，定值的修改应先在缓冲单元进行，等全部定值修改完毕后，再更换定值，避免在保护运行中，出现一部分定值是修改前的，另一部分是修改后的情况。

4.2　采样中断服务程序与故障处理程序原理

采样中断服务程序框图如图4-3所示。中断服务程序主要包括采样计算，TV、TA断线自检和保护起动元件3个部分。同时还可以根据不同的保护特点，增加一些检测被保护系统状态的程序。

4.2.1　采样计算概述

进入中断服务程序后，首先对三相电流、零序电流、三相电压、零序电压及线路电压的瞬时值同时采样，如每周采样24点，采样频率为24×50Hz＝1200Hz，采样后将各瞬时值存入随机存储器RAM的对应地址单元内。在应用瞬时值来计算电流电压交流有效值时，可以利用在第3章中所介绍的相应算法，如三采样值乘积算法、半周积分算法、傅里叶算法等。总之，保护的采样计算就是采用某种适当的算法分别计算各相电压、电流的有效值，以及相位、频率及阻抗等。还可以根据需要进一步计算出各序电压、电流及各序功率方向，并分别存入RAM指定的区域内，供后续程序（如逻辑判断等）使用。

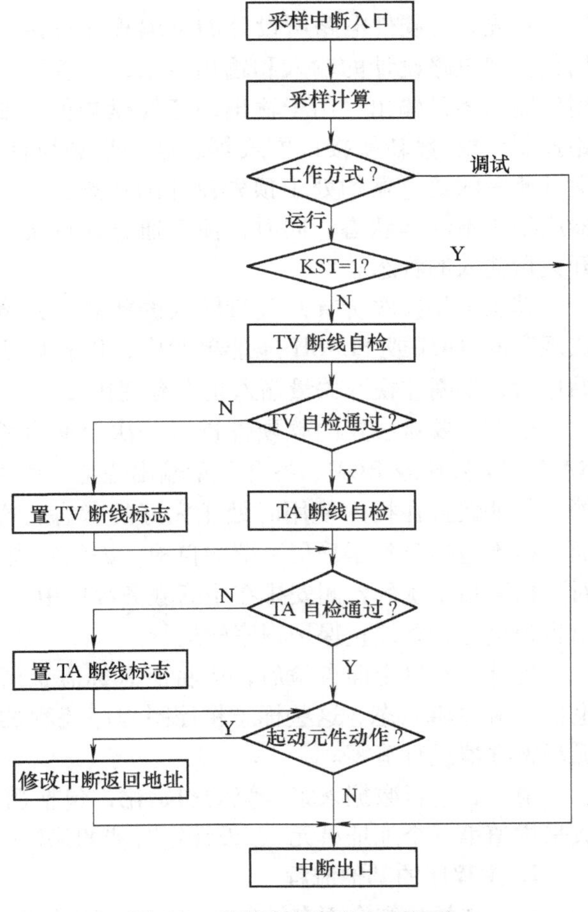

图4-3　采样中断服务程序框图

应当指出，无论是装置的正常运行还

是采样通道调试都要进入采样中断服务程序，都要进行采样计算，因此在完成采样计算后，需查询装置的工作方式然后确定程序的走向。

4.2.2 TV 断线的自检

在保护判断起动之前，先检查电压互感器 TV 二次侧是否断线。在小电流接地系统中，可简单地按以下两个判据检查 TV 二次侧是否断线：

1）正序电压小于 30V，而任一相电流大于 0.1A。

2）负序电压大于 8V。

由于在系统发生故障时正序电压会下降，负序电压会增大，因此当程序判断满足上述任一条件后还必须延时 10s 才能确定母线 TV 断线，发出运行异常“TV 断线”信号，待电压恢复正常后信号复归。在 TV 断线期间，软件中用专用的 TV 断线标志位置“1”来标志 TV 断线，并通过程序安排闭锁自动重合闸。这时保护将根据整定的控制字来决定是否退出与电压有关的保护。

注意有的保护如三段式的电流保护没有该项功能，不需要做 TV 断线自检。

4.2.3 TA 断线的自检

在 TA 二次侧断线或电流通道的中间环节接触不良时，有的保护（例如变压器差动保护）有可能误动作，因此对 TA 二次侧必须监视，在断线时闭锁保护并应报警。由于微机型变压器保护中各侧引入电流均采用星形联结，因此 TA 断线的判断变得简单明了，对大电流接地系统可采用如下两个零序电流的判据：

1）变压器三角形侧出现零序电流则判为该侧断线。

2）星形侧，比较三相电流量 $\dot{I}_a$、$\dot{I}_b$、$\dot{I}_c$ 与零序电流 $3\dot{I}_0$，如出现差流则判断该侧 TA 断线。

具体判据为

$$\left|\,|\dot{I}_a + \dot{I}_b + \dot{I}_c| - |3\dot{I}_0|\,\right| > I_{d1} \tag{4-1}$$

在系统发生接地故障时 $3I_0$ 数值增大，因此 TA 断线还必须增加另一判据，系统 $3I_0$ 小于定值

$$|3\dot{I}_0| < I_{d2} \tag{4-2}$$

式中，I_{d1} 和 I_{d2} 为 TA 断线的两个电流定值。

以上判据比较复杂，对于中低压系统微机继电保护中可选择较简单的判断方法。例如在中低压变压器保护中采用负序电流来判断 TA 断线的两个判据：

1）TA 断线时产生的负序电流仅在断线一侧出现，而在故障时至少有两侧会出现负序电流。

2）以上判据当在变压器空载时出现故障的情况下，会因为仅有电源侧出现负序电流，将误判 TA 断线。因此要求另加条件：降压变压器低压侧三相都有一定的负荷电流。

在 TA 断线期间，软件同样要发出运行异常“TA 断线”信号，并置 TA 断线标志位，而且根据整定的控制字决定是否退出运行。

应该指出，并不是所有的保护都必须做 TA 和 TV 断线自检，应根据 TA 和 TV 断线对保

护的影响来设计相应的断线自检程序。

4.2.4 起动元件原理

为了提高保护动作的可靠性，保护装置的出口均经起动元件闭锁，只有在保护起动元件起动后，保护装置出口闭锁才被解除。在微机继电保护装置里，起动元件是由软件来完成的。起动元件起动后，起动标志位“KST”置1。

不同型号的微机线路或元件保护的起动元件程序各有不同。在线路成套保护装置中常采用以相电流突变量起动方式为主，以零序电流为辅助起动方式的算法，为提高抗干扰能力，避免突变量元件误动作，一般在连续3次计算 Δi_k 都超过定值时，起动元件才动作。采用零序电流的目的是为了解决远距离故障或经大电阻故障时相电流突变起动方式灵敏度不够的问题。在变压器成套保护中采用的起动方式有稳态差流起动、差流工频突变量起动、零序比率差动起动等。

当采样中断服务程序的起动元件判定保护起动，则程序转入故障处理程序。在进入故障处理程序后，CPU的定时采样仍不断进行。因此在执行故障处理程序过程中，每隔一个采样周期 T_s，程序将重新转入采样中断服务程序。在采样计算完成后，检测保护是否起动过，如果KST=1，则不再进入TV、TA自检及保护起动程序部分，直接转到采样中断服务程序出口，然后再回到故障处理程序。

4.2.5 故障处理程序原理

故障处理程序包括保护软压板的投切检查、各种保护的动作判据计算及定值比较、逻辑判断、跳闸处理和后加速以及事件报告等部分。保护的动作判据计算程序将在第5章中详述。下面以微型机距离保护为例，简述故障处理程序的过程。

首先判断系统是否有振荡发生，如有则进入振荡闭锁模块，待振荡停息后返回整组复归入口，清零各种标志并恢复起动元件，准备好下次再动作。如判断确实有故障发生，则进入故障处理模块，包括选相程序、保护的动作判据计算及定值比较程序和跳闸逻辑程序等。

1）选相程序。故障处理程序的第一步是选出故障相别，以决定阻抗计算中应取什么相别的电压和电流，因为只有故障相的阻抗才能正确反映故障点位置。该型保护装置的选相程序首先计算3个相电流差突变量的有效值。即 $\Delta\dot{I}_a$、$\Delta\dot{I}_b$、$\Delta\dot{I}_c$，并把它们分为大、中、小3类。如果（大-中）≫（中-小）则必定是单相接地，且小者对应的两相为非故障相。如不满足上述条件则为相间故障，且大者对应的两相为故障相。

2）保护的动作判据计算程序及定值比较程序，根据具体继电器保护算法来编制。

3）跳闸程序。判为区内故障时，110kV以上电压等级的微机继电保护系统通常驱动3个分相跳闸出口继电器，发出跳闸命令后40ms内不考虑撤销跳闸命令，以保证可靠跳闸。从40ms后判断故障相有无电流，如无电流则认为跳闸成功收回跳闸命令；如发出跳令后0.25s仍有电流，则发三跳（后备三跳）命令，以期在该装置三跳出口回路拒动时起到后备保护作用。发出三跳命令后12s内三相均无电流，程序转至整组复归，取12s的原因是考虑三相重合闸最长时间不大于10s，发出三跳命令后0.4s判断任一相是否又有电流，如有电流，则进入后加速程序段。

4.2.6 中断服务程序与主程序的关系

在微机继电保护中，当程序开中断后，每一个采样间隔 T_s，定时器都会发出一个采样脉冲，随即产生中断请求，于是，微型机先暂停主程序的流程，转而执行一次中断服务程序，以保证对输入模拟量的实时采集，同时，实时地运行一次继电保护的相关功能。因此，在开中断后，微型机实际上是交替地执行系统主程序和中断服务程序的，两个程序流程的时序关系如图4-4所示。在图4-4中，用IRQ表示中断服务程序的一个完整流程；用MN表示系统主程序的流程，并将中间可能出现的循环流程假设为顺序执行，这个假设不影响问题的实质。图4-4中，当系统程序流程执行到 A 处时，定时器产生了一次中断，于是，微型机自动地将 A 处的位置和关键信息保存起来（一般由微型机通过堆栈来实现），随即，微型机转而执行一遍完整的中断服务程序（图4-4中的 t_1 就是执行中断服务程序的时间段），在中断服务程序结束后，微型机恢复执行 A 处被暂停的系统程序流程；当系统程序流程执行到 B 处时，定时器再次产生中断信号，从而微型机又暂停 B 处的流程，再次执行一遍完整的中断服务程序。其中，微型机在 t_1，t_3，t_5，…，t_k时间段分别完整地执行一遍中断服务程序，在 t_2，t_4，t_6，…，t_{k+1}时间段则分时地执行系统程序流程。如此反复，在不同时间段上交替执行两种程序。应当说明，图4-4a中，A、B、C、D、…、X 和 Y 处的位置是随机的。

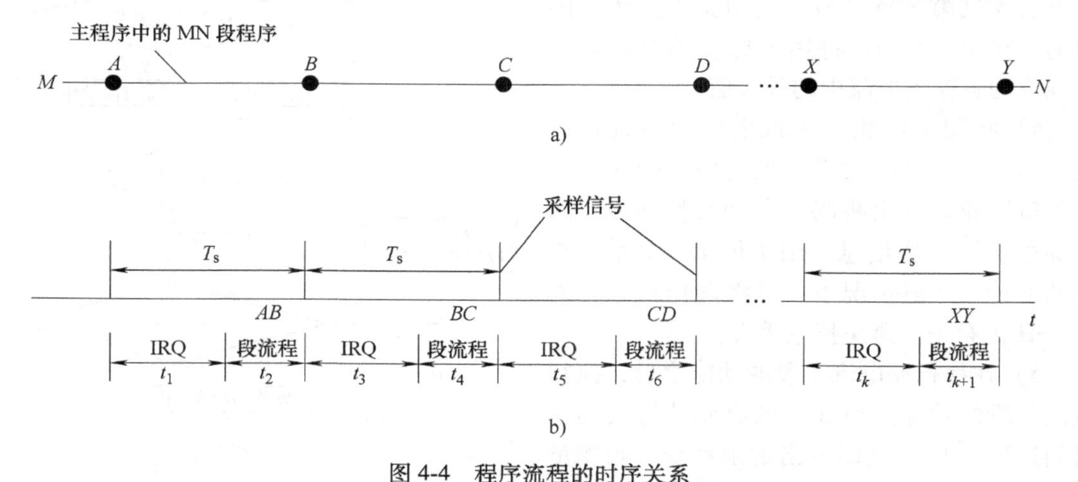

图4-4 程序流程的时序关系

a）系统主程序流程示意 b）系统主程序与中断服务程序的时序关系

在微型机中，通过程序计数器和堆栈技术，保证被中断所暂停的系统流程能够按顺序、分时地完整执行。对于系统程序流程，相当于分时地执行 *MA* 段流程、*AB* 段流程（t_2时间）、*BC* 段流程（t_4时间）、*CD* 段流程（t_6时间），…，*XY* 段流程（t_{k+1}时间）和 *YN* 段流程，最终，将 *MN* 段流程全部执行完毕。

实际上，当中断开放后，保护功能不要立即投入运行，而应当先利用中断功能，控制数据采集系统工作一段时间，在此期间，对模拟量的采样值进行分析，确认数据采集系统和交流回路处于正常状态后，才能将保护功能投入运行。

4.2.7　微机继电保护中断服务程序实例

为了更好地理解微机继电保护中断服务程序的设计方法，以电力系统中最为简单的电流保护中断服务程序的实例来进行说明。图4-5为电流保护中断服务程序的流程图。为了使流程和逻辑更清晰，图中只画出了电流元件和时间元件的工作流程，这是电流保护的主体。该流程主要包括以下功能：

1）控制数据采集系统，将各模拟输入量的信号转换成数字量的采样值，然后存入RAM区的循环寄存器中。

2）时钟计时功能。便于在报告和报文中记录带有故障时刻的信息，当然，还可以在此功能模块中实现GPS对时的功能。

3）计算保护功能中用到的测量值，如电流、电压、序分量和方向元件等，具体的计算方法参见第3章。为了达到流程更清晰的目的，在图4-5中，将用于比较的电流只简单地取为各输入电流中的最大值。

4）将测量电流与Ⅰ段电流定值进行比较。如果测量电流大于Ⅰ段定值，则立即控制出口回路，发出跳闸命令和动作信号，同时保存Ⅰ段动作信息，用于记录、显示、查询和上传。一般情况下，可将动作信息存入FLASH内存中，避免掉电丢失。

5）在执行完电流Ⅰ段的功能之后，执行电流Ⅱ段的功能。当Ⅱ段电流元件持续动作时间达到t^{II}时，立即发出跳闸命令。当测量电流小于电流Ⅱ段定值时，可以考虑一个返回系数后，才让电流Ⅱ段返回（$TN2=0$）。

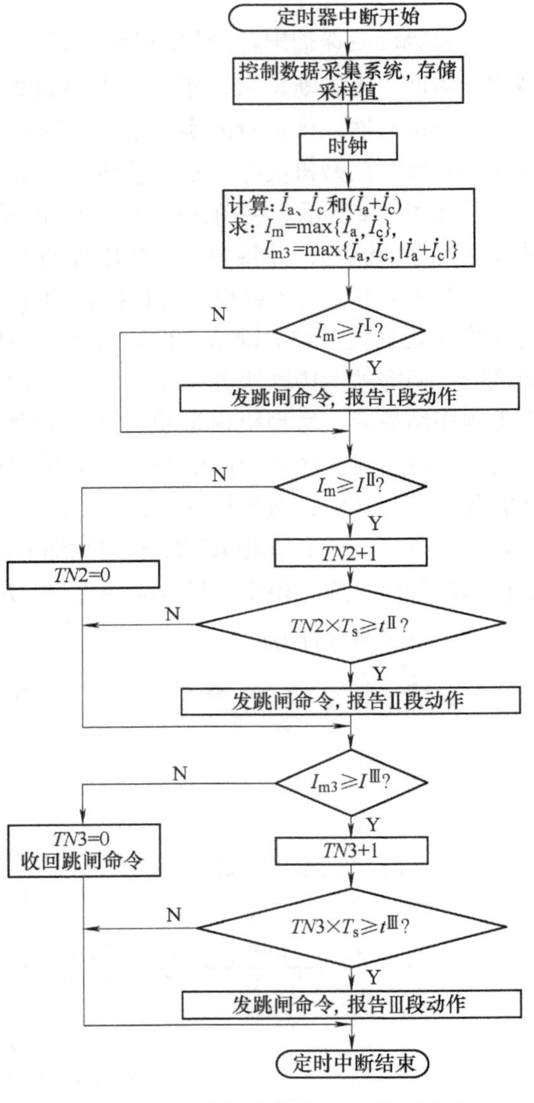

图4-5　电流保护中断服务程序流程图

在电流Ⅱ段的逻辑中，需要用到延时的功能，在此，采用计数器TN2计数的方式来实现精确的延时。由于中断服务流程的执行次数与采样间隔T_s是同步的，且T_s是一个固定和已知的常数，所以，计数器TN2的计数值代表的延时为$TN2\times T_s$。用$TN2\times T_s$的计时与Ⅱ段延时t^{II}进行比较，从而判断“时间继电器”是否满足动作条件。仅从时间延时本身来说，这种计时方式的时间误差$\leqslant T_s$。当然，也可以事先求出$N^{\mathrm{II}}=t^{\mathrm{II}}/T_s$的数字值，然后用TN2的计数值与$N^{\mathrm{II}}$进行比较。

假设 T_s=0.5ms，那么，当TN2的计数值等于300时，Ⅱ段时间继电器的持续延时就等于300×0.5ms=150ms。

6）电流Ⅲ段的功能、逻辑和比较过程均与电流Ⅱ段相似，仅仅是在电流测量元件中考虑了三相电流的合成，用以提高第Ⅲ段电流保护的灵敏度。

7）当Ⅰ、Ⅱ、Ⅲ段的电流测量元件都不动作时，再控制出口回路，使出口继电器处于都不动作状态，达到收回跳闸命令的目的。

由于Ⅰ、Ⅱ、Ⅲ段电流保护的动作信息均可以记录、显示、查询和上传，所以，动作信号可以共用一个指示灯。

应当说明，在微机保护中，通常采用事先定义好的存储器或标志位来表示“继电器”以及逻辑状态的行为。一般情况下，所定义的存储器或标志位应分别与“继电器”、逻辑状态一一对应，以免混乱。

4.3 基于实时操作系统的继电保护软件设计思想

在4.1和4.2节中所讲的是传统微机继电保护的软件设计结构，这种结构采用的是主循环加中断的线性结构，可称之为前后台系统。这种程序机制简单直观，易于控制，但缺乏灵活性。随着电力系统自动化的发展，对微机继电保护的功能要求也越来越多，不仅要完成保护功能，还要充分发挥微处理器的智能作用，完成通信、人机对话、自检等功能。如果仍采用以前的线性结构设计方法，会导致软件复杂度上升，开发及维护时间增加，成本提高，并可能造成中断响应的不及时或任务的阻塞或死锁。另外，这种线性结构在处理信息的及时性上，比实际可以做到的要差，在最坏情况下的任务级响应时间取决于整个循环的执行时间。因为循环的执行时间不是常数，程序经过某一特定部分的准确时间也是不能确定的。进而，如果程序修改了，循环的时序也会受到影响。目前，现场运行的微机继电保护装置大多仅能保证保护主任务的实时性，而对于其他一些辅助任务对实时性的要求则难以保证，而且中断也导致各个任务循环的时间不能确定。例如，在复杂故障时，打印和报文就不能保证实时性，这尽管对整个系统没有太大的影响，但是给运行人员带来了很多不便。因此，如果仍然采用传统的软件设计结构，事实上是很难设计出满足电力系统自动化发展需求的微机继电保护功能软件的，也不利于程序的维护、修改和功能扩充。为此借鉴PC操作系统的进程管理和调度思想，建立一个基于实时操作系统（Real-Time Operation System，RTOS）的微机继电保护软件系统，统一安排微机继电保护装置所有与硬件和软件资源有关的管理、调配与控制相关的程序模块，将会大大提高软件的灵活性和可扩充性。

在微机继电保护装置中引入实时操作系统的另一个主要优点是可以提高系统的可靠性。由于断路器及其控制器往往工作在较为恶劣的环境中，而微机继电保护装置的抗干扰能力在很大程度上决定了断路器动作的可靠性和稳定性。强干扰会使系统监控程序失控，脱离正常的执行流程，甚至会发出错误的控制信号，造成断路器误动作。因此在设计微机继电保护装置时，需要从软、硬件两方面考虑，提高其电磁兼容性（EMC），保证脱扣器可靠、准确地分合断路器。传统的前后台软件系统在遇到强干扰时，程序在任何一处产生死循环或破坏都会引起死机，只能依靠软硬件进行复位，重新启动系统；而对于 RTOS 管理的系统，这种干扰可能只是引起若干任务中的一个被破坏，可以用另外的任务对其进行修复。不仅可以将应用程序分解成若干个独立的任务，而且可以启动另外一个监控任务，采取一些措施，对其进行补救。

引进实时操作系统还可以提高开发效率，缩短开发周期。实时操作系统可以将一个复杂的应用程序分解成多个任务，每个任务模块的调试、修改几乎不影响其他模块。而且程序的后期维护，修改也较为方便。比如需要添加一个功能，只要给它分配一个任务、一个合适的优先级就可，而不必对整个程序进行修改，因此程序的维护和修改变得简单而且容易操作。

4.3.1　任务的划分

任务一般是指程序连同它操作的数据在处理器中动态运行的过程，是任务调度和管理的基本单位。在微机继电保护装置软件中，每项任务都应完成一项独立的功能或实时数据的处理过程，都包含了相应的程序和执行程序需要的数据，如保护判断、数据预处理、电压和电流有效值计算、驱动输出、故障录波、液晶显示、键盘管理及通信等，都可以看成是独立完成的任务。由于微机继电保护装置有大量不同的任务，但所用的处理器是有限的，为保证实时任务的并行性，必须对所有任务进行分类、分时管理。

按照任务执行的时间界限，可以把微机继电保护装置的任务划分为3类。第一类任务有严格的时间起点和终点，有执行周期和任务周期。执行周期是完成任务所需的时间，而任务周期是两次执行同一任务的时间间隔。监控单元中的这类任务不止一种，如数据定时采集、数据预处理等，它们的执行周期各不相同。为了任务的合理调度，在设计任务调度软件时，用所有第一类任务的任务周期的最小公约数作为最小任务周期，它是任务调度的控制依据，所有这类任务的调用周期都是最小任务周期的整数倍。任务周期最小的任务具有最高优先级。在微机继电保护装置的任务调度设计中，基本上用采样任务周期作为最小任务周期。第二类任务没有严格的起始点，但有严格的终止点。终止点可以是到达某规定时刻或出现某种事件。在微机继电保护中，这类任务包括开关量输出、故障录波、通信及各种随机事件的处理。这类任务多用中断方式来触发任务的调度。第三类任务是除上述两类任务以外，受任务调度管理的所有任务。这类任务称为通用任务，既没有严格的起始点，也没有严格的终止点。通常把实时性要求不高或与慢速的外部设备操作有关的任务归入这类任务，人机对话任务、通用计算和数据处理、自检任务等都是典型的通用任务。

根据具体采用的实时操作系统的不同，每个任务可能有多种不同的状态。例如，μC/OS-Ⅱ系统中每个任务有5种状态，分别是休眠态、就绪态、运行态、挂起态和中断态。运行态是指任务获得 CPU 控制权，正在运行中。就绪态指任务进入就绪状态，但其优先级比正在运行的任务优先级低，暂时还不能运行。挂起态是指任务发生堵塞，正在等待某一事件的发生而唤醒（例如等待某外设的 I/O 操作，等待某共享资源由暂不能使用变成能使用状态，等待定时脉冲的到来，等）。休眠态是指任务驻留在内存中，但不被内核所调度。中断态是指发生中断，CPU 进入中断服务，原来正在运行的任务不能运行，进入了被中断状态。任务的状态在一定条件下是可以相互转换的。

4.3.2 任务的调度、管理与协调

在实时操作系统中，任务调度通常采用分级调度的策略。所谓分级是指同类任务按其重要性来安排优先级。在调度程序时，一方面要保证优先级高的任务尽快得到响应，另一方面还必须使优先级较低的任务也能得到相应的处理，不致因任务堆积造成系统崩溃。为此，任务调度大多采用强占式调度策略，它允许各类任务先后进入运行状态，在各任务周期内并行工作，高优先级的任务又可以中断低优先级的任务，强制进入运行状态。

根据各类任务的特点和实时性要求，在设计实时任务调度系统时，一般分成内部任务调度和外部任务调度两个模块。实时性或执行频率要求高的基本任务由内部任务调度管理，包括所有第一类任务和实时性要求特别高的第二类任务。这类任务执行频率很高，执行时间必须短，以便在每个基本任务周期中为其他频率较低的任务保留一定的执行时间。外部任务调度主要管理的是应用型的任务，这类任务一般面向管理中心和用户，执行频率低于内部任务，程序执行时间相对较长，实时性要求也相对较低。

任务的调度实质上是任务的切换。由于微机继电保护装置的任务有多种，其性质、对资源的要求及实时性都有很大的不同，在进行任务调度时必须记录所有任务的状态、优先级和现场情况。任务管理则应根据任务的优先级别，决定处于就绪状态的任务中的哪一个能得到执行。任务的切换，就是对任务状态进行更换，并保护现场。作为实时操作系统的核心，任务调度必须拥有绝对的权威性，在执行任务的过程中严格按照优先级队列的顺序进行调度。通常，任务调度是在每个采样周期定时到或某一任务执行结束后进行，所以优先级最高的任务最多等待一个采样周期，一般都可以满足实时性的要求。

任务调度必须保证不同任务的协调处理。在微机继电保护实时操作系统设计中，用最小任务周期作为任务周期调度控制的基本单元，它就是采样周期 T_s。每次采样任务周期定时到，中央处理器都通过中断来完成各个模拟通道的采样任务。假定采样任务执行时间为 T_{AD}。每次剩余给任务调度及被选中任务的执行时间为 $T_t=T_s-T_{AD}$。如果任务安排不合理，出现多个任务同时被触发，低优先级任务可能长时间处于就绪态，得不到响应，将造成任务堆积，严重时甚至会使系统崩溃。因此，一般都把第一类任务分配到各采样周期，每次执行一个第一类任务，其余时间分配给外部任务，其他通过中断触发的内部任务通过中断嵌套的方式，插入除采样任务外的其他各任务的执行周期中执行。一般情况下，除采样任务外，其他内部任务的执行单元的任务时间分配应尽可能短，并错时安排。在一个采样中断后的间隔内只执行一个内部任务，以便为外部任务留出一定的时间。

4.3.3 任务的执行过程

微机继电保护装置的任务通常都以模拟量采样任务周期为基本任务周期。因为采样任务执行频率最高，实时性要求也高，所以安排为最高优先级任务。每个基本任务周期定时时间到，通过中断直接启动采样任务。采样任务结束后，设置下面需要执行的第一类任务的标志，并触发任务调度程序。进入任务调度后首先判断是否有第一类任务。若有，在执行完该任务后启动外部任务调度程序模块，判断优先级，按顺序执行外部任务；否则，直接启动外

部任务调度程序模块，按优先级执行外部任务。

对开关量输出、故障录波等无固定起始时刻，且实时性要求很高的第二类任务，一般通过中断方式来起动任务调度，用内部调度模块管理。允许嵌套除采样任务外的任何其他任务。在出现任务嵌套时，必须注意保护被中断的任务现场，包括中断处的地址、状态字和其他重要寄存器的内容。外部任务的调度最通用的办法是设置一个特殊的寄存器来记录外部任务的就绪情况和优先级。寄存器中的每一位对应一个任务，当任务的执行条件满足后，任务转为就绪态，同时在寄存器中相应的位置置“1”。此时，调度开始检查是否有更高级的任务。若有，先去执行优先级高的任务；如果没有，执行当前的任务。任务执行完后，寄存器中相应的位被清零。任务切换时，任务的入口地址以表格的形式存放。寄存器中的标志位与表格中的地址对应，由标志位即可查出任务的入口地址，任务切换很方便。任务的执行现场以数据块的形式压入堆栈。任务执行时，执行现场也恢复。

4.4　基于实时操作系统的微机继电保护软件设计举例

本节以6~10kV线路微机继电保护为例，介绍采用μC/OS-Ⅱ实时操作系统的方法。μC/OS-Ⅱ实时操作系统是由美国人Jean J. Labrosse编写的，是一个完全免费的实时操作系统。它具有源码公开化、内核移植性强、占先式实时内核及可固化等特点。

4.4.1　装置的功能模块划分

根据对实时性、可靠性的不同要求，以及输入输出数据和信号的不同，可将6~10kV线路微机继电保护装置具备的功能分为以下几个基本模块：

1）定时采样模块。定时采样模-数转换电路输出各电量瞬时值并存入随机存储器RAM的对应地址单元内。

2）数据预处理模块。根据保护算法的要求，对采样值进行各种滤波运算及数值计算，以得到基波或谐波的幅值、相位、频率等。

3）保护判断模块。根据数据预处理模块得到的数据和开关量输入的状态，利用故障判据进行保护逻辑判断，以决定是否驱动输出、报警或故障录波。根据数据来源不同分为电流保护、电压保护及其他类型的保护。

4）开关量输入模块。读取各路开关量的状态，尤其是断路器的状态。

5）开关量输出模块。根据保护判断模块或控制命令输出相应开关量信号。

6）测量和监视模块。包括各种电气量和模拟量的测量并计算功率、电能、功率因数等参数。

7）人机交互模块。采用点阵式液晶显示器，在正常运行时，显示实时时间、各路模拟量数值、各路开关输入量状态等；在故障时显示故障告警信息和追忆功能。键盘设置“上、下、左、右”4个方向键及“取消”“确认”键。

8）通信模块。采用RS-485串行数据通信接口、CAN现场总线通信接口，可直接与电力系统综合自动化配套，实现远方实时监测和控制、远方读取和修改整定值、远方投停保护及记录各种操作和故障信息。通信是通过中断响应来进行的，这样可以尽量减少对 CPU 的占用。

9）自检模块。主要完成对处理器、存储器、开关量输入输出电路、模-数转换电路、整定值等的自检。如果自检发现异常，则根据不同的情况采取报警或闭锁出口措施。

4.4.2 任务划分

在设计一个较为复杂的多任务应用时，进行合理的任务划分对系统的运行效率、实时性影响极大。任务分解过细会使任务频繁切换的开销增加，而任务分解不够彻底会造成原本可以并行的操作只能按顺序串行完成，从而减少了系统的吞吐量。由于 μC/OS-Ⅱ 是抢占式任务调度方式，并且要求每个任务的优先级唯一，所以在进行任务划分，优先级确定的时候，必须仔细衡量各任务之间对共享资源的操作要求，避免产生优先级反转或系统死锁的问题。另外，正确的任务划分和优先级分配可以充分体现实时操作系统任务调度算法的效率，从而提高整个程序的实时性能。根据装置模块功能的特点，可以将装置任务模块分解为以下 3 类任务：

1）保证微机继电保护基本功能实现的任务。包括保护判断、数据预处理、驱动输出、故障录波、报警等。该类任务要求实时性、可靠性最高，因此是优先级最高的任务，又以保护判断优先级最高。

2）其他主要功能的任务。包括测量、通信、人机交互等。除了保护基本功能的硬实时任务之外，这些任务要求能够尽可能快地完成，但是比保护基本功能的性能要求低一些。

3）最后是自检任务。

4.4.3 优先级分配

μC/OS-Ⅱ 的任务调度是按优先级进行的，根据各任务的实时性要求及重要程度，设置它们的优先级。优先级的数值越低，任务的优先级越高，具体分配见表 4-1。

表 4-1 任务的优先级分配表

编号	1	2	3	4	5	6	7	8	9
任务	保护判断	驱动输出	故障录波	报警	数据预处理	通信	人机接口	测量	自检
优先级	4	5	6	7	8	9	10	11	12

4.4.4 程序设计整体框架

由于软件是基于实时多任务操作系统的，所以软件的结构与通常的顺序结构程序不同，没有一个明确的主程序。在系统开始运行时，经过系统初始化之后就开始任务调度，接收外部输入，并行处理各种事件。但是，系统中为了共同完成某个功能的一系列任务之间仍然有明确的执行顺序，形成的是一个任务链。例如为完成保护功能，首先是以采样中断为原发事件，并按保护功能处理流程激活一系列后续任务，完成保护功能的任务链。同时，系统还有完成通信功能的任务以及人机接口的任务等。在系统运行时，根据电力系统频率的变化实时地计算出采样周期，并产生采样中断。CPU 在中断服务程序中启动模-数转换，保存电流和电压等模拟量的瞬时采样值。当模-数转换结束时，发出信号量 Sem1 通知数据预处理任务读取转换结果，计算电压和电流幅值，然后数据预处理任务发出信号量 Sem2 给保护判断任务进行保护的逻辑故障判断。当满足故障判据后，建立出口跳闸任务，按照动作类型要求进行跳闸。这就是保护功能的基本执行步骤，它是由模-数转换结束中断直接驱动的。软件系统的整体框架如图 4-6 所示。

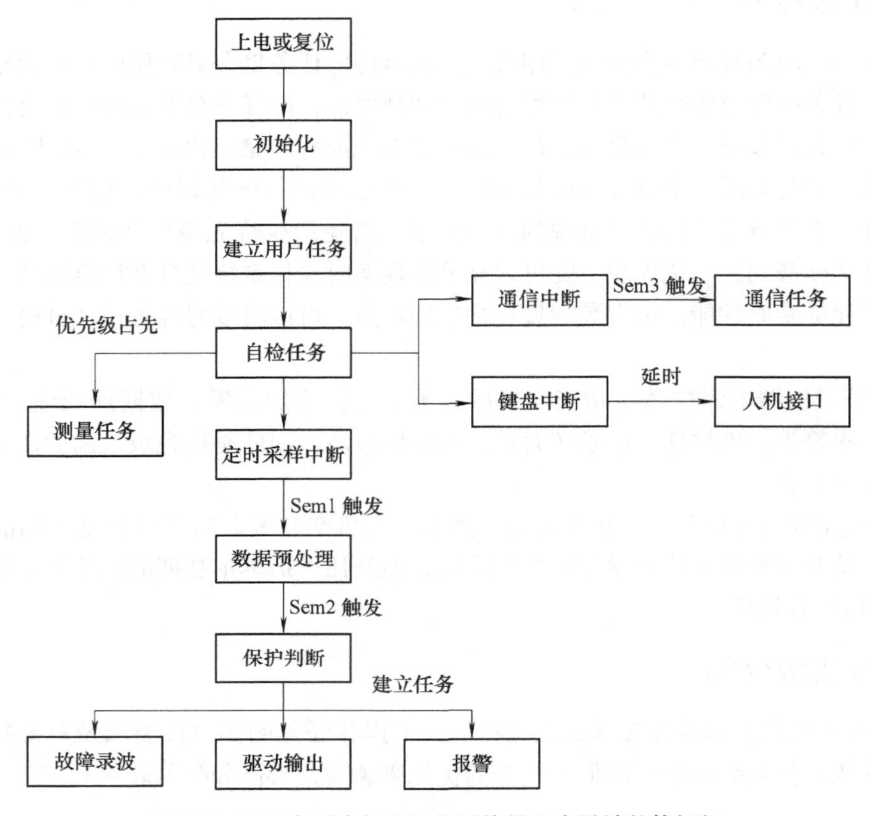

图 4-6　基于实时多任务操作系统的程序设计整体框架

4.4.5　任务调度的实现

在 μC/OS-Ⅱ 中，每个任务都处于以下 5 种状态之一，分别是休眠态、就绪态、运行态、挂起态和中断态。在图 4-7 中，当前运行的是保护判断任务，由于它是优先级最高的任务，故它不会进入休眠状态或直接被抢占而进入就绪态，如果是其他的任务在运行状态时就可能进入以上两种状态。如果发生定时中断的话，保护判断任务会被中断，直到退出中断，保护判断任务才能恢复运行。另外，保护判断任务可能因为要等待下一次数据预处理的结果，从而进入挂起态。此时，在就绪态的任务中，测量任务的优先级最高，因此可以通过任务切换进入运行态。如果保护判断任务计算的结果判定出现故障，则在进入挂起态之前建立驱动输出、报警、故障录波任务，这些任务进入就绪态。如果在就绪态中的任务优先级都低于这些任务，则它们中间优先级最高的驱动输出进入运行态。数据预处理任务由于需要等待下一次采样事件到达，因此处于挂起态。直到采样中断处理程序发送信号给数据预处理任务，通知数据预处理任务采样数据已更新，它们通过一个信号量同步。一旦采样事件发生，数据预处理任务立即进入就绪态，成为就绪状态中优先级最高的任务，如果当时运行的任务优先级低于数据预处理任务，则数据预处理任务立即进入运行态。

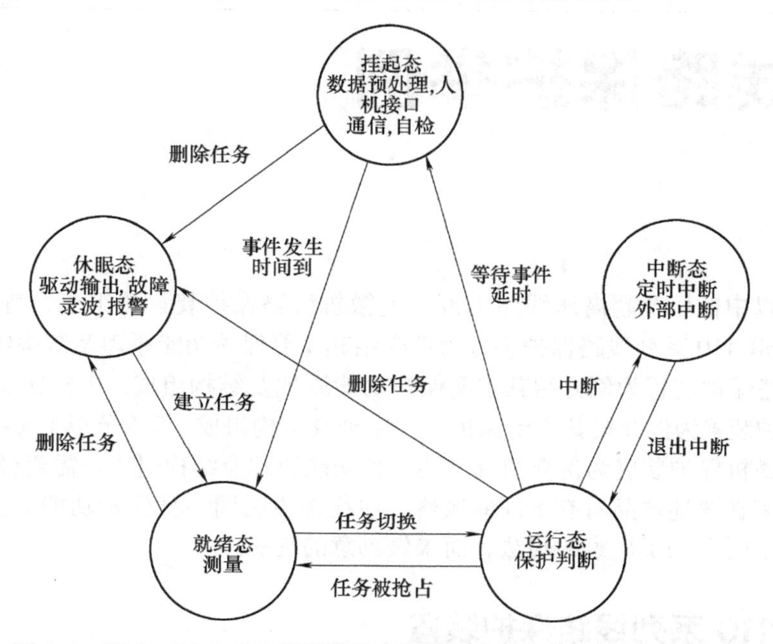

图 4-7　基于 μC/OS-Ⅱ的微机线路保护装置的任务状态和任务切换示意

第5章 微机线路保护举例

本章着重以中低压及超高压线路为例讨论微机线路保护装置的组成、特点及其保护特性。5.1节以SR-110系列线路保护装置为例介绍其主要保护功能原理及结构组成。5.2节以PCS-9611L线路保护装置为例介绍其主要保护功能原理及结构组成。5.3节以PCS-9613L线路光纤纵差保护装置为例介绍其主要保护功能原理及结构组成。5.4节以CSC-101(102) A/B型超高压线路微机保护装置为例介绍其主要保护功能原理及结构组成。需要说明的是，由于不同的生产厂家在描述产品时有不同的风格，往往在说明同一种保护功能时会有稍许差别，因此在编写本书时采用了厂家的写法，而未做刻意的统一。

5.1 SR-110系列线路保护装置

SR-110系列线路保护装置应用于66kV及以下电压等级的配电线路保护及测控中。主要的保护配置有三段式欠电压闭锁方向过电流保护、反时限过电流、零序过电流保护等功能，该装置可组屏安装，也可就地安装到开关柜。

5.1.1 保护装置的主要保护功能原理

1. 三段式欠电压闭锁方向电流保护（第Ⅲ段可整定为反时限）

（1）欠电压闭锁元件

SR-110系列线路保护装置各段的欠电压闭锁元件采用同一个闭锁元件，当装置计算出三个线电压中任意一个低于低电压定值时，开放被闭锁的各段保护。

各段保护的欠电压闭锁元件可单独投退，线电压由接入装置的三个相电压计算得出。

（2）方向元件

该保护装置的方向元件采用90°接线方式，按相起动，各段同相电流保护采用同一个方向元件，每段方向元件可单独投退；方向元件灵敏角为-30°或-45°。

各相方向元件的输入量I、U分别如下：

A相方向（DA）I_a、U_{bc}。

B相方向（DB）I_b、U_{ca}。

C相方向（DC）I_c、U_{ab}。

由于采用数字计算方法，方向元件在动作区内灵敏度都相同，当方向元件投入时，可整定为正方向或反方向。方向动作区为160°±5°，灵敏角误差的绝对值不大于2°。

设装置整定的灵敏角为$-\alpha$，当加入装置的电流及电压均从装置的交流极性端输入时，如果投正方向，则方向元件动作时的灵敏角为$-\alpha$，若方向元件投反方向，则方向元件动作时的灵敏角为$-\alpha+180°$。图5-1所示为相间功率方向元件的动作特性图。

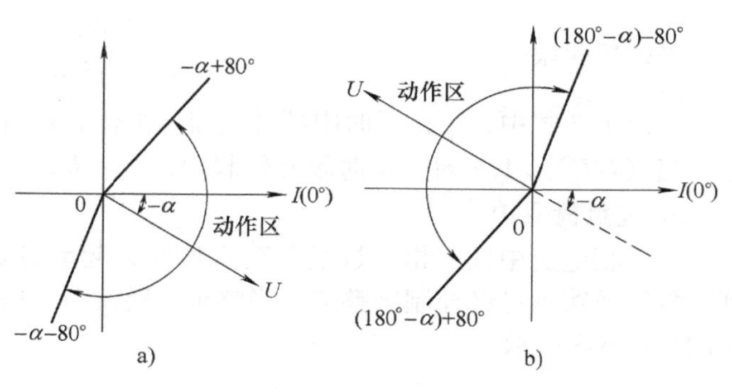

图5-1 相间功率方向元件的动作特性（灵敏角$-30°$或$-45°$）
a）正方向 b）反方向

与常规保护相同，微机电流保护也设计成三段式。Ⅰ段是瞬时电流速断保护，Ⅱ段是限时电流速断保护，Ⅲ段是过电流保护，三段均可选择带方向线路保护或不带方向馈线保护。为了提高过电流保护的灵敏度及整套保护动作的可靠性，线路的电流保护均经欠电压闭锁。这样看起来较复杂，在常规保护中通常很少这样配置，但对微机线路保护设置来说，欠电压闭锁不需要增加任何硬件，完全采用软件来实现。图5-2为三段欠电压闭锁方向过电流保护逻辑图。

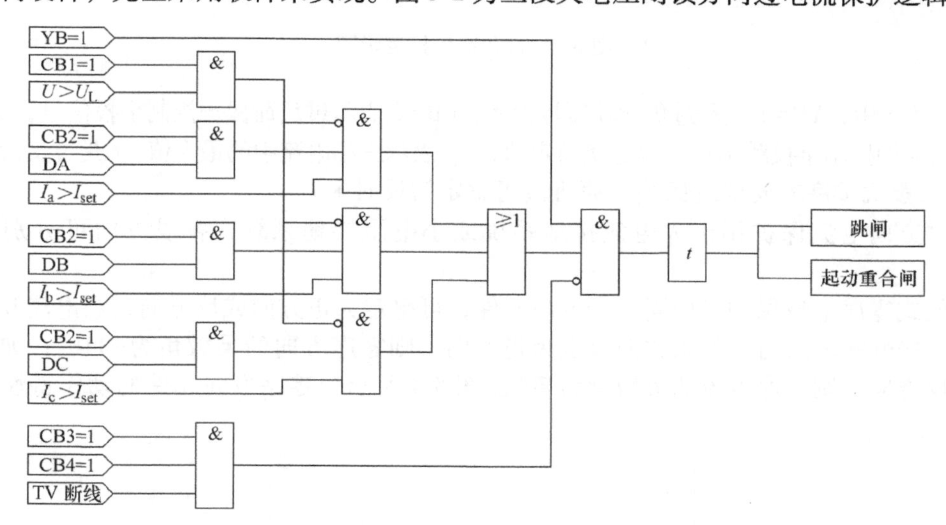

图5-2 三段欠电压闭锁方向过电流保护逻辑图

在图5-2中：YB=1表示某段电流保护软压板投入，CB1=1表示欠电压闭锁控制字投入；CB2=1表示方向闭锁控制字投入，CB3=1表示TV断线控制字投入；CB4=1表示TV断线闭锁保护控制字投入，U_L为欠电压闭锁定值；I_{set}为某段过电流定值，t为某段过电流延时；DA、DB、DC分别为A相、B相、C相满足动作条件的方向。

2. 反时限元件

该装置过电流反时限、零序反时限具备下述三种反时限特性：

一般反时限
$$t=\frac{0.14T_p}{(I/I_p)^{0.02}-1}$$

非常反时限
$$t=\frac{13.5T_p}{(I/I_p)-1}$$

极端反时限　　$t=\dfrac{80T_p}{(I/I_p)^2-1}$

在以上3式中，I_p是反时限特性电流基准值，T_p是反时限特性时间常数。

当（I/I_p）>1.1时，反时限元件起动；当（I/I_p）>20时，按（I/I_p）=20动作。

3. 过负荷保护

当三相电流中任一相超过过负荷定值时，起动过负荷延时，当延时满足后发告警或跳闸；告警或跳闸可经控制字整定，当整定为跳闸时，跳闸的同时闭锁重合闸。过负荷保护逻辑图如图5-3所示。

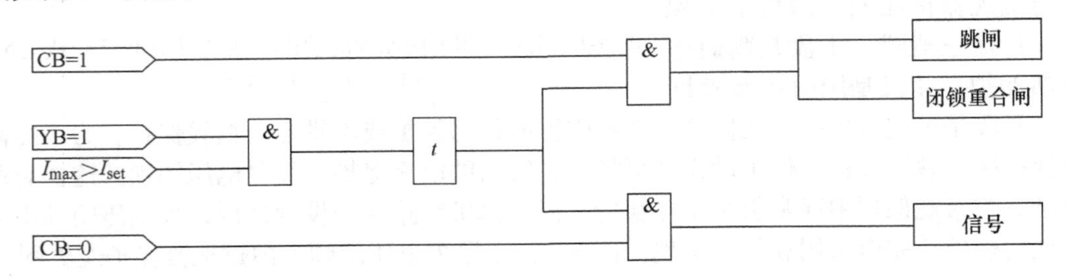

图5-3　过负荷保护逻辑图

在图5-3中，YB=1表示过负荷软压板投入；CB=0表示过负荷保护控制字投信号，CB=1表示过负荷保护控制字投跳闸；I_{set}是过负荷定值，I_{max}表示三相电流中的最大值；t是过负荷延时。

4. 三段式零序方向电流保护（第Ⅲ段可整定为反时限）

零序方向电流保护用于大电流接地系统或小电阻接地系统，各段方向可分别选择投与退。

三段式零序电流保护采用同一个方向元件，可整定为正方向或反方向，当电流和电压均从装置的极性端输入时，如果方向整定为正方向，则零序方向的灵敏角为-110°；如果方向整定为反方向，则零序电流的灵敏角为70°。图5-4所示为零序方向元件的动作特性（灵敏角-110°）。

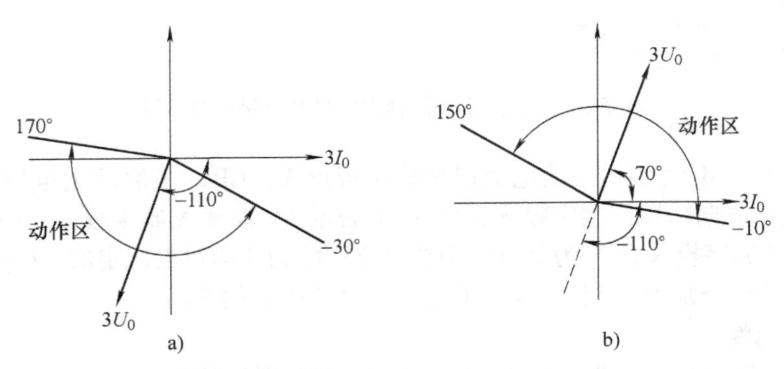

图5-4　零序方向元件的动作特性（灵敏角-110°）

a）正方向　b）反方向

为了避免因$3U_0$极性接反使保护误动，该装置正常时由软件将三个相电压相加而获得自产$3U_{0z}$供方向判别用，当TV断线闭锁时，自动改用来自开口三角的$3U_0$。若装置没有接入

开口三角 $3U_0$（装置参数整定选择），仅用自产 $3U_{0z}$ 的情况下，若 TV 断线且断线闭锁投入时，则零序方向保护改为零序过电流，不带方向。图 5-5 所示为三段式零序方向过电流保护逻辑图。

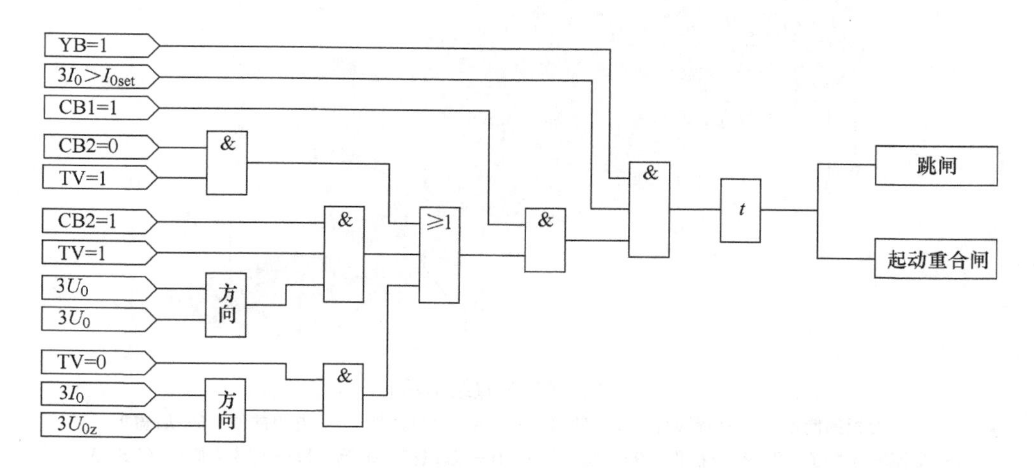

图 5-5　三段式零序方向过电流保护逻辑图

图 5-5 中，YB = 1 表示某零段零序保护软压板投入，CB1 = 1 表示方向闭锁控制字投入；控制字 CB2 = 0 表示没有接入开口三角零序电压，CB2 = 1 表示接入开口三角零序电压；TV = 1 表示 TV 断线闭锁，TV = 0 表示没有发生 TV 断线闭锁；$3U_{0z}$ 表示自产 $3U_0$，I_{0set} 是零序过电流定值。

5.1.2　保护装置结构组成简介及使用接线图

该系列保护装置主要有以下插件组成：

1）电源插件。装置电源采用交、直流两用开关电源，利用逆变原理输出该装置需要的 4 组电源：5V、± 12V、24V(1) 和 24V(2)。4 组电压均不共地，且采用浮地方式，同外壳不相连。

2）交流插件。该插件有 13 路采样输入，包括电流变换器 TA 和电压变压器 TV，用于将系统 TA、TV 的二次侧电流、电压信号转换成弱电信号，供模-数转换用，并起强弱电隔离作用。

3）主板插件。该插件采用了多层印制电路板及表面贴装工艺，采用了 32 位单片机及 14 位 A-D 转换器，具有转换速度快、采样偏差小、无可调整元件等特点。断路器跳、合位置等开入量状态通过该插件读入插件内的单片机中。

4）逻辑及出口插件。该插件内含逻辑继电器和跳闸继电器及操作断路器功能。

5）人机对话板。人机对话板的核心是 16 位单片机，其主要功能是显示保护输出的信息，扫描面板上的键盘状态。该板通过通信方式与主板进行通信。该板采用汉字液晶显示，人机界面清晰易懂，操作简单。

该保护装置的结构示意如图 5-6 所示。

图 5-7 为 SR-110 系列中 SR-113/114 型保护装置使用接线图。

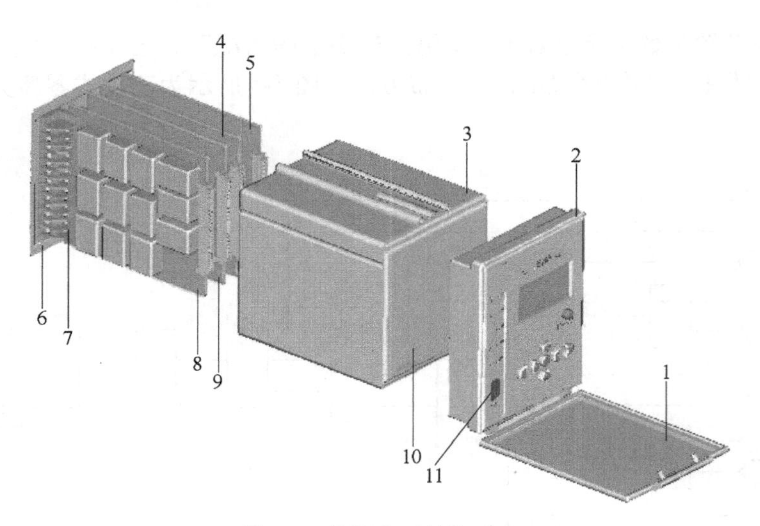

图 5-6　保护装置结构示意

1—面板的前罩　2—装置面板　3—装置机箱　4—出口插件　5—电源插件　6—后盖板　7—交流输入端子　8—交流插件　9—主板插件　10—总线板屏蔽罩　11—调试通信口（RS-232）

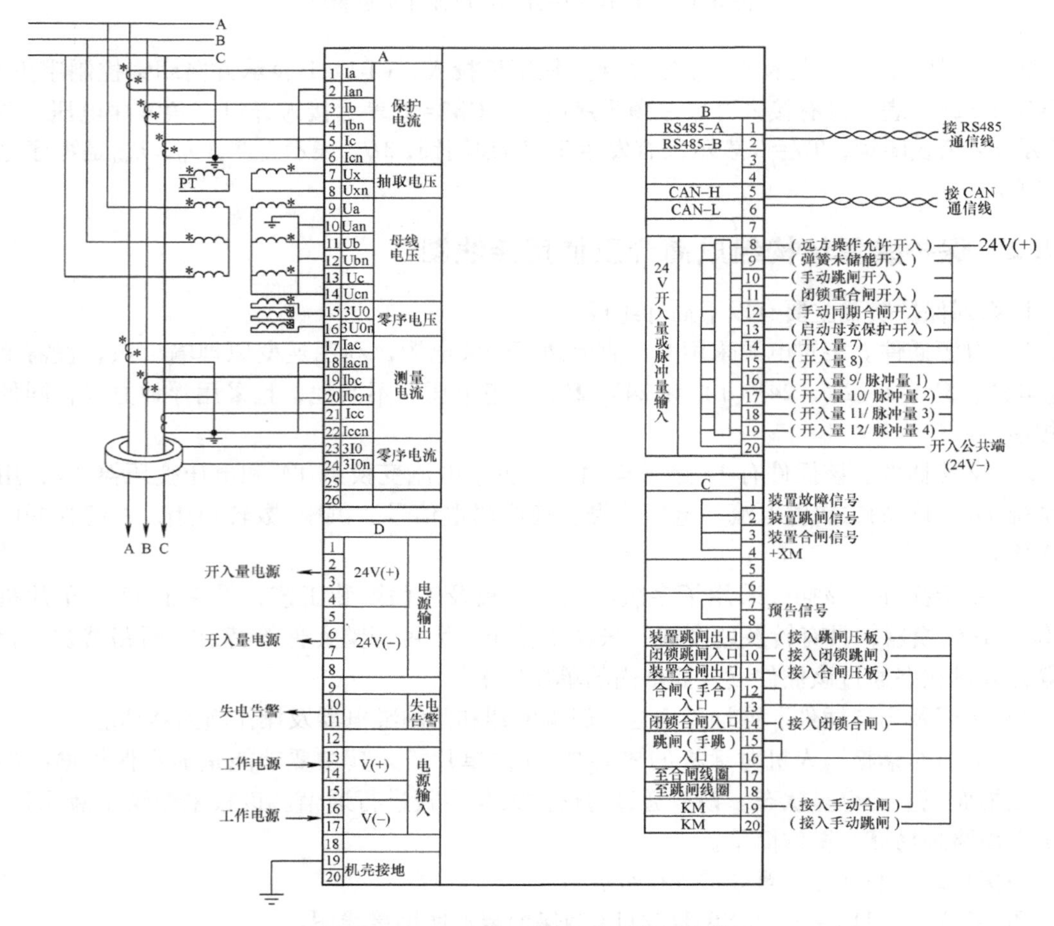

图 5-7　SR-113/114 型保护装置使用接线图

5.2 PCS-9611L 线路保护装置

PCS-9611L 线路保护装置是属于 PCS-9600L 系列保护装置中的一种产品。该装置适用于 110kV 以下电压等级的非直接接地系统或小电阻接地系统中的线路保护及测控。该装置通过常规电磁式互感器采集模拟量，支持 IEC61850 规约。该装置可以组屏安装，也可就地安装到开关柜。

5.2.1 保护装置的性能特点

PCS-9600L 系列保护装置具有以下性能特点：

1）高性能的通用型硬件，实时计算。该系列保护装置采用 32 位高性能的双核处理器，核 1 完成保护运算与出口逻辑，核 2 实现事件记录、故障录波、人机接口、后台通信及打印等功能。高性能的硬件保证了装置在每一个采样间隔对所有继电器进行实时计算。

2）软件模块化设计。该系列保护装置提供完备的保护功能，各保护元件按模块化设计，相互独立，可灵活配置。

3）通信功能齐全。该系列保护装置具有灵活的通信方式，可配 2 个 100Mbit/s 以太网接口，2 个 RS-485 串口，1 个 RS-232 打印串口。支持电力行业通信标准 DL/T 667—1999（IEC60870-5-103）和 DL/T860（IEC61850），还支持 Modbus RTU、Modbus TCP 规约。支持 100Mbit/s、超五类线或光纤通信接口。

4）调试维护方便。该系列保护装置具有友好的人机接口和丰富的 PC 辅助软件，方便装置设置和调试。

5.2.2 保护装置的保护功能配置

PCS-9611L 线路保护装置的主要保护功能配置如图 5-8 所示。详细的功能（包含保护、测控及保护信息）见表 5-1。

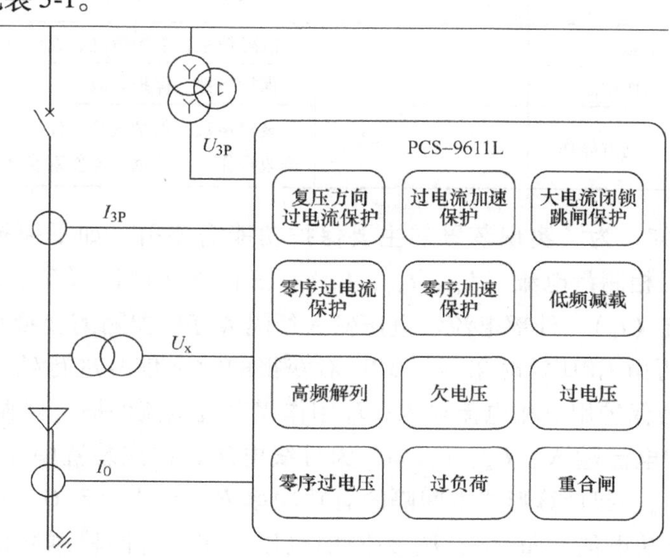

图 5-8 PCS-9611L 线路保护装置的主要保护功能配置

表 5-1　PCS-9611L 线路保护装置的主要保护功能配置

类别	序号	功能描述	段数/时限或数量	说　　明
保护	1	过电流保护	3 段	Ⅰ、Ⅱ、Ⅲ段复合电压、方向可投退，Ⅰ、Ⅱ段固定为定时限，Ⅲ段可选定时限或反时限
	2	零序过电流保护	3 段	Ⅰ、Ⅱ段固定为定时限，Ⅲ段可选定时限或反时限，Ⅲ段可作为报警或跳闸
	3	过电流加速保护	1 段	后加速
	4	零序加速保护	1 段	后加速
	5	低频减载		
	6	高频解列		
	7	过电压保护		可作为报警或跳闸
	8	欠电压保护		
	9	零序过电压保护		
	10	过负荷		可作为报警或跳闸
	11	重合闸		本装置为一次重合闸
	12	过电流闭锁跳闸		
测控	13	遥信	12 路	自定义遥信开入，事件顺序记录（SOE）
	14	遥测	13 个	
	15	遥控	1 组	断路器遥控
	16	遥调	4 个	正、反向有功电能，正、反向无功电能
保护信息	17	在线监测信息		保护遥测、定值区号、装置参数、保护定值、遥测
	18	状态变位信息		保护遥信、保护压板、保护功能状态、装置运行状态、远方操作保护功能投退
	19	告警信息		故障信息、告警信息、通信工况
	20	保护动作信息		保护事件、保护录波
	21	就地及远方操作		装置参数、保护区号、保护定值、软压板等就地和远方修改操作，支持远方操作双确认

由图 5-8 可知，为了实现装置的主要保护功能需要引入如下模拟量：三相保护电流（I_a、I_b、I_c）、三相测量电流（I_{am}、I_{bm}、I_{cm}）、三相母线电压（U_a、U_b、U_c）、同期电压（U_x）、零序电流（I_0）。外部电流、电压输入经隔离互感器隔离变换后，经低通滤波器至模-数转换器，再由 CPU 定时采样。CPU 对获得的数字信号进行处理，构成各种保护功能。I_a、I_b、I_c 为保护用三相电流输入；I_0 用作零序过电流保护（跳闸或告警）；I_{am}、I_{bm}、I_{cm}为测量用三相电流输入；U_a、U_b、U_c 为母线电压，在该装置中作为保护和测量共用，其与 I_{am}、I_{bm}、I_{cm}一起计算形成本间隔的有功功率 P、无功功率 Q、功率因数 $\cos\phi$、有功电能 kW·h、无功电能 kvar·h；U_x 为同期电压，在重合闸检测同期或检测线路电压时使用。

5.2.3 保护装置的起动元件

装置为各保护元件设置了不同的起动元件，相应的起动元件起动后才能进行各自的保护元件计算。

1）过电流保护起动元件。当三相电流最大值大于0.95倍整定值时动作。此起动元件用来开放相应的过电流保护。

2）零序过电流保护起动元件。当零序电流大于0.95倍零序电流整定值时动作。此起动元件用来开放相应的零序过电流保护。

3）过电流加速保护起动元件。当三相电流最大值大于0.95倍过电流加速整定值时动作。此起动元件用来开放相应的过电流加速保护。

4）零序加速保护起动元件。当零序电流大于0.95倍零序过电流加速整定值时动作。此起动元件用来开放相应的零序加速保护。

5）低频减载保护起动元件。当低频减载保护充电完成且系统频率低于低频保护低频整定值，同时所有相间电压均高于低频保护欠电压闭锁定值时动作，此起动元件用来开放低频减载保护。

6）高频解列保护起动元件。当系统频率高于高频解列频率定值，同时所有相间电压均高于10V时动作，此起动元件用来开放高频解列保护。

7）欠电压保护起动元件。当母线线电压均低于欠电压定值的1.03倍时动作，此起动元件用来开放欠电压保护。

8）过电压保护起动元件。当任一母线线电压高于过电压定值的0.98倍时动作，此起动元件用来开放过电压保护。

9）零序过电压保护起动元件。当母线零序自产电压高于零序过电压定值的0.95倍时动作，此起动元件用来开放零序过电压保护。

10）过负荷保护起动元件。当三相电流最大值大于0.95倍整定值时动作。此起动元件用来开放相应的过负荷保护。

11）重合闸起动元件。在重合闸功能投入情况下，当保护动作或开关位置不一致起动重合闸条件满足时动作，此起动元件用来开放重合闸功能

5.2.4 保护装置的主要保护功能原理

1. 过电流保护

本装置设三段过电流保护。Ⅰ、Ⅱ段固定为定时限，Ⅲ段可选定时限或反时限。各段有独立的电流定值和时间定值以及控制字。各段可独立选择是否经复合电压闭锁（欠电压和负序电压）、是否经方向闭锁。

（1）方向元件

在使用装置的方向元件时，均设定保护电流互感器的正极性端在母线侧，方向指向线路。方向元件的灵敏角为45°，采用90°接线方式。方向元件和电流元件接成按相起动方式。方向元件带有记忆功能，可消除近处三相短路时方向元件的死区。方向元件特性如图5-9所

示。装置过电流保护设有控制字“过电流经方向闭锁”来控制过电流保护各段的方向指向。当控制字为“1”时，表示经方向闭锁；当控制字为“0”时，表示不经方向闭锁。

（2）复合电压控制元件

当系统发生远端故障时，故障电流相对较小，引入复合电压控制元件来提高保护对这种故障的灵敏性。通过设置过电流保护定值来提高远端故障时的动作灵敏性，同时通过复合电压控制元件来确保过电流保护的动作可靠性。当复合电压控制元件投入使用时，过电流定值可整定为躲过最大负荷电流就可以了。表 5-2 列出了各相过电流元件及其复合电压控制条件关系。

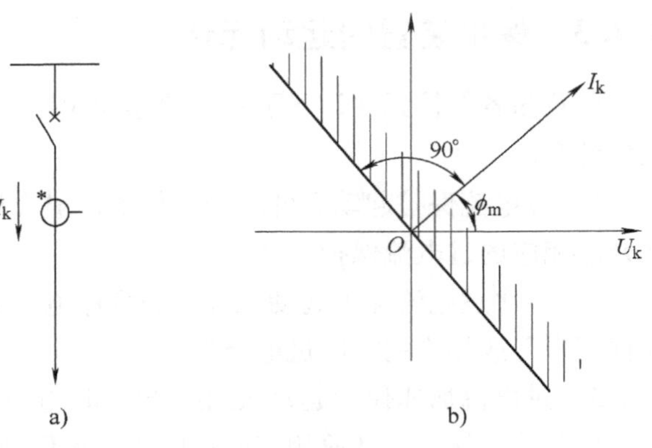

图 5-9　方向元件特性
a）系统接线　b）方向指向线路

表 5-2　各相过电流元件及其复合电压控制条件关系

过电流元件	欠电压	负序电压	备　注
A 相过电流	$U_{ab}<U_{lzd}$或 $U_{ca}<U_{lzd}$	或 $U_2>U_{2zd}$	U_{lzd}为过电流欠电压定值 U_{2zd}为过电流负序电压定值
B 相过电流	$U_{bc}<U_{lzd}$或 $U_{ab}<U_{lzd}$		
C 相过电流	$U_{ca}<U_{lzd}$或 $U_{bc}<U_{lzd}$		

如图 5-10 所示为复合电压闭锁方向过电流Ⅰ段保护的逻辑图，过电流Ⅱ段保护逻辑和过电流Ⅰ段保护类似。过电流Ⅲ段为定时限时，保护逻辑和过电流Ⅰ段类似。

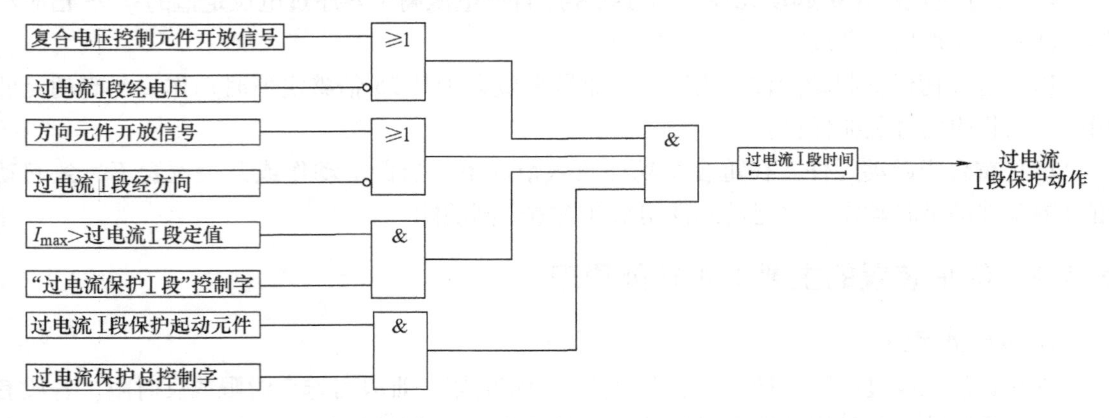

图 5-10　复合电压闭锁方向过电流Ⅰ段保护逻辑图

（3）反时限过电流保护

PCS-9611L 线路保护装置的过电流Ⅲ段保护可通过整定值“过电流Ⅲ段动作曲线类型”，选择过电流Ⅲ段保护的动作时间特性。当定值整定为“0”时为定时限；整定为“1~3”时为反时限。本装置共集成了 3 种特性的反时限保护，用户可根据需要选择任何一种特性的反时限保护。特性 1、2、3 采用了国际电工委员会标准（IEC255-4）和英国标准规范（BSI42. 1966）规定的 3 个标准特性方程，见表 5-3。

表 5-3　反时限曲线类型列表

类型	特性名称	特性方程	备　注
0			定时限
1	IEC Norm. Inv.	$t(I_\phi)=\dfrac{0.14\times T_P}{\left(\dfrac{I_\phi}{I_P}\right)^{0.02}-1}$	IEC 一般反时限
2	IEC Very. Inv.	$t(I_\phi)=\dfrac{13.5\times T_P}{\left(\dfrac{I_\phi}{I_P}\right)-1}$	IEC 非常反时限
3	IEC Ext. Inv.	$t(I_\phi)=\dfrac{80\times T_P}{\left(\dfrac{I_\phi}{I_P}\right)^{2}-1}$	IEC 极端反时限

在表 5-3 中，I_p 为反时限电流定值，T_p 为反时限时间因子。图 5-11 所示为过电流Ⅲ段设置为反时限过电流保护时的逻辑图。

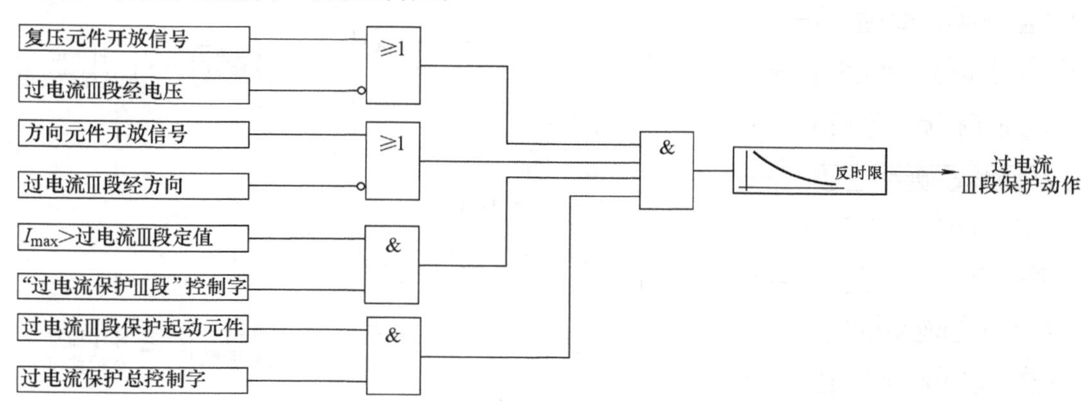

图 5-11　过电流Ⅲ段设置为反时限保护时逻辑图

2. 零序过电流保护

当该保护装置用于不接地或小电流接地系统中，发生接地故障时的零序电流很小，可以用接地试跳的功能来隔离故障。这种情况要求零序电流由外部专用的零序电流互感器引入，不能用软件自产。

当该保护装置用于小电阻接地系统，接地零序电流相对较大时，可以用直接跳闸方法来隔离故障。装置中设三段零序过电流保护。零序Ⅰ段、Ⅱ段固定为定时限。零序Ⅲ段可选择为定时限或反时限。其中零序Ⅲ段可整定为告警或跳闸（"零序过电流Ⅲ段"控制字整定"0"时告警，整定为"1"时跳闸），用于跳闸或告警的零序电流既可以由外部专用的零序电流互感器引入，也可用软件自产（控制字"零序电流自产"投入）。定时限零序过电流Ⅰ段的保护逻辑如图 5-12 所示。

零序过电流Ⅱ段保护逻辑与零序过电流Ⅰ段保护逻辑类似。零序过电流Ⅲ段为定时限

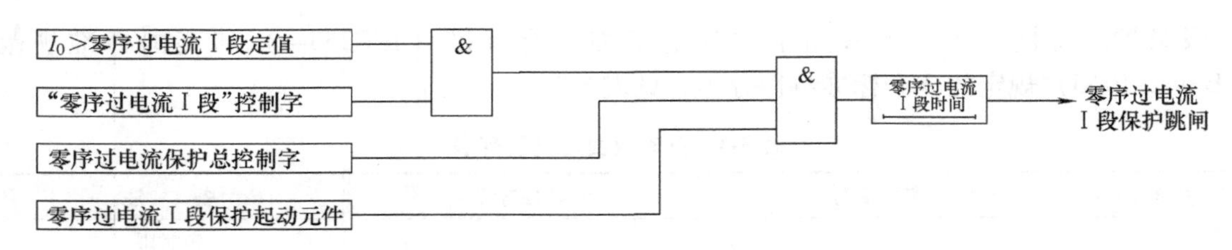

图 5-12　零序过电流Ⅰ段保护逻辑框图

时，保护逻辑也与零序过电流Ⅰ段保护逻辑类似。零序过电流Ⅲ段保护可通过整定值“过电流Ⅲ段动作曲线类型”，选择零序过电流Ⅲ段保护的动作时间特性。当整定值为“0”时为定时限；整定值为“1~3”时为反时限。本装置共集成了 3 种特性的反时限保护，反时限曲线类型见表 5-3。用户可根据需要选择任何一种特性的反时限保护。

3. 过电流/零序加速保护

当线路投运或恢复供电时，线路上可能存在故障。在此种情况下，通常希望保护装置能在尽可能短的时间内切除故障，而不是经定时限过电流保护来切除故障。本装置设一段后加速过电流保护和一段后加速零序保护来实现加速切除故障。重合闸加速固定为重合闸后加速，在重合闸动作或手合开关后固定投入 3s。加速保护逻辑框图如图 5-13 所示。

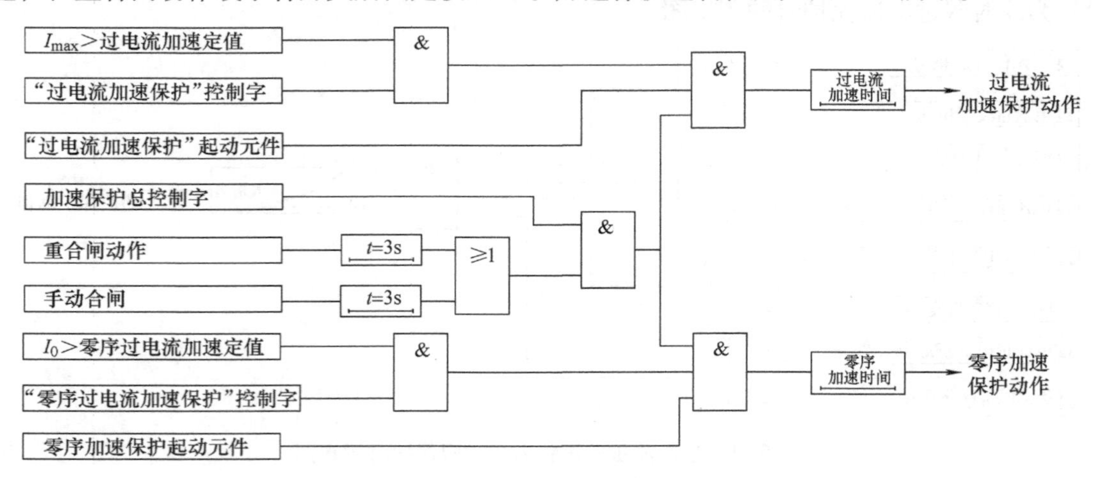

图 5-13　加速保护逻辑框图

4. 低频减载保护

本保护装置提供一段经欠电压闭锁及频率滑差闭锁的低频保护。通过投入控制字“低频减载经滑差闭锁”可选择在频率下降超过滑差闭锁定值时是否闭锁低频保护。欠电压闭锁功能为固定投入。当低频减载保护动作后闭锁重合闸。图 5-14 所示为低频减载的逻辑框图。

5. 高频解列保护

本保护装置设一段高频解列，用于故障引起系统高频时的解列要求。当频率高于“高频解列频率定值”时，经“高频解列时间”，高频解列动作。高频解列固定为经欠电压闭锁，当最小相间电压低于 10V 时，闭锁高频解列保护。高频解列保护动作后闭锁重合闸。高频解列保护需要系统频率曾经低于“高频解列频率”时才有效。图 5-15 所示为高频解列保护逻辑框图。

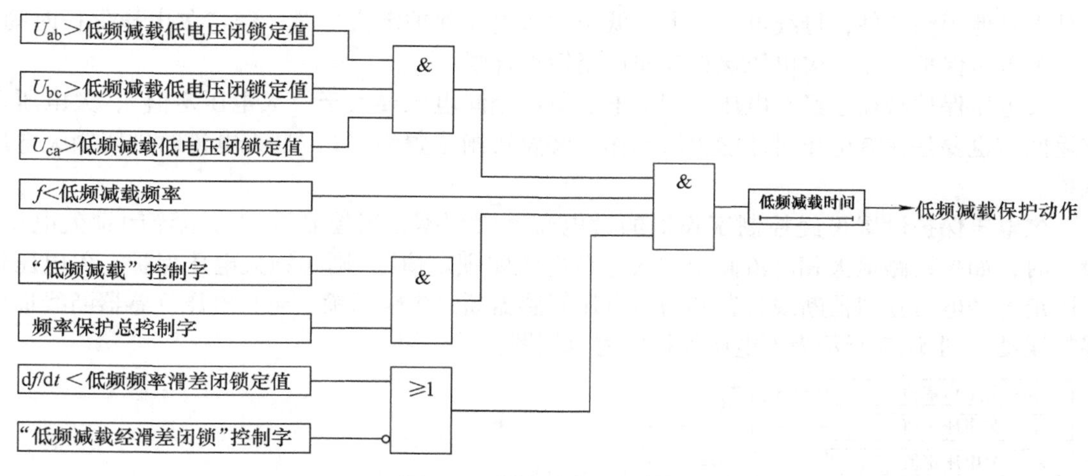

图 5-14 低频减载逻辑框图

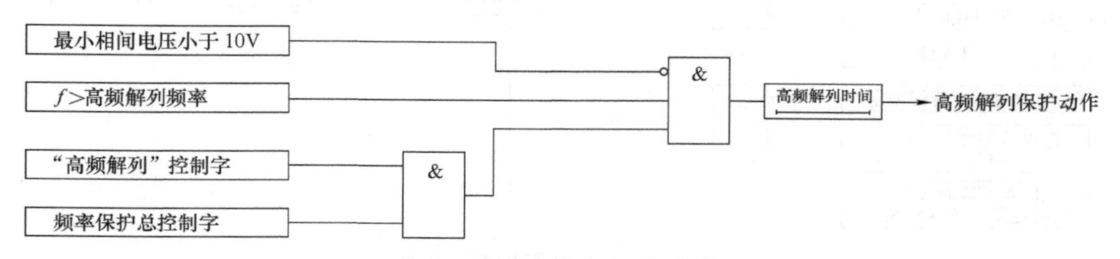

图 5-15 高频解列保护逻辑框图

6. 过电压保护

本保护装置设一段母线过电压保护，提供独立的控制字投退。当过电压保护投入且无其他闭锁条件，母线最大相间电压高于“过电压保护定值”时，经“过电压保护时间”后，过电压保护动作。过电压保护可以经“过电压保护”控制字选择是告警还是跳闸。当控制字为“0”时报警，为“1”时跳闸。过电压保护固定为经跳闸位置闭锁。过电压保护动作后闭锁重合闸。图 5-16 所示为过电压保护的逻辑框图。

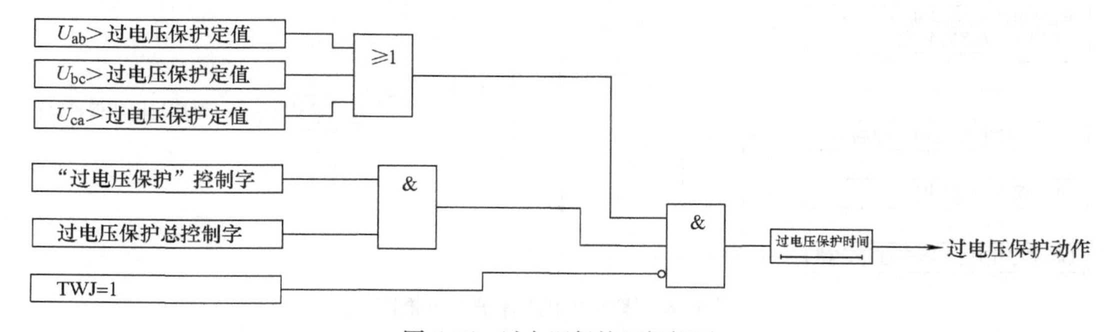

图 5-16 过电压保护逻辑框图

7. 欠电压保护

本保护装置设一段母线欠电压保护，提供独立的控制字投退。当满足欠电压保护投入条件且无其他闭锁条件，母线电压最大值低于“欠电压保护定值”时，经“欠电压保护时间”后，欠电压保护动作。欠电压保护动作后闭锁重合闸。

欠电压保护必须曾经有电压，即上电后最小相间电压要大于“欠电压定值”，欠电压动作返回后也要是在有电压时才能再次动作。装置跳闸位置为“1”且无电流时则闭锁欠电压保护。

欠电压保护设置可经控制字投退的过电流闭锁判据，当控制字“过电流闭锁欠电压”投入时，如果线路最大相电流高于“欠电压电流闭锁定值”，则闭锁欠电压保护。欠电压保护固定为经电压互感器断线告警和瞬时电压互感器断线告警闭锁，防止电压互感器断线造成保护误动。图5-17所示为欠电压保护的逻辑框图。

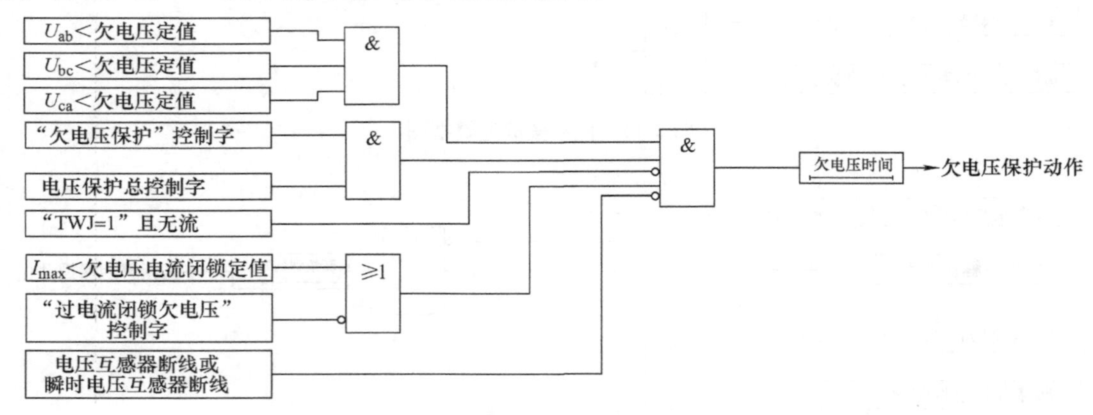

图5-17 欠电压保护逻辑框图

8. 零序过电压保护

本保护装置设一段零序过电压保护，提供独立的控制字投退。当零序过电压保护投入运行后且无其他闭锁条件，母线自产零序电压高于“零序过电压定值”时，经“零序过电压时间”后，零序过电压保护动作。零序过电压保护固定经跳闸位置闭锁。零序过电压保护动作后闭锁重合闸。零序过电压保护固定为经电压互感器断线告警和瞬时电压互感器断线告警闭锁，防止电压互感器断线造成保护误动。图5-18所示为零序过电压保护的逻辑框图。

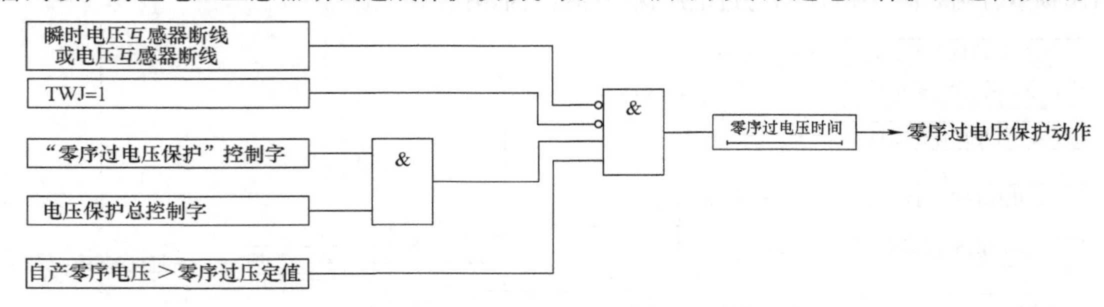

图5-18 零序过电压保护逻辑框图

9. 过负荷保护

本保护装置设一段独立的过负荷保护，过负荷保护可以经“过负荷”控制字选择是告警还是跳闸。当控制字为“0”时报警；为“1”时跳闸。过负荷出口跳闸后闭锁重合闸。

图 5-19 所示为过负荷保护的逻辑框图。

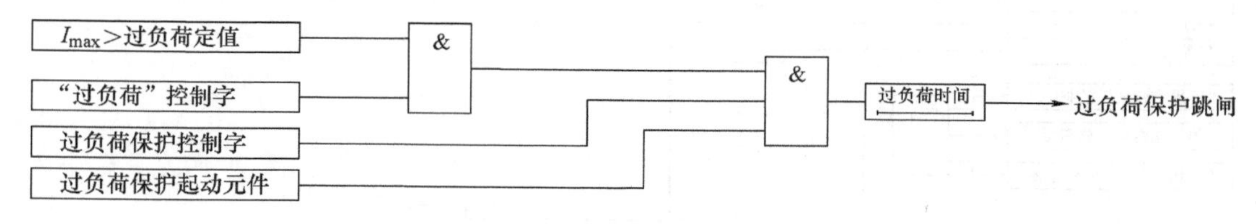

图 5-19 过负荷保护逻辑框图

10. 重合闸

本保护装置提供三相一次重合闸功能，其起动方式有不对应起动（可由控制字“TWJ 起动重合闸”投入）和保护起动（固定）两种。图 5-20 所示为重合闸保护逻辑框图。

重合闸提供了“重合闸检线路无电压母线有电压”“重合闸检线路有电压母线无电压”“重合闸检线路无电压母线无电压”和“重合闸检同期”4 种方式，4 种方式可组合使用。

5.2.5 保护装置的主要异常告警功能

1. TWJ 异常

开关位置在分开位，保护采样有电流，经 10s 延时后报“TWJ 异常”告警。

2. 控制回路断线

开关跳闸位置与合闸位置均指示为“0”，经 3s 延时后报“控制回路断线”，跳闸位置或合闸位置置“1”后，“控制回路断线”告警返回。

3. 弹簧未储能告警

当辅助参数中的“0106 定义为弹簧未储能开入”控制字为“1”，装置收到弹簧未储能开入，经辅助参数中的“弹簧未储能告警延时”（默认为 15s）后报“弹簧未储能告警”信号。

4. 电流互感器（TA）断线

电流互感器（TA）断线判据如下：

1）最大相电流大于 $0.2I_n$。

2）最大相电流大于任一相电流的 4 倍。

满足上述两个条件，延时 10s 后报“TA 断线”告警。当电流恢复正常后，延时 10s 后“TA 断线”告警返回。

5. 电压互感器（TV）断线

电压互感器（TV）断线判据如下：

1）正序电压小于 30V 且线路有电流。

2）负序电压大于 8V。

“TV 断线自检”控制字为“1”，保护未起动，满足上述两个条件中任一条件，延时 10s 后报“TV 断线”告警。当电压恢复正常后，延时 1.25s “TV 断线”告警返回。

6. 瞬时电压互感器（TV）断线

当欠电压保护或零序过电压保护投入时，满足以下任一条件，经短延时后报“瞬时 TV 断线”。

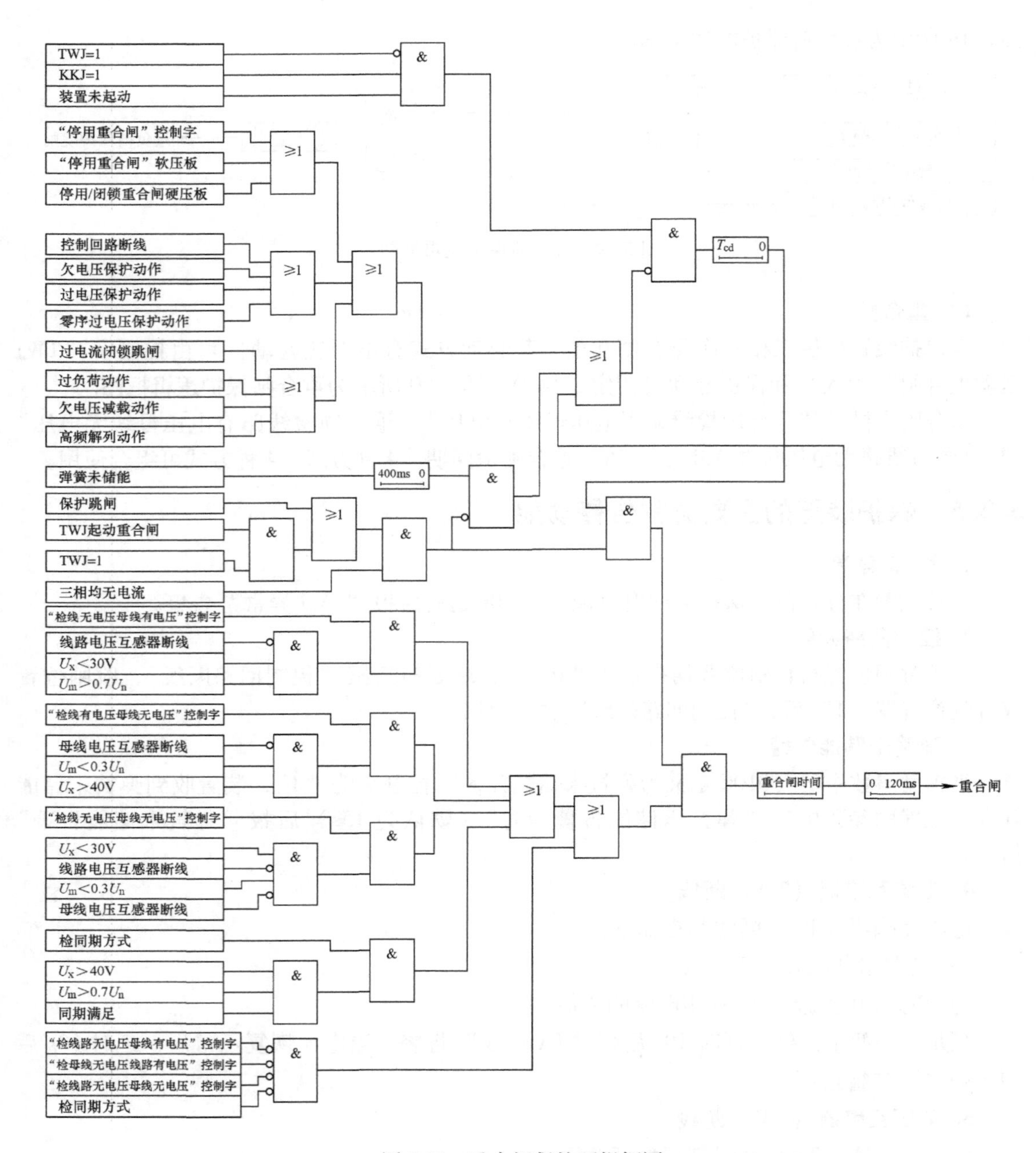

图 5-20　重合闸保护逻辑框图

1）负序电压高于 8V 且负序电流小于 $0.1I_{\mathrm{n}}$。

2）正序电压低于 4V，线路有电流且最大相电流低于 1 倍额定电流。

7. 频率异常

当母线频率低于 49.5Hz 或高于 50.5Hz 时，经 10s 延时后发“频率异常”信号。

8. 同期电压异常

同期电压异常判据如下：

1）重合闸投检同期或检无电压。

2）同期电压小于40V。

保护未起动，满足上述两个条件，延时10s后报“同期电压异常”告警，发出装置告警信号。当同期电压恢复正常后，延时1.25s后“同期电压异常”告警返回。

9. 过负荷告警

“过负荷”控制字为“0”，最大相电流高于“过负荷定值”，经“过负荷时间”延时后报“过负荷告警”信号。

10. 过电压告警

“过电压保护”控制字为“0”，最大线电压高于“过电压保护定值”，经“过电压保护时间”延时后报“过电压告警”信号。

11. 零序过电流告警

“零序过电流Ⅲ段”控制字为“0”时，零序过电流Ⅲ段为报警段。当零序电流高于“零序过电流Ⅲ段定值”，经“零序过电流Ⅲ段时间”延时后报“零序电流Ⅲ段告警”信号。其零序电流可以由外部专用的零序TA引入，也可用软件自产（“零序电流采自产”控制字投入）。

12. 接地告警

接地告警判据如下：

1）相电压最大值大于75V。

2）零序电压大于30V且负序电压小于8V。

满足以上任一条件，经15s后报“接地告警”。

13. 采样数据异常的处理

当采样通道存在异常的直流偏置时，装置会报“采样数据异常告警”，并闭锁相关保护。

1）保护电压采样无效，则闭锁与电压相关的保护（如方向过电流保护）。

2）同期电压采样无效，则闭锁与同期电压相关的重合闸检定方式（如检同期）。

3）保护电流采样无效，闭锁过电流、零序过电流、过负荷保护。

5.2.6 保护装置的背板接线

标准配置的PCS-9611L线路保护装置的背板端子如图5-21所示。背板的接线说明见表5-4。

表5-4 背板接线说明

插件型号	端子号	接线说明	备注
B01 电源开入 插件 NR4307	01~02	装置闭锁（常闭）	03~05为多功能输入，可通过辅助参数整定为跳闸位置、合闸位置、合后位置
	03~14	遥信开入1~12	
	15	停用/闭锁重合闸开入	
	16	弹簧未储能开入	
	17	测控远方位置开入	
	18	状态检修硬压板开入	

（续）

<table>
<tr><th>插件型号</th><th>端子号</th><th>接线说明</th><th>备　注</th></tr>
<tr><td rowspan="4">B01
电源开入
插件
NR4307</td><td>19</td><td>开入公共-</td><td rowspan="4">03~05 为多功能输入，可通过辅助参数整定为跳闸位置、合闸位置、合后位置</td></tr>
<tr><td>20</td><td>装置电源正</td></tr>
<tr><td>21</td><td>装置电源负</td></tr>
<tr><td>22</td><td>电源地</td></tr>
<tr><td rowspan="19">B04
操作回路
插件
NR4546</td><td>01</td><td>控制电源+</td><td rowspan="19">● 本插件适用于弹簧机构断路器和不带压力机构的永磁断路器。插件自带防跳功能，用户可以根据实际工程需要选择是否使用防跳功能
● 将端子 06 经断路器常闭辅助触点连接到控制电源的负端，或将端子 06 和端子 05 短接后连接到合闸回路，都可以用来监视断路器的跳闸位置状态
● 将端子 10 经断路器常开辅助触点连接到控制电源的负端，或将端子 10 和端子 09 短接后连接到跳闸回路，都可以用来监视断路器的合闸位置状态
● 手合信号和遥控合闸信号从端子 03 输入。保护跳闸信号从端子 02 输入，手动跳闸信号和遥控跳闸信号从端子 03 输入</td></tr>
<tr><td>02</td><td>保护跳闸入口</td></tr>
<tr><td>03</td><td>手动跳闸入口</td></tr>
<tr><td>04</td><td>至合闸线圈</td></tr>
<tr><td>05</td><td>至合闸线圈（无防跳）</td></tr>
<tr><td>06</td><td>TWJ-</td></tr>
<tr><td>07</td><td>手动合闸入口</td></tr>
<tr><td>08</td><td>保护合闸入口</td></tr>
<tr><td>09</td><td>至跳闸线圈</td></tr>
<tr><td>10</td><td>HWJ-</td></tr>
<tr><td>11</td><td>控制电源-</td></tr>
<tr><td>12</td><td>遥控电源+</td></tr>
<tr><td>13</td><td>断路器遥控分出口</td></tr>
<tr><td>14</td><td>断路器遥控合出口</td></tr>
<tr><td>15</td><td>保护跳闸出口</td></tr>
<tr><td>16</td><td>保护合闸出口</td></tr>
<tr><td>17~18</td><td>备用出口 1</td></tr>
<tr><td>19~20</td><td>备用出口 2</td></tr>
<tr><td>21~22</td><td>备用出口 3</td></tr>
<tr><td rowspan="3">B06
CPU 插件
NR4110AA</td><td>01~06</td><td></td><td rowspan="3">本配置提供两路以太网端口，若需要 RS-485 通信口，可选配 NR4110AC</td></tr>
<tr><td>07~09</td><td>硬接点对时输入端口</td></tr>
<tr><td>10~12</td><td>打印口</td></tr>
<tr><td rowspan="9">B08
交流插件
NR4429</td><td>01~04</td><td>母线电压输入</td><td rowspan="9">若现场无相应的母线 TV 或者本装置所使用的功能不涉及电压，则母线可不引入；为防止装置误发 TV 断线信号，需将保护定值中“TV 断线检测投入”控制字退出
若不投重合闸或者重合闸采用不检方式，并且遥控不采用检同期和检无压，同期电压也可不引
输入电流分为 5A、1A 两种，订货时需要根据实际情况选择</td></tr>
<tr><td>05~06</td><td>同期电压输入</td></tr>
<tr><td>11~12</td><td>保护用 A 相电流输入</td></tr>
<tr><td>13~14</td><td>保护用 B 相电流输入</td></tr>
<tr><td>15~16</td><td>保护用 C 相电流输入</td></tr>
<tr><td>17~18</td><td>零序电流输入</td></tr>
<tr><td>19~20</td><td>A 相测量电流输入</td></tr>
<tr><td>21~22</td><td>B 相测量电流输入</td></tr>
<tr><td>23~24</td><td>C 相测量电流输入</td></tr>
</table>

B01 NR4307 电源开入		B02 NR×××× （备用）	B03 NR×××× （备用）	B04 NR4546 操作回路		B05 NR×××× （备用）	B07 NR×××× （备用）
装置闭锁	01			控制电源正（+）	01		
	02			保护跳闸入口	02		
遥信开入1	03			手动跳闸入口	03		
遥信开入2	04			合闸线圈	04		
遥信开入3	05			合闸线圈（无防跳）	05		
遥信开入4	06			TWJ-	06		
遥信开入5	07			手动合闸入口	07		
遥信开入6	08			保护合闸入口	08		
遥信开入7	09			跳闸线圈	09		
遥信开入8	10			HWJ-	10		
遥信开入9	11			控制电源负（-）	11		
遥信开入10	12			遥控电源正（+）	12		
遥信开入11	13			断路器遥控分出口	13		
遥信开入12	14			断路器遥控合出口	14		
停用/闭锁重合闸	15			保护跳闸出口	15		
弹簧未储能	16			保护合闸出口	16		
测控远方位置	17			备用出口1	17		
状态检修硬压板	18				18		
开入公共负（-）	19			备用出口2	19		
装置电源正（+）	20				20		
装置电源负（-）	21			备用出口3	21		
电源地	22				22		

B06 NR4110 CPU		
A		以太网
B		
	01	
	02	
	03	
	04	
	05	
	06	
SYN+	07	对时
SYN-	08	
SGND	09	
RTS	10	打印
TXD	11	
SGND	12	
	13	
	14	
	15	
	16	

B08 NR4429 交流量			
01	Ua	Ub	02
03	Uc	Un	04
05	Ux	Uxn	06
07			08
09			10
11	Ia	Ia′	12
13	Ib	Ib′	14
15	Ic	Ic′	16
17	I0	I0′	18
19	Iam	Iam′	20
21	Ibm	Ibm′	22
23	Icm	Icm′	24

图 5-21 PCS-9611L 典型背板端子

1. 交流插件说明

由图 5-21 可知，交流插件的槽号为 B08，其外部接线示意如图 5-22 所示。

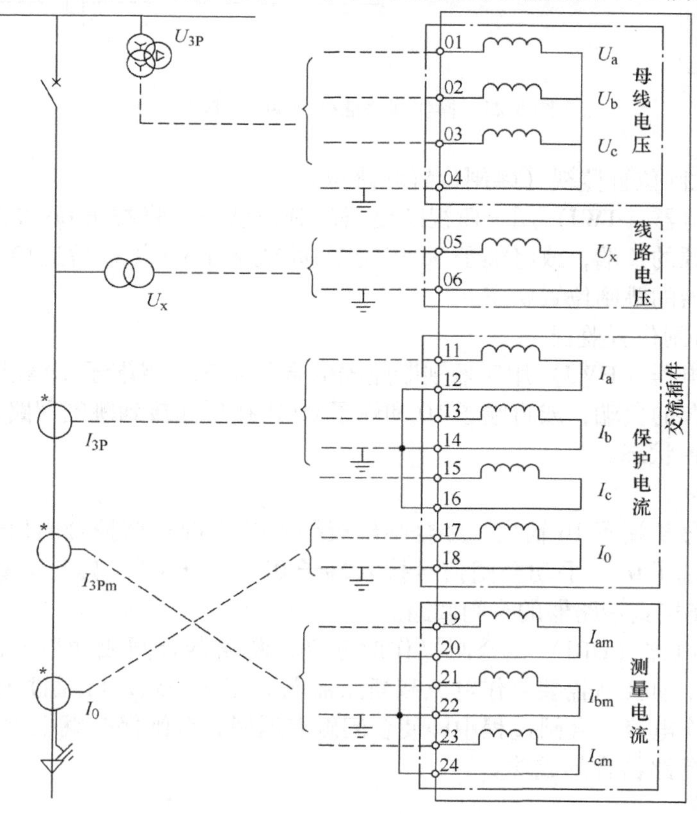

图 5-22 交流插件接线端子图

2. 操作回路插件说明

由图5-21可知，操作回路插件的槽号为B04，当选用NR4546板卡时为直流操作回路，用于完成对断路器的各种操作，包含跳合闸触点和报警触点。该插件适用于弹簧机构断路器和不带压力机构的永磁断路器。该插件自带防跳功能，用户可以根据实际工程需要选择是否使用防跳功能。

操作回路插件NR4546接线端子如图5-23所示。

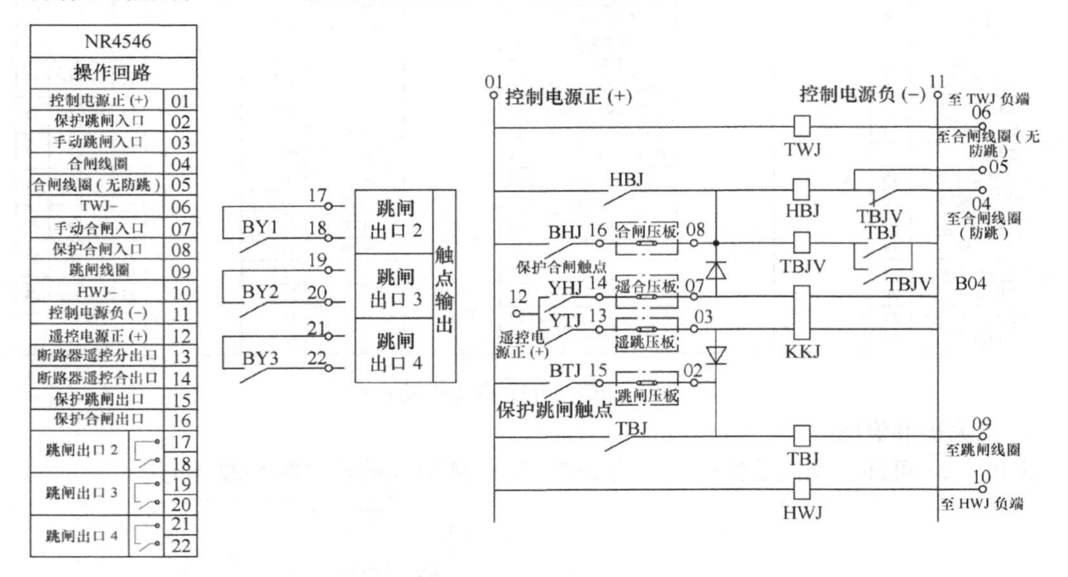

图5-23　操作回路插件NR4546接线端子

1）断路器跳闸位置监视（跳闸位置和跳位）

跳闸位置继电器（TWJ）用于监视断路器的分位状态。将端子06经断路器常闭辅助触点连接到控制电源的负端，或将端子06和端子05或端子04短接后连接到合闸回路，都可以用来监视断路器的跳闸位置状态。

2）断路器合闸位置监视

合闸位置继电器（HWJ）用于监视断路器的合位状态。将端子10经断路器常开辅助触点连接到控制电源的负端，或将端子10和端子09短接后连接到跳闸回路，都可以用来监视断路器的合闸位置状态。

3）合闸回路

保护合闸信号从端子16输出，经合闸压板接入端子08；遥控合闸信号从端子14输出，经遥合压板接入端子07；手动合闸信号接入端子07。端子04（具备防跳功能）或端子05（无防跳功能）连接到断路器的合闸回路。

合闸保持继电器（HBJ）在合闸操作时起动，断路器合闸成功后返回，其工作电流在0.5~4A内自适应，如工程需要操作电流和断路器电流完全一致，可通过S11、S12、S13跨接线选择不同的工作电流。合闸过程中即使合闸触点返回，合闸保持继电器（HBJ）常开触点也将保持闭合到断路器合闸成功。

4）跳闸回路

保护跳闸信号从端子15输出，经合闸压板接入端子02；遥控跳闸信号从端子13输出，经遥跳压板接入端子03；手动跳闸信号接入端子03。端子09连接到断路器的跳闸回路。

跳闸保持继电器（TBJ）在跳闸操作时起动，断路器跳闸成功后返回，其工作电流在1~4.0A内自适应，如工程需要操作电流和断路器电流完全一致，可通过S21、S22、S23跨接线选择不同的工作电流。跳闸过程中即使跳闸触点返回，跳闸保持继电器（TBJ）常开触点也将保持闭合到断路器跳闸成功。

5）合后位置继电器（KKJ）

合后位置继电器（KKJ）为双位置继电器。当断路器手动合闸或遥控合闸时，KKJ动作并且保持；当断路器手动跳闸或遥控跳闸时，KKJ将返回；当由于保护动作跳开断路器时，KKJ不返回。

6）防跳回路

防跳功能的实现是通过跳闸保持继电器（TBJ）和防跳回路继电器（TBJV）共同实现的。保护或人为跳闸时，TBJ动作，在起动跳闸保持回路的同时，接于TBJV线圈回路的TBJ常开触点闭合。如果此时有合闸操作（手动合闸或重合闸），则TBJV线圈带电，串于其线圈回路的TBJV常开触点闭合，构成自保持回路。接于合闸线圈回路的TBJV常闭触点打开，切断合闸回路，避免断路器多次跳合。

5.2.7 保护装置的安装及参考尺寸

本保护装置采用全封闭4U 1/2机箱，可组屏安装，也可在开关柜就地安装。开关柜安装参考尺寸和组屏安装尺寸分别如图5-24和图5-25所示。应当注意的是，安装时必须在屏

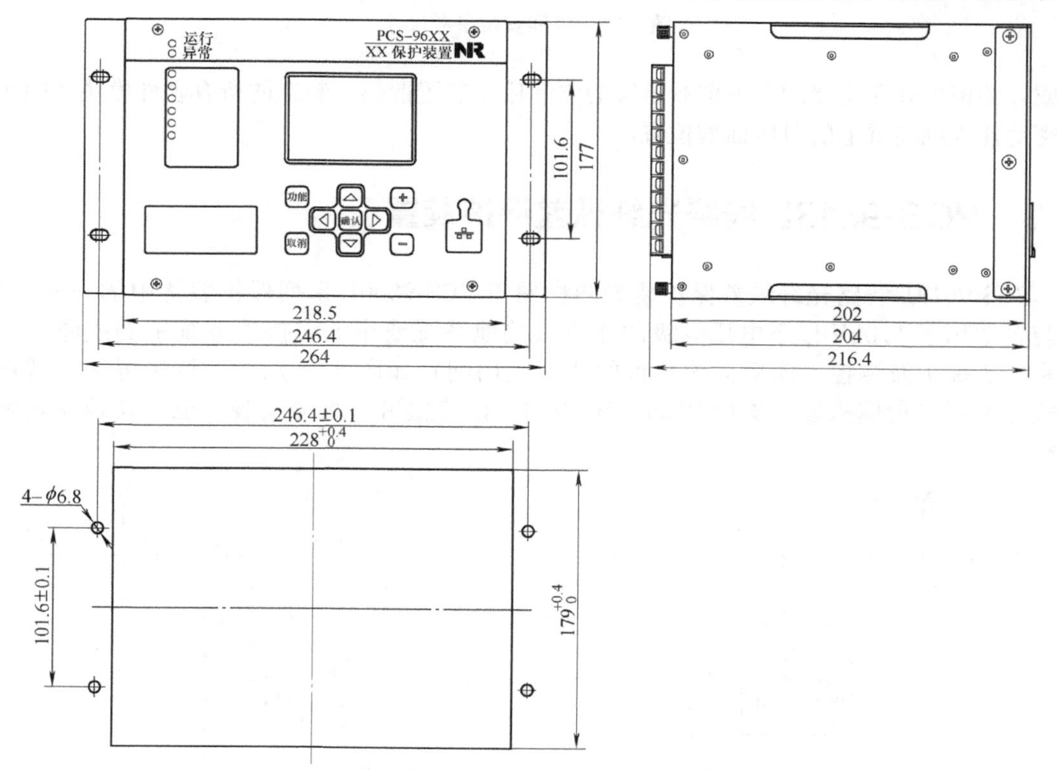

图5-24　开关柜安装参考尺寸

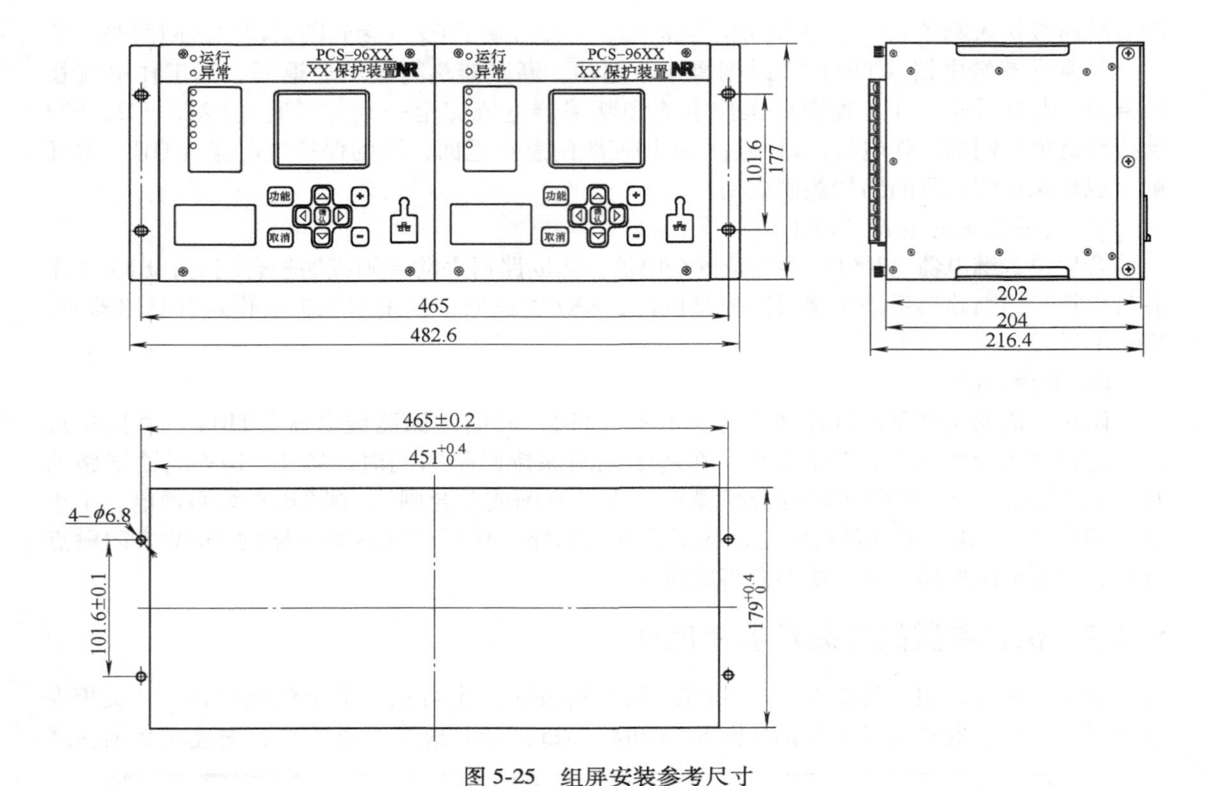

图 5-25　组屏安装参考尺寸

柜或开关柜内开孔位置的上下留有足够的空间用于装置散热。装置的所有硬件模块必须正确紧密地插入到装置上的对应插槽位置。

5.3　PCS-9613L 线路光纤纵差保护装置

PCS-9613L 线路光纤纵差保护装置同样属于 PCS-9600L 系列保护装置中的一种产品。该装置适用于 110kV 以下电压等级的非直接接地系统或小电阻接地系统中的线路光纤纵差和电流保护及测控。此型保护装置的典型应用配置如图 5-26 所示。该装置通过常规电磁式互感器采集模拟量，支持 IEC61850 规约。该装置可以组屏安装，也可就地安装到开关柜。

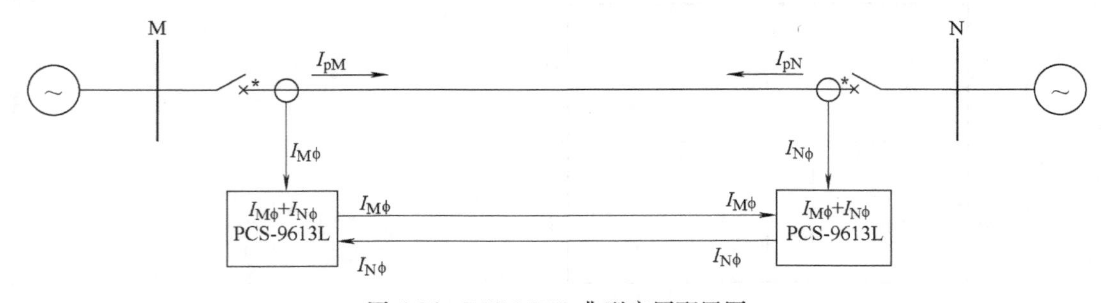

图 5-26　PCS-9613L 典型应用配置图

5.3.1 保护装置的保护功能配置

PCS-9613L线路光纤纵差保护装置的主要保护功能配置如图5-27所示。详细的功能（包含保护、测控及保护信息）见表5-5。由图5-27可知，该型装置为了实现主要保护功能需要采集的模拟量与PCS-9611L线路保护装置是相同的。

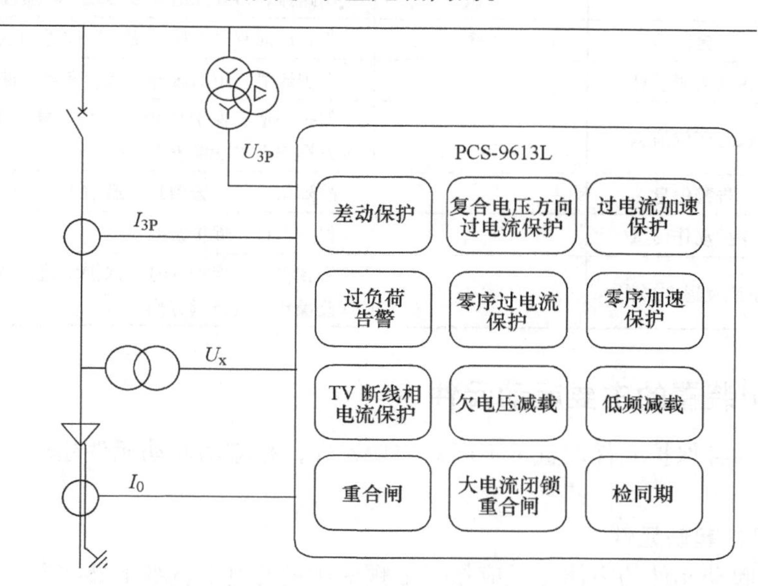

图5-27 PCS-9613L线路光纤纵差保护装置的主要保护功能配置

表5-5 PCS-9613L功能配置表

类别	序号	功能描述	段数/时限或数量	说明
保护	1	差动保护	1段	
	2	过电流保护	3段	Ⅰ、Ⅱ、Ⅲ段复合电压、方向可投退，方向固定指向线路
	3	零序过电流保护	2段	
	4	过电流加速保护	1段	后加速
	5	零序加速保护	1段	后加速
	6	TV断线相过电流保护	1段	
	7	重合闸		具备一次重合闸功能
	8	低频减载		
	9	欠电压减载		
	10	过负荷告警		
	11	小电流接地选线		

（续）

类别	序号	功能描述	段数/时限或数量	说　明
测控	12	遥信	10路	自定义遥信开入，事件顺序记录（SOE）
	13	遥测	14个	
	14	遥控	2组	断路器、刀开关遥控分合或手车遥控进出
	15	遥调	4个	正、反向有功电能，正、反向无功电能
保护信息	16	在线监测信息		保护遥测、定值区号、装置参数、保护定值、遥测
	17	状态变位信息		保护遥信、保护压板、保护功能状态、装置运行状态、远方操作保护功能投退
	18	告警信息		故障信息、告警信息、通信工况、保护功能闭锁
	19	保护动作信息		保护事件、保护录波
	20	就地及远方操作		装置参数、保护区号、保护定值、软压板等就地和远方修改操作，支持远方操作双确认

5.3.2 保护装置的主要起动元件

保护装置为各保护元件设置了不同的起动元件，相应的起动元件起动后才能进行各自的保护元件计算。

1. 差动保护起动元件

差动保护起动元件的主体由反应相间工频变化量的过电流继电器实现，同时又配以反应全电流的零序过电流继电器和相过电流继电器；互相补充保护功能。起动元件动作时开放比率差动保护和远跳保护，并展宽500ms。各起动元件的原理如下：

（1）电流变化量起动元件

工频变化量起动元件设置了浮动门槛和固定门槛。正常运行及系统振荡时变化量的不平衡输出均使系统自动调整浮动门槛，使浮动门槛始终略高于不平衡输出，从而确保故障情况下，起动元件有很高的灵敏度。当相间电流变化量大于整定值时，该起动元件动作。其动作方程为

$$\Delta I_{\phi\phi} > 1.25\Delta I_{\phi\phi t} + \Delta I_{\phi\phi th}$$

式中，$\Delta I_{\phi\phi}$为相间电流变化量；$\Delta I_{\phi\phi t}$为浮动门槛，随着变化量输出增大而自动提高，取1.25倍可保证门槛电压始终略高于不平衡输出；$\Delta I_{\phi\phi th}$为固定门坎，电流变化量起动值；$\phi\phi$指AB、BC、CA三种相别。

（2）零序过电流起动元件

当外接或者自产零序电流（通过控制字“零序电流采用自产零电流”选择）大于整定值，且无TA断线报警时，零序起动元件动作。其动作方程为

$$I_{0w} > I_{0fdw} \text{或} I_{0zc} > I_{0fd}$$

式中，I_{0w}为外接零序电流；I_{0zc}为自产零序电流；I_{0fd}为零序电流起动定值（按照自产$3I_0$来整定）；I_{0fdw}为“零序电流起动定值”内部折算到外接零序TA二次侧的定值。所有零序电流数据均为$3I_0$。

（3）相过电流起动元件

当相电流大于整定值时，相过电流起动元件动作。其动作方程为

$$I_{\phi} > I_{\phi fd}$$

式中，I_{ϕ} 为相电流；$I_{\phi fd}$为相电流起动定值。φ 指 A、B、C 三种相别。

（4）辅助电压起动元件

发生区内三相故障，弱电源侧电流起动元件可能不动作，此时若收到对侧的差动保护允许信号，且本侧无 TV 断线报警，对应相关相/相间电压小于 70%额定电压，则辅助电压起动元件动作。

（5）其他保护辅助起动方式

当过电流Ⅰ段、过电流Ⅱ段、过电流Ⅲ段和过电流加速段中的任一个起动元件动作，将开放差动保护。

2. 其他保护起动元件

1）过电流保护起动元件：当三相电流最大值大于 0.95 倍整定值时动作。此起动元件用来开放相应的过电流保护。

2）零序过电流保护起动元件：当零序电流大于 0.95 倍零序电流整定值时动作。此起动元件用来开放相应的零序过电流保护。

3）过电流加速保护起动元件：当三相电流最大值大于 0.95 倍过电流加速整定值时动作。此起动元件用来开放相应的过电流加速保护。

4）零序加速保护起动元件：当零序电流大于 0.95 倍零序过电流加速整定值时动作。此起动元件用来开放相应的零序加速保护。

5）低频减载保护起动元件：当低频减载保护充电完成且系统频率低于低频保护低频整定值，同时所有相间电压均高于低频保护欠电压闭锁定值时动作，此起动元件用来开放低频减载保护。

6）欠电压减载保护起动元件：当欠电压减载保护充电完成且母线电压低于欠电压减载整定值时动作，此起动元件用来开放欠电压减载保护。

7）重合闸起动元件：在重合闸功能投入情况下，起动重合闸条件满足时动作，此起动元件用来开放重合闸功能。

5.3.3 保护装置的主要保护功能原理

1. 差动保护

PCS-9613L 线路光纤纵差保护装置的电流差动继电器由两部分组成，即比率差动继电器和差动联跳继电器。差动保护经“差动保护总控制字”投退。

（1）比率差动继电器

比率差动继电器的动作方程如下式所示，动作曲线示意如图 5-28 所示。

$$\begin{cases} I_{d\phi} > 0.6I_{r\phi} \\ I_{d\phi} > I_{DIF} \\ I_{d\phi} = |\dot{I}_{M\phi} + \dot{I}_{N\phi}| \\ I_{r\phi} = |\dot{I}_{M\phi} - \dot{I}_{N\phi}| \end{cases}$$

式中，$I_{d\phi}$为差动电流，为两侧电流矢量和的幅值；$I_{r\phi}$为制动电流，为两侧电流矢量差的幅

值；I_{DIF}为“差动动作电流定值”。

比率差动保护元件的逻辑框图如图5-29所示。

（2）差动联跳继电器

为了防止长距离输电线路出口经高过渡电阻接地时，虽然近故障侧保护可以立即起动，但由于助增的影响，远故障侧可能故障量不明显而不能起动，差动保护不能快速动作，PCS-9613L设有差动联跳继电器。本侧其他保护动作（过电流保护、零序保护、后加速保护和TV断线相过电流保护）后立即向对侧发对应相联跳信号；对侧收到联跳信号后，开放整组，并结合差动允许信号和比例差动继电器动作信号，联跳对应相。

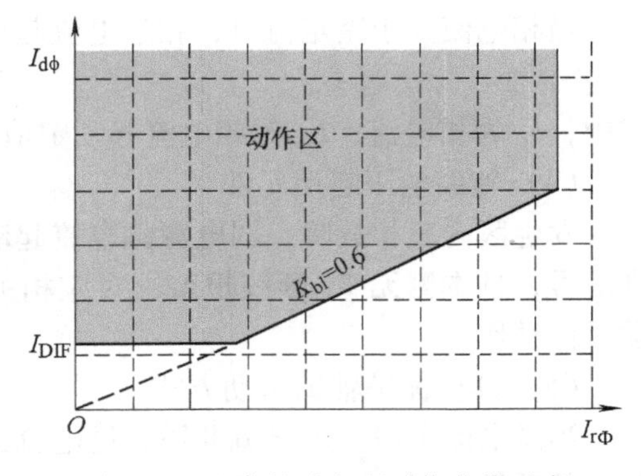

图5-28　比率差动方程动作曲线示意

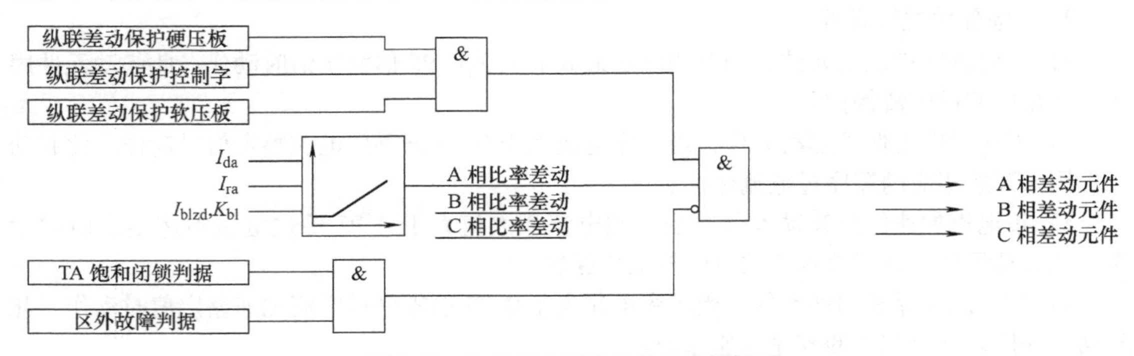

图5-29　比率差动保护元件的逻辑框图

（3）TA饱和的识别方法

当发生区外故障时，TA可能会暂态饱和，为防止比率差动保护误动作，该装置采用异步法思想的抗TA饱和判据，从而保证了在较严重的暂态饱和情况下不会误动。

（4）差回路的异常情况判别

该装置将差回路的异常情况分为两种：差流异常和TA断线。当满足以下两个条件中的任一条件时，该装置延时10s发出差流异常告警信号，与TA断线做同样处理。

①任一相差流大于“分相差动定值”。

②负序差流大于门槛值（现场采用两相式TA时不采用该判据），见下式：

$$I_{d2} > \alpha + \beta I_{d\_1st.max}$$

式中，I_{d2}为负序差流；$I_{d_1st.max}$为三相差流中的基波最大值；α为固定门槛值，β为某一比例系数。

当TA断线瞬间，断线侧的起动元件和差动继电器可能动作，但对侧的起动元件不动作，不会向本侧发差动保护动作信号，从而保证纵联差动不会误动。非断线侧经延时后报“差流告警”，与TA断线做同样处理。TA断线或差流告警时发生故障或系统扰动导致起动元件动作，若控制字“TA断线闭锁差动”整定为“1”，则闭锁电流差动保护；若控制字“TA断线闭锁差动”整定为“0”，仍开放电流差动保护。该装置包括两种TA断线逻辑：瞬时TA断线和延时TA断线。

瞬时TA断线的判据是：当差动保护投入时，若同时满足以下条件，延时200ms置瞬时断线标记。

①无母线TV断线告警发生，无欠电压或负序电压。

②最大相电流大于$0.2I_n$且任一相电流无电流（辅助参数中控制字“两相式保护TA”投入时只判A、C两相无电流）。

延时TA断线告警的判据是：当相电流最大值大于4倍的最小相电流，且相电流最大值大于$0.2I_n$，延时10s发告警信号。

（5）通道识别码

为提高数字式通道线路保护装置的可靠性，PCS-9613L装置增加可整定的本侧及对侧纵联保护识别码。PCS-9613L保护定值中有两个定值项：本侧识别码、对侧识别码，范围均为0~65535，识别码的整定应保证全网运行的保护设备具有唯一性，即正常运行时，本侧识别码与对侧识别码应不同，且与本线的另一套保护的识别码不同，也应该和其他线路保护装置的识别码不同（保护校验时可以整定相同，表示自环方式）。

保护装置将本侧的识别码定值包含在向对侧发送的数据帧中传送给对侧保护装置，对于双通道保护装置，当通道接收到的识别码与定值整定的对侧识别码不一致时，退出差动保护，报“通道识别码接收错”“通道告警”。

（6）两侧TA电流比不一致的处理

PCS-9613L可通过光纤通道将两侧TA电流比信息做自动交换和内部处理，只需要整定本侧TA额定值即可，不需要整定对侧TA额定值。考虑到差动保护的精度，建议两侧TA电流比的差别不要超过10倍。

综合以上功能，纵联差动保护框图如图5-30所示。

2. 其他保护功能

除了差动保护功能，PCS-9613L线路光纤纵差保护装置还具有过电流保护、零序过电流保护、过电流/零序加速保护、低频减载保护及重合闸等功能，这些功能与PCS-9611L线路保护装置的功能相似。

5.3.4 保护装置的主要异常告警功能

PCS-9613L线路光纤纵差保护装置除了具有与PCS-9611L线路保护装置相似的异常告警外，还具有以下异常告警。

1. 通道告警

纵联光纤通道在1s内累计出现两帧异常数据，报纵联通道异常。

2. 通道识别码接收错

接收到的通道纵联码与定值“对侧识别码”不一致时，报通道识别码接收错。

3. 长期有差流告警

参见5.3.3节部分的“差回路的异常情况判别”。

4. 差动投退不一致告警

两侧差动保护投入状态不一致，一侧差动保护投入，一侧差动保护退出时，延时1s后差动退出告警。

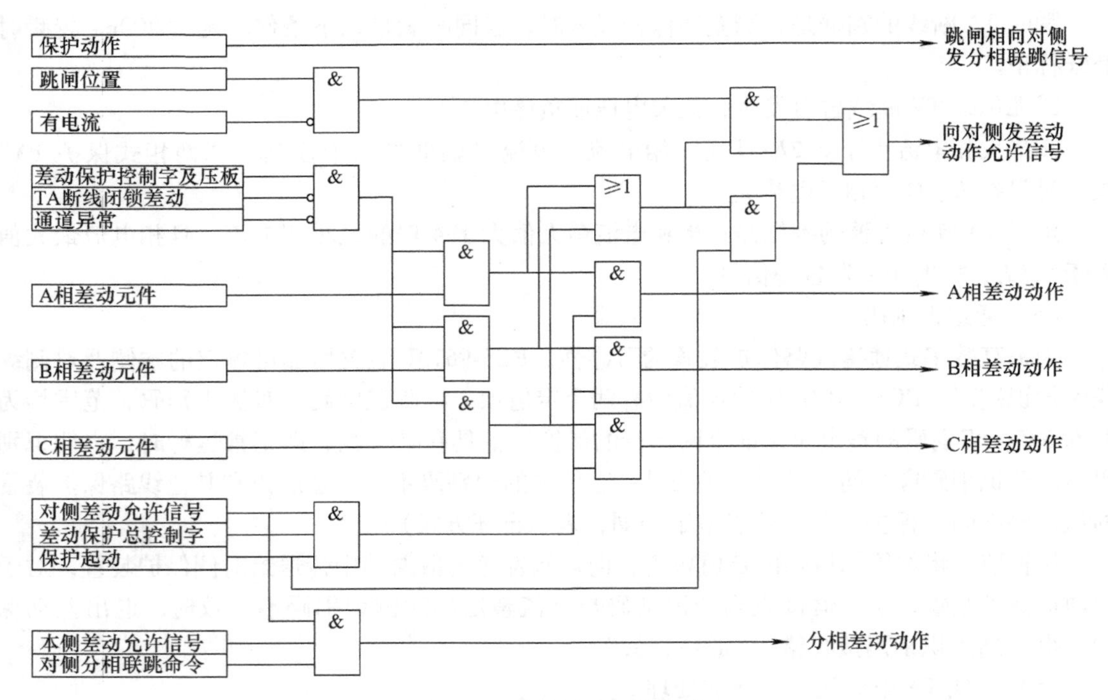

图 5-30 纵联差动保护框图

5.3.5 保护装置的背板接线

标准配置的 PCS-9613L 线路保护装置的背板端子如图 5-31 所示。背板的接线说明见表 5-6。

B01		B02	B03	B04		B05
NR4307		NR××××	NR××××	NR4546		NR××××
电源/开入		（备用）	（备用）	操作回路		（备用）
装置闭锁	01			控制电源正（+）	01	
装置闭锁	02			保护跳闸入口	02	
遥信开入1	03			手动跳闸入口	03	
遥信开入2	04			合闸线圈	04	
遥信开入3	05			合闸线圈（无防跳）	05	
遥信开入4	06			TWJ-	06	
遥信开入5	07			手动合闸入口	07	
遥信开入6	08			保护合闸入口	08	
遥信开入7	09			跳闸线圈	09	
遥信开入8	10			HWJ-	10	
遥信开入9	11			控制电源负（-）	11	
遥信开入10	12			遥控电源正（+）	12	
纵联差动保护投入	13			断路器遥控分出口	13	
闭锁重合闸	14			断路器遥控合出口	14	
低频减载投入	15			保护跳闸出口1	15	
弹簧未储能开入	16			保护合闸出口1	16	
测控远方硬压板	17			保护跳闸出口2	17	
检修状态硬压板	18			保护跳闸出口2	18	
开入公共负（-）	19			隔开遥控分出口	19	
装置电源正（+）	20			隔开遥控分出口	20	
装置电源负（-）	21			隔开遥控合出口	21	
电源地	22			隔开遥控合出口	22	

B06			
NR4110AE			
CPU			
A		以太网	
B		以太网	
1A	01		
1B	02		
1SGND	03		
2A	04		TX
2B	05		
2SGND	06		RX
SYN+	07	对时	
SYN-	08	对时	
SGND	09	对时	
RTS	10	打印	
TXD	11	打印	
SGND	12	打印	
4~20mA1（+）	13		
4~20mA1（-）	14		
4~20mA2（+）	15		
4~20mA2（-）	16		

B08			
NR4429			
交流量			
01	Ua	Ub	02
03	Uc	Un	04
05	Ux	Ux′	06
07			08
09			10
11	Ia	Ia′	12
13	Ib	Ib′	14
15	Ic	Ic′	16
17	I0	I0′	18
19	Iam	Iam′	20
21	Ibm	Ibm′	22
23	Icm	Icm′	24

图 5-31 PCS-9613L 典型背板端子图

表 5-6　背板接线说明

<table>
<tr><th>插件型号</th><th>端子号</th><th>接线说明</th><th>备　　注</th></tr>
<tr><td rowspan="22">B01
电源开入
插件
NR4307</td><td>01～02</td><td>装置闭锁</td><td rowspan="14">03～06 为多功能输入，可通过辅助参数设置作为特殊开入还是普通遥信输入
03：可设为跳位输入，出厂默认设置为遥信 1
04：可设为合位输入，出厂默认设置为遥信 2
05：可设为合后输入，出厂默认设置为遥信 3
06：可设为远跳开入，出厂默认设置为遥信 4</td></tr>
<tr><td>03</td><td>遥信开入 1</td></tr>
<tr><td>04</td><td>遥信开入 2</td></tr>
<tr><td>05</td><td>遥信开入 3</td></tr>
<tr><td>06</td><td>遥信开入 4</td></tr>
<tr><td>07</td><td>遥信开入 5</td></tr>
<tr><td>08</td><td>遥信开入 6</td></tr>
<tr><td>09</td><td>遥信开入 7</td></tr>
<tr><td>10</td><td>遥信开入 8</td></tr>
<tr><td>11</td><td>遥信开入 9</td></tr>
<tr><td>12</td><td>遥信开入 10</td></tr>
<tr><td>13</td><td>纵联差动保护投入</td></tr>
<tr><td>14</td><td>闭锁重合闸</td></tr>
<tr><td>15</td><td>低频减载投入</td><td></td></tr>
<tr><td>16</td><td>弹簧未储能开入</td><td></td></tr>
<tr><td>17</td><td>测控远方硬压板</td><td></td></tr>
<tr><td>18</td><td>检修状态硬压板</td><td>该开入投入时，将屏蔽远动功能</td></tr>
<tr><td>19</td><td>开入公共负端</td><td></td></tr>
<tr><td>20</td><td>装置电源正</td><td></td></tr>
<tr><td>21</td><td>装置电源负</td><td></td></tr>
<tr><td>22</td><td>电源地</td><td></td></tr>
<tr><td rowspan="15">B04
操作回路
插件
NR4546</td><td>01</td><td>控制电源正</td><td></td></tr>
<tr><td>02</td><td>保护跳闸入口</td><td></td></tr>
<tr><td>03</td><td>手动跳闸入口</td><td></td></tr>
<tr><td>04</td><td>至断路器合闸线圈</td><td></td></tr>
<tr><td>05</td><td>至断路器合闸线圈（无防跳）</td><td></td></tr>
<tr><td>06</td><td>跳位监视继电器负端</td><td></td></tr>
<tr><td>07</td><td>手动合闸入口</td><td></td></tr>
<tr><td>08</td><td>保护合闸入口</td><td></td></tr>
<tr><td>09</td><td>至断路器跳闸线圈</td><td></td></tr>
<tr><td>10</td><td>合位监视继电器负端</td><td></td></tr>
<tr><td>11</td><td>控制电源负</td><td></td></tr>
<tr><td>12</td><td>遥控电源正</td><td></td></tr>
<tr><td>13</td><td>断路器遥控分出口</td><td></td></tr>
<tr><td>14</td><td>断路器遥控合出口</td><td></td></tr>
<tr><td>15</td><td>保护跳闸出口 1</td><td></td></tr>
</table>

（续）

插件型号	端子号	接线说明	备　注
B04 操作回路 插件 NR4546	16	保护合闸出口1	
	17~18	保护跳闸出口2	
	19~20	隔开遥控分出口	
	21~22	隔开遥控合出口	
B06 CPU插件 NR4110AE	01~03	串口A输入端口	提供一路专用光纤通道，用于光纤纵差保护通信
	04~06	串口B输入端口	
	07~09	硬接点对时输入端口	
	10~12	打印口	
	以太网	提供两路以太网口	
B08 交流插件 NR4429	01~04	母线电压输入	若现场无相应的母线TV或者该装置所使用的功能不涉及电压，则母线可不引入 为防止装置误发TV断线信号，需将保护定值中“TV断线检测投入”控制字退出 若不投入重合闸或者重合闸采用不检方式，并且遥控不采用检同期和检无压，同期电压也可不引入 输入电流分为5A、1A两种，订货时需要根据实际情况选择
	05~06	零序电压输入	
	07~08	空端子	
	09~10	空端子	
	11~12	保护A相电流输入	
	13~14	保护B相电流输入	
	15~16	保护C相电流输入	
	17~18	零序电流输入	
	19~20	A相测量电流输入	
	21~22	B相测量电流输入	
	23~24	C相测量电流输入	

5.4　CSC-101（102）A/B型超高压线路微机保护装置

5.4.1　保护装置概述

CSC-101A/B、CSC-102A/B超高压线路保护装置（以下简称CSC-101、CSC-102装置或产品），适用于220kV及以上电压等级的高压输电线路，其主要功能是纵联距离保护、纵联方向保护、三段式距离保护、四段式零序保护及综合重合闸等。CSC-101A及CSC-102A装置适用于双母线、一个半断路器的各种接线方式，CSC-101B及CSC-102B装置适用于双母线接线方式。图5-32所示为CSC-101（102）保护装置外形。

1. 硬件系统的主要特点

1）采用DSP和MCU合一的32位单片机，程序完全在片内运行，保持了总线不出芯片的优点。同时高性能、高速的芯片满足了并行实时计算要求。

2）采用全新的前插拔组合结构，保持了前插拔维护方便的优点，兼有后插拔强弱电分离、强电回路直接从插件上出线的优点。

3）其内部总体结构为网络化设计，有利于提高硬件的可靠性、灵活性和可扩展性。简

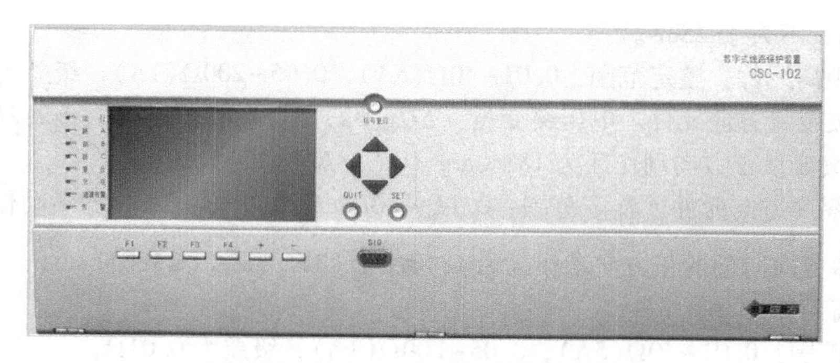

图 5-32　CSC-101（102）保护装置外形

化的硬件实现了“积木式”结构，例如增加开入、开出，只须增加插件而不影响 CPU 插件。

4）大容量的故障录波，储存容量达 4MB，全过程记录故障，可以保存不少于 24 次的录波记录，打印时可以选择数据或图形方式。具有完整的事件记录，可保存动作报告、告警报告、起动报告和操作记录均不少于 2000 条，并且保证停电不丢失。

5）双 CPU 和双 A-D 采集，并实现了 A-D 的互检。

2. 软件的设计思想

1）软件设计实现模块化，使保护功能配置灵活，可满足用户的不同要求。

2）充分利用各种突变量、稳态量保护原理的优点，完善振荡闭锁的算法，实现在任何时候、任何故障情况都有全线快速保护。

3）充分利用电流突变量选相、欠电压选相、零序和负序稳态量选相原理的优点，实现在振荡闭锁、弱电源及复杂故障等情况下都能正确选相跳闸。

4）采用零序和负序电流比较、$\Delta R/\Delta T$ 等判据，综合判断振荡闭锁期间的各种故障，并可根据不同系统情况、不同振荡周期等运行工况，自适应地调整其动作门槛，保证在系统振荡时不失去快速保护功能。

5）采用按相补偿方法，将按相补偿方法应用于阻抗测量中，使接地阻抗继电器具备较好的选相功能。结合按相补偿和快速滤波、快速计算等方法，构成了快速距离 I 段保护。

3. 装置主要技术参数

（1）额定参数

1）交流电压 U_n：$100/\sqrt{3}$V；线路抽取电压：100V 或 $100/\sqrt{3}$V。

2）交流电流 I_n：5A 、1A 可选。

3）交流频率：50Hz。

4）直流电压：220V、110V 可选。

5）开入板电压：24V（默认），220V、110V 可选。

（2）交流回路精确工作范围

1）相电压：0.25~70V。

2）检同期电压：0.4~120V。

3）电流：$0.08I_n \sim 30I_n$。

（3）纵联保护元件

动作时间：不大于25ms。

1）纵联距离元件。整定范围：0.01~40Ω(5A)，0.05~200Ω(1A)，级差为0.01Ω。

2）纵联突变量方向元件。电压突变量：$\Delta U_{\phi\phi}>2$；电流突变量：$\Delta I_{\phi\phi}>2.2IQD$（突变量起动定值）；突变量正方向动作区为18°≤arg（$\Delta I_{\phi\phi}/\Delta U_{\phi\phi}$）≤180°。

3）纵联零序方向元件。整定范围：$0.1I_n$~$20I_n$；级差为0.01A；零序动作电压：$3U_0>1$V；零序功率方向元件的正方向动作区为18°≤arg（$3\dot{I}_0/3\dot{U}_0$）≤180°。

（4）距离元件

1）整定范围：0.01~40Ω(5A)，0.05~200Ω(1A)，级差为0.01Ω。

2）距离Ⅰ段保护的瞬时超越在-4%~4%内。

3）距离Ⅰ段保护的动作时间：近处故障不大于15ms；0.7倍整定值以内时，不大于20ms。

4）测距误差（不包括装置外部原因造成的误差）：金属性短路在短路电流$>0.1I_n$时，测距误差在-2%~2%内，有较大过渡电阻时测距误差将增大。

（5）零序过电流元件

1）整定范围：$0.1I_n$~$20I_n$，级差为0.01A。

2）零序Ⅰ段保护的瞬时超越在-4%~4%内。

3）零序电流Ⅰ段保护的动作时间：1.2倍整定值时，不大于20ms。

（6）综合重合闸

1）检同期角度误差在-3°~3°内。

2）同期有电压检测值：$0.7U_n\times(1\pm3\%)$。

3）无电压检测值：$0.3U_n\times(1\pm3\%)$。

（7）时间元件

整定范围：0~10s，级差为0.01s；整定值误差：-1.5%~1.5%或20ms。

5.4.2　保护装置的功能组件

该保护装置采用功能模块化设计思想，将各功能组件按需要组合成不同的产品，实现了功能模块的标准化。CSC-101、CSC-102保护装置的插件布置相同。

A型装置配置了9个插件，布置如图5-33所示，包括交流插件、保护CPU插件、起动

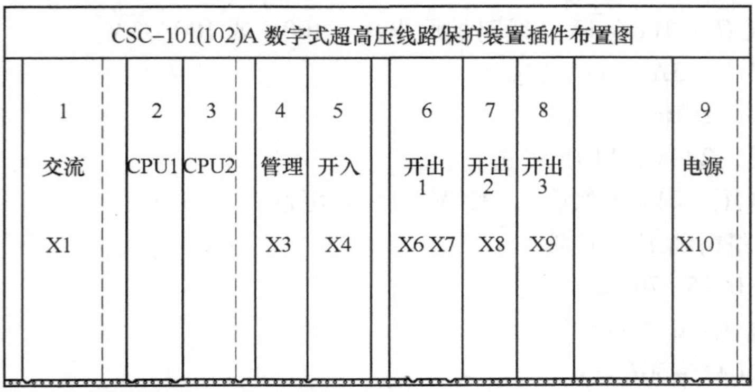

CSC-101(102)A 数字式超高压线路保护装置插件布置图

1	2	3	4	5	6	7	8		9
交流	CPU1	CPU2	管理	开入	开出1	开出2	开出3		电源
X1			X3	X4	X6 X7	X8	X9		X10

图5-33　CSC-101A、CSC-102A装置插件布置

CPU 插件、管理插件、开入插件、开出插件 1、开出插件 2、开出插件 3 及电源插件。另外，装置面板上配有人机接口组件。X1～X10 为装置背后接线端子编号。

B 型装置配置了 10 个插件，布置如图 5-34 所示，包括交流插件、保护 CPU 插件、起动 CPU 插件、管理插件、开入插件 1、开入插件 2、开出插件 1、开出插件 2、开出插件 3 及电源插件。另外，装置面板上配有人机接口组件。

各插件的功能如下所述：

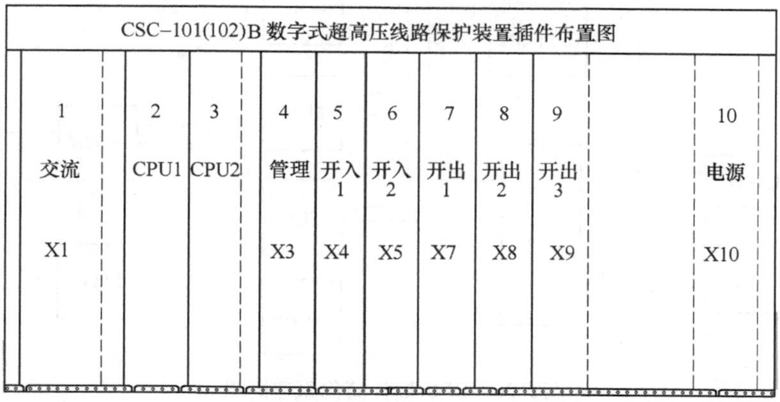

CSC−101(102)B 数字式超高压线路保护装置插件布置图									
1	2	3	4	5	6	7	8	9	10
交流	CPU1	CPU2	管理	开入 1	开入 2	开出 1	开出 2	开出 3	电源
X1			X3	X4	X5	X7	X8	X9	X10

图 5-34　CSC-101B、CSC-102B 装置插件布置

1. 交流插件

交流插件的作用是将系统电压互感器 TV 和电流互感器 TA 的二次信号转换成保护装置所需的弱电信号，同时起隔离和抗干扰作用。所有保护装置的交流插件完全一样，背面接线端子为 X1，其电路原理如图 5-35 所示。B 型有 9 个（A 型 8 个，无 U_X）模拟量输入变压器（TV 及 TA），分别用于 U_A、U_B、U_C、U_0、U_X、I_A、I_B、I_C 和 I_N（可用于零停电流）的输入转换。

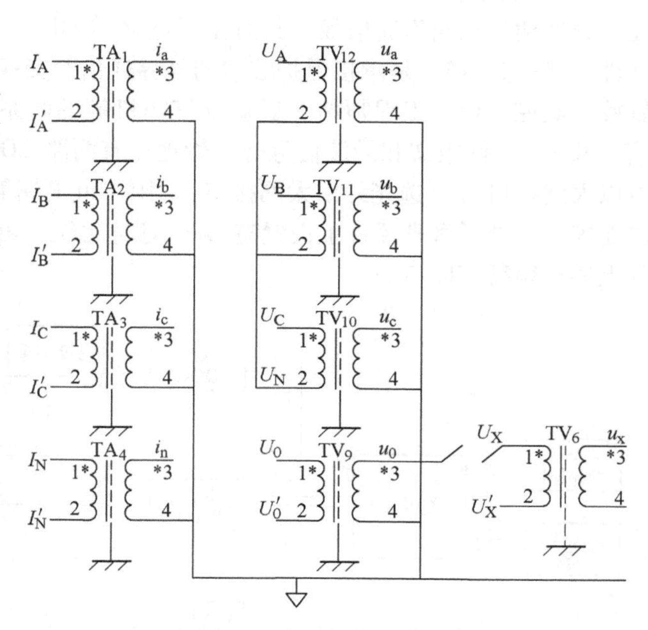

图 5-35　交流插件电路原理

1）保护相电流变换器有两种类型：额定输入电流为 5A，线性范围为 100mA～150A；额定输入电流为 1A，线性范围为 50mA～30A；请注意 I_N 为极性端，I'_N 非极性端。

2）电压变换器固定为相电压额定值为 $100/\sqrt{3}$V；抽取电压 U_X 为 100V；零序电压全部取自自产 $3U_0$。

2. CPU 插件

CPU 插件的简化原理框图如图 5-36 所示，由 MCU 与 DSP 合一的 32 位单片机组成，保持了总线不出芯片的优点，程序完全在片内运行，内存 Flash 为 1MB，RAM 为 64KB；CPU 插件有硬件和软件相同的两块，即 CPU1 插件 和 CPU2 插件，CPU1 插件是保护 CPU 插件，它是装置的核心插件，主要完成采样、模-数转换计算、上送模拟量及开入量信息、保护动作原理判断、事故录波功能及软硬件自检等；CPU2 插件是起动 CPU 插件，该插件完成保护的起动闭锁功能等。

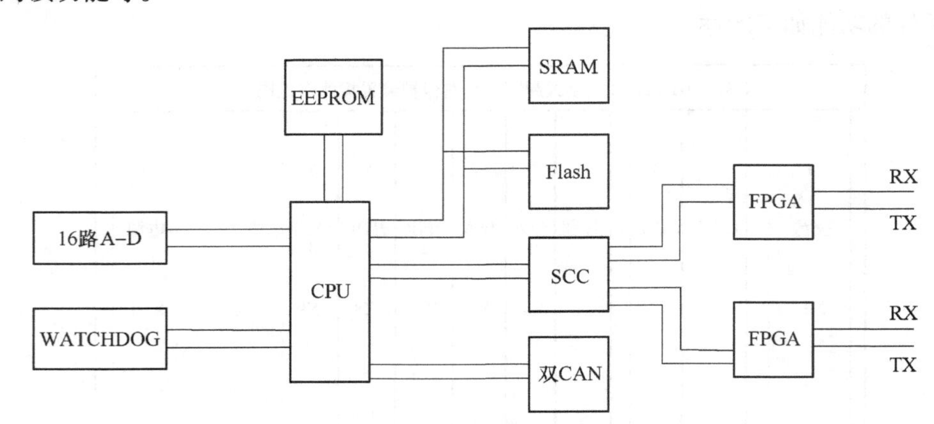

图 5-36　CPU 插件简化原理框图

3. 管理插件

管理插件也叫作通信板，其简化原理框图如图 5-37 所示。该插件是装置的管理和通信插件，背板为 X3，是承接保护装置与外界通信及交换信息的管理插件，如与面板、PC 调试软件、监控后台、工程师站、远动及打印机等的联系，根据保护的配置组织上送遥测、遥信、SOE、事件报文和录波信息等。管理板有两路 LON 网口、两路 RS-485 口和两路高速的电以太网接口（可选光纤以太网接口），用户可根据需要设置，以满足不同监控和远动系统的要求。另外，管理插件上设置有 GPS 对时功能，可满足网络对时和脉冲对时的要求。插件上还有串行打印口。

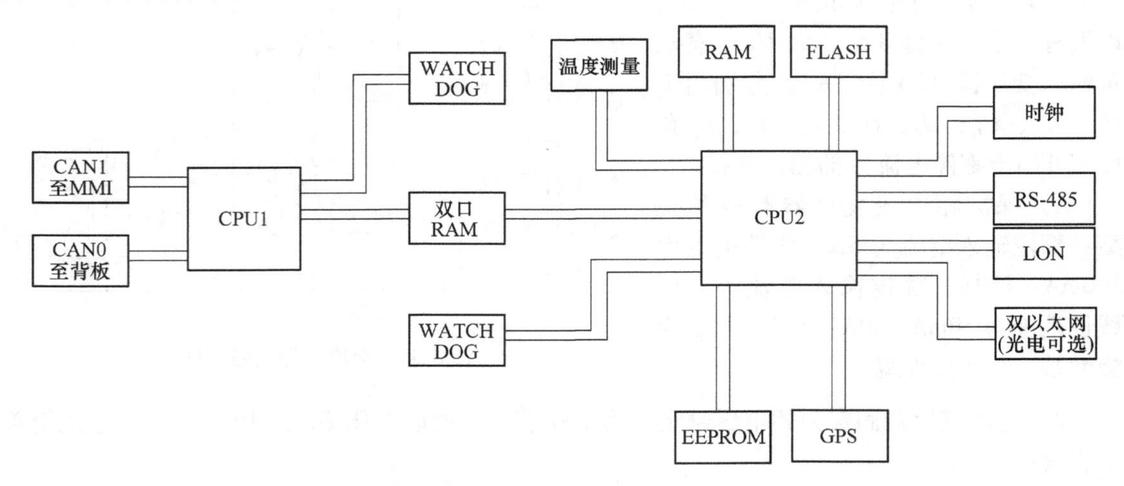

图 5-37　管理插件简化原理框图

4. 开入插件

开入插件原理如图5-38所示。图中，A型开入插件1的背板接线端子为X4，用来接入跳闸位置、各保护压板、收信输入和告警等开关量输入信号。B型开入插件1、2的背板接线端子为X4、X5，用来接入跳闸位置、有关重合闸方式控制的各压板、各开入量及收信输入等开关量信号。

每块开入插件都有两组开入回路和自检回路，自检回路能对各路开入回路进行实时自检。开入插件自24V直接引入，如需要其第二组开入回路也可接入220V或110V开入。

5. 开出插件

A型设置了3块开出插件，其开出1插件为组合插件，背板接线端子为X6、X7，开出2、3插件背板接线端子为X8、X9，各插件原理图如图5-39所示；B型装置设置3块插件，背板接线端子为X7、X8、X9。插件主要输出跳闸、起动失灵、起动重合闸及告警信号等触点，直接从板子上引出，抗干扰性能好。开出X8的发信1为快速触点，主要用于配合屏内通信接口装置，电源为24V。发信2可用的电源为220V或110V。

6. 电源插件

电源插件适用于A型和B型装置，背板接线端子为X10，采用了直流逆变电源插件，插件输入为直流220V或110V，输出为保护装置所需的下列5组电源。

1）+24V（两组）：开入、开出插件电源。

2）±12V：模拟量用电源。

3）+5V：各CPU逻辑用电源。

5.4.3 保护装置的起动组件

保护装置的起动组件主要用于监视故障、起动保护及开放出口继电器的正电源。起动组件一旦动作后，只能在保护整组复归时才返回。保护的起动组件包括电流突变量起动组件、零序电流起动组件、静稳破坏起动组件、弱馈欠电压起动组件，以及重合闸的起动组件（对于B型）。任一起动组件起动后，都将起动保护及开放出口继电器的正电源。其主要的起动组件有以下几个：

1. 电流突变量起动组件

电流突变量起动组件在大部分故障情况下均能灵敏地起动，是保护的主要起动组件。其判据为

$$\Delta i_{\phi\phi} > I_{QD} \text{ 或 } \Delta 3i_0 > I_{QD}$$

式中，$\Delta i_{\phi\phi} = \left| \left| i_{\phi\phi K} - i_{\phi\phi K-T} \right| - \left| i_{\phi\phi K-T} - i_{\phi\phi K-2T} \right| \right|$，$\phi\phi$指AB、BC、CA三种相别，$K$指采样的当前时刻，$T=24$为一周采样点数，$(K-T)$即指$K$点的1周前的采用值，$(K-2T)$即从$K$点的2周前采用值；$\Delta 3i_0$为零序电流突变量；$I_{QD}$为突变量起动定值。

当任一相间突变量或零序电流突变量连续4次超过起动门槛值时，保护起动。

2. 零序辅助起动组件

除电流突变量起动外，保护还设置了零序辅助起动，解决大过渡电阻（220kV考虑100Ω，500kV考虑300Ω）接地短路时，突变量起动组件灵敏度不够的问题，作为辅助起动组件，在30ms延时后动作。其判据为

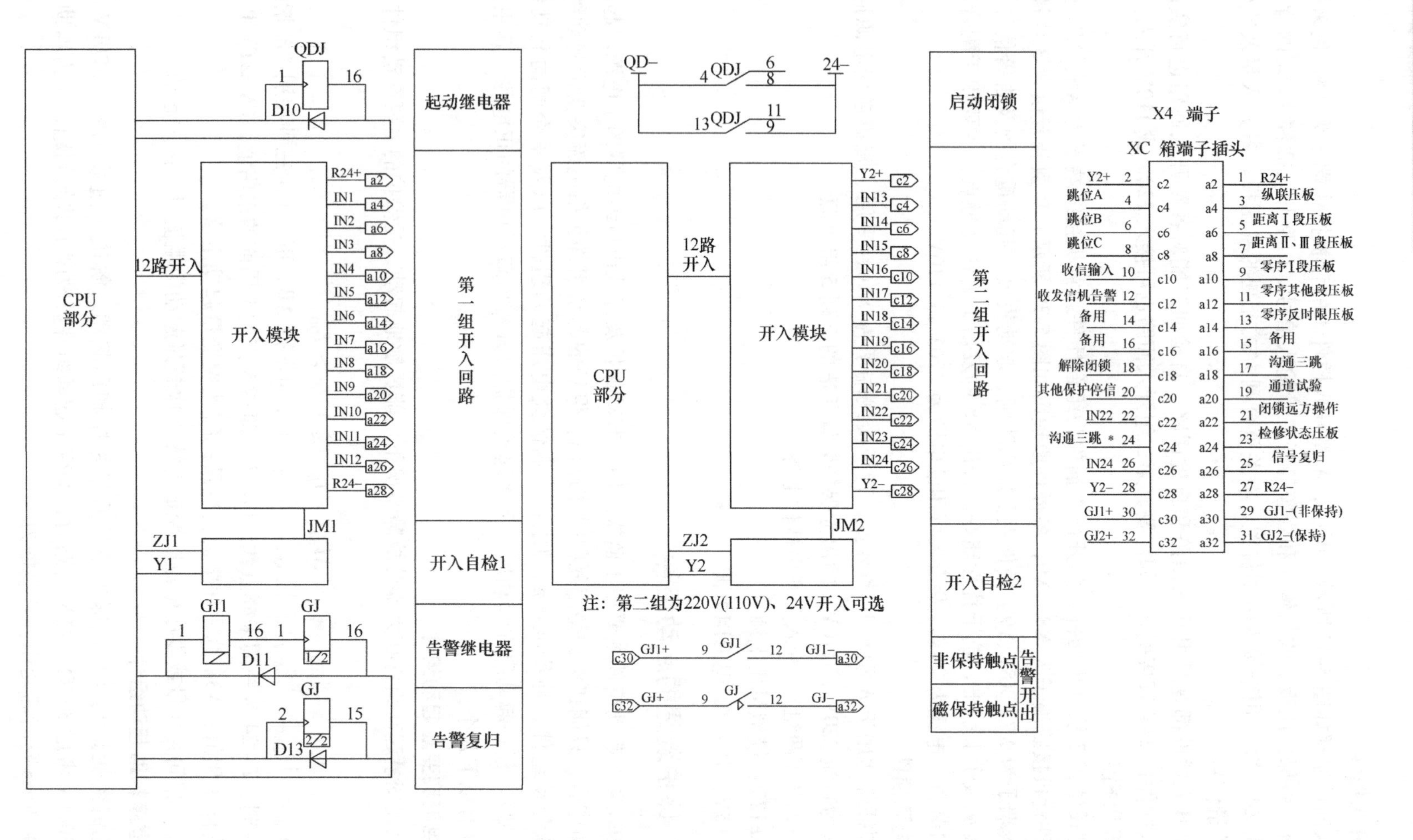

图 5-38　开入插件原理图

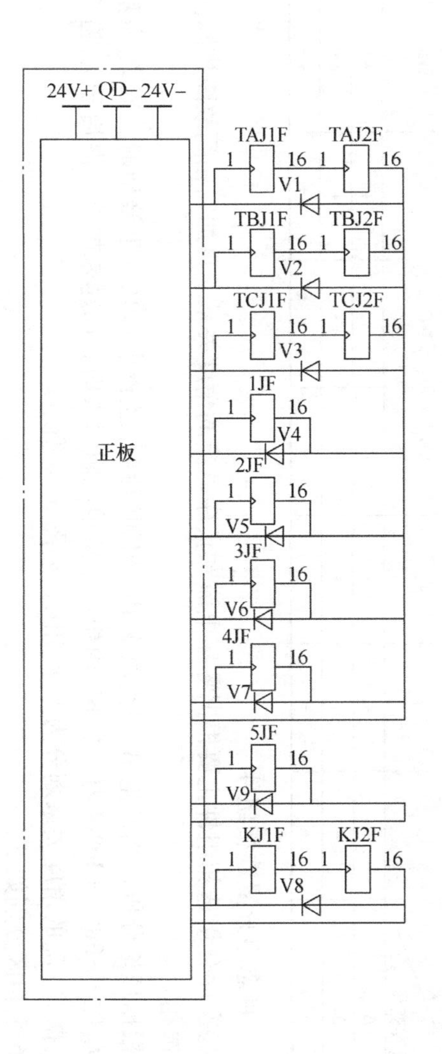

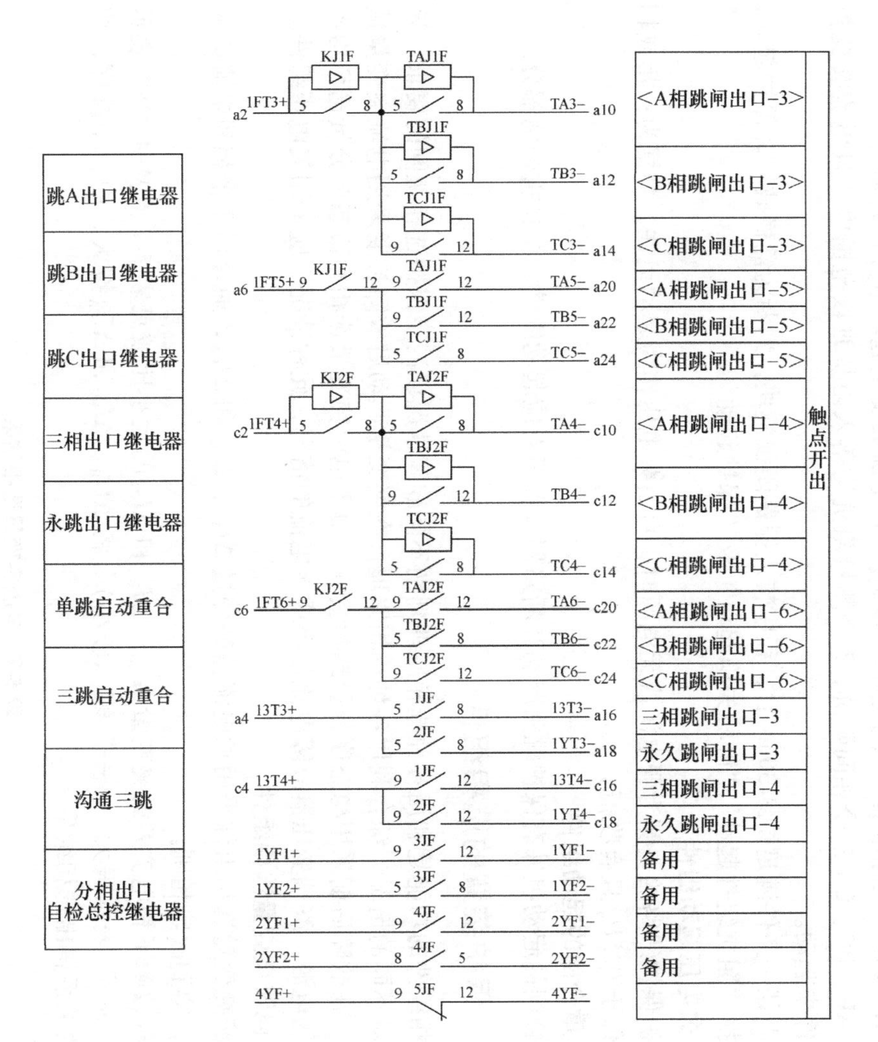

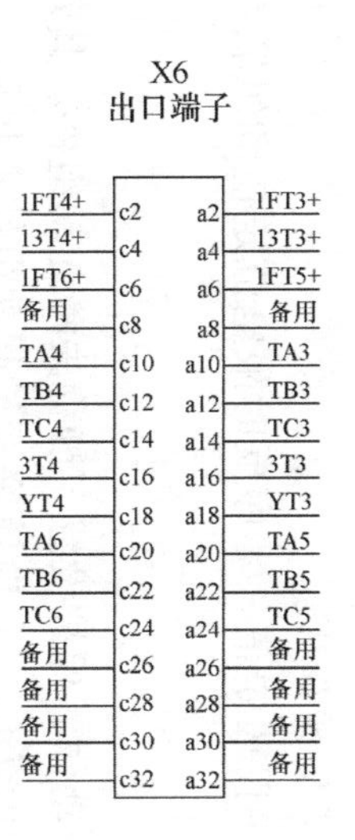

图 5-39 开出插件原理图

$$3I_0 > 0.9I_{0dz}$$

式中，$3I_0$ 为3倍的零序电流；I_{0dz} 为零序Ⅳ段定值、零序反时限电流定值和纵联零序电流定值的最小值。

3. 静稳失稳起动组件

为保证静稳失稳情况下保护的正确动作，保护设置了静稳失稳起动组件。其判据如下：

1）A、B、C 三相电流均大于静稳电流 I_{JW}，且电流突变量起动组件未起动。

2）AB、BC、CA 三个相间阻抗，3个测量阻抗均落入阻抗Ⅲ段范围内，且电流突变量起动组件未起动。

以上任一条件满足持续30ms后，程序转入振荡闭锁模块，判断为静稳破坏，保护起动，动作后报“阻抗组件起动”“静稳失稳起动”及“保护起动”。

4. 欠电压起动组件

当被保护线路的一侧为弱电源或无电源时，可由欠电压作为起动组件，判据为：相或相间电压低于 $0.5U_n$ 且有收信。

5. 重合闸的起动组件

重合闸的起动组件有保护跳闸起动和断路器位置不对应起动组件，详见重合闸部分。

5.4.4 保护装置的选相组件

选相组件的功能是利用各种选相原理判别不同故障情况以满足保护选相跳闸的要求。该装置针对不同的情况，综合利用各种选相原理，在突变量起动后故障初期采用电流突变量选相组件，在故障后期采用稳态序分量选相组件。由于电流突变量选相和稳态序分量选相均不适用于弱电源、终端变压器故障电流很小或无电流的情况，此种情况下应采用欠电压组件。

1. 电流突变量选相组件

电流突变量选相组件采用相电流差突变量 ΔI_{AB}、ΔI_{BC}和 ΔI_{CA}，通过对3个相间电流的大小比较，得到故障相别。

各种故障下相电流差的突变量 ΔI_{AB}、ΔI_{BC}和 ΔI_{CA}的大小比较见表5-7（表中“+”表示较大，“++”表示很大，“—”表示较小）。将 ΔI_{AB}、ΔI_{BC}和 ΔI_{CA}按大、中、小排序，按表5-7的关系得出选相结果。

表5-7 电流突变量选相结果

电流突变量＼选相结果	A_ϕ	B_ϕ	C_ϕ	AB	BC	CA	ABC
ΔI_{AB}	+	+	−	++	+	+	++
ΔI_{BC}	−	+	+	+	++	+	++
ΔI_{CA}	+	−	+	+	+	++	++

2. 稳态序分量选相组件

稳态序分量选相组件主要根据零序电流和负序电流的角度关系，再加以相间故障排除法进行选相。

根据理论分析，当发生A相接地或BC相间短路并经较小弧光电阻接地时，以 I_{0a}为基准，I_{2a}位于−30°～+30°区内，当BC两相短路接地电阻增大时，I_{2a}越来越趋于滞后于 I_{0a}趋于90°，据 I_{2a}/I_{0a}的角度关系划分为6个相区，如图5-40所示。

6个相区分别如下：

1）+30°~-30°，对应AN或BCN。

2）+90°~+30°，对应ABN。

3）+150°~+90°，对应CN或ABN。

4）-150°~+150°，对应CAN。

5）-90°~-150°，对应BN或CAN。

6）-30°~-90°，对应BCN。

在以上2)、4)、6）单一故障类型的相区，直接确认为相应的相间故障，在1)、3)、5）有单相及相间两种故障类型的相区，由于两种故障类型的相别总是不相关的，通过计算相间阻抗，若相间阻抗大于相间阻抗整定值，则排除了相间故障的可能性，判为相应的单相接地故障，否则判为相应的相间故障。

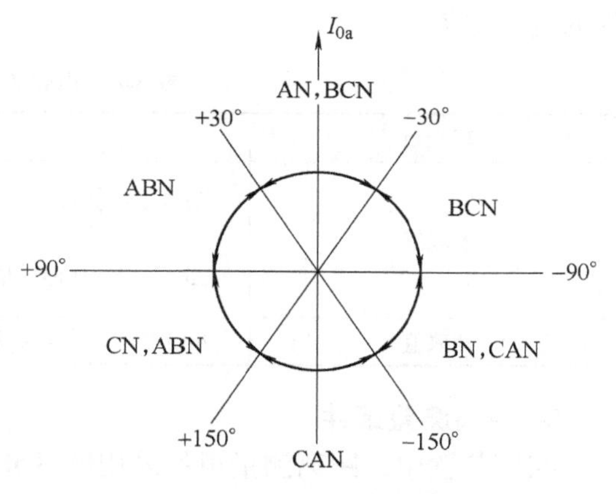

图5-40　稳态序分量选相区域

3. 欠电压选相组件

欠电压选相组件主要是为了满足弱电源侧保护选相的要求，在电流突变量选相和零序、负序、稳态序分量选相失败的情况下，且未出现TV断线时，投入欠电压选相组件。欠电压选相的判据为：

1）任一相电压小于$0.5U_n$，且其他两相电压都大于$0.8U_n$，则判为第三相单相故障。

2）相间电压低于$0.5U_n$，判为相间故障。

5.4.5　保护装置的距离组件

距离组件分为距离测量组件和距离方向组件。

1. 距离组件的动作特性

各段距离组件动作特性均为多边形特性，如图5-41a所示。对于三段式相间距离保护：R_{DZ}取值为R_{X1}；Ⅰ、Ⅱ、Ⅲ段的X_{DZ}取值分别为X_{X1}、X_{X2}和X_{X3}。对于三段式接地距离保护：R_{DZ}取值为R_{D1}；Ⅰ、Ⅱ、Ⅲ段的X_{DZ}取值分别为X_{D1}、X_{D2}和X_{D3}。对于纵联距离保护R_{DZ}和X_{DZ}取值分别为整定值中的R_{DZ}和X_{DZ}。其中，X_{DZ}按保护范围整定；R_{DZ}按躲开负荷阻抗整定（一般情况下），可满足长、短线路的不同要求，提高了短线路允许过渡电阻的能力，以及长线路避越负荷阻抗的能力；选择的多边形上边下倾角（如图中的7°下倾角），可提高躲区外故障情况下的防超越能力。

在重合或手合时，阻抗动作特性在图5-41a的基础上，再叠加一个包括坐标原点的小矩形特性，如图5-41b所示，称为阻抗偏移特性动作区，以保证TV在线路侧时也能可靠切除出口故障。在三相短路时，距离Ⅲ段也采用偏移特性。

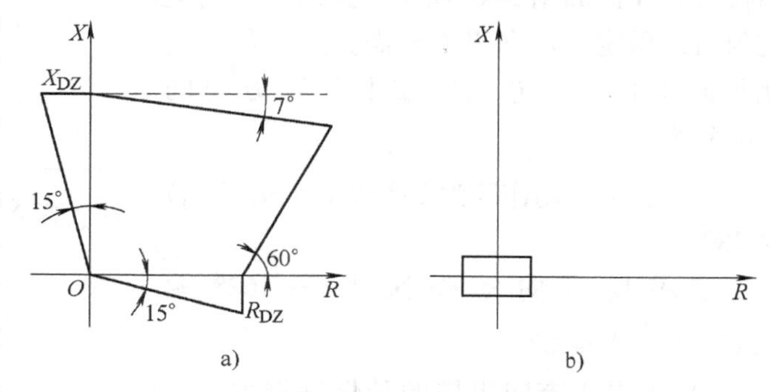

图5-41　距离元件的动作特性

a）阻抗多边形动作特性　b）阻抗偏移特性动作区

小矩形动作区的X、R取值见表5-8。其中，X_{DZ}是相应组件的电抗定值，R_{DZ}是相应组件的电阻定值。

表 5-8 小矩形动作区的 X、R 取值

项 目	取 值
X 取值	当 $X_{DZ} \leqslant \frac{5}{I_n}\Omega$ 时，取 $X_{DZ}/2$ 当 $X_{DZ} > \frac{5}{I_n}\Omega$ 时，取 $\frac{2.5}{I_n}\Omega$（$I_n=1A$、$5A$）
R 取值	8 倍上述 X 取值与 $R_{DZ}/4$ 两者中的最小值

2. 距离测量组件

在该装置中，距离测量组件采用解微分方程算法。

对单相接地阻抗有 $U_\phi = L_\phi \frac{d(I_\phi + K_x 3I_0)}{dt} + R_\phi(I_\phi + K_r 3I_0)$，$\phi$ = A、B、C

对相间阻抗有 $U_{\phi\phi} = L_{\phi\phi}\frac{dI_{\phi\phi}}{dt} + R_{\phi\phi}I_{\phi\phi}$，$\phi\phi$ = AB、BC、CA

式中，$K_x = (X_0 - X_1)/(3X_1)$；$K_r = (R_0 - R_1)/(3R_1)$。

通过求解以上微分方程，可得保护安装处的测量故障电阻 R 和测量故障电抗 $X = \omega L = 2\pi f L$。

3. 距离方向组件

为了解决距离保护出口故障的死区问题，在距离保护中设置了专门的方向组件。对于对称故障，采用记忆电压，即以故障前的记忆电压，同故障后电流比相来判别故障方向。对于不对称出口故障，采用负序方向来作为方向判别依据。距离组件的动作条件为：方向组件判为正方向，且计算阻抗在整定的四边形范围内。

5.4.6 保护装置的其他方向组件

1. 零序方向组件

零序方向也设有正、反两个方向的方向组件，动作区如图 5-42 所示。正向组件的整定值可以整定，反向组件不需整定，灵敏度比正向组件高，电流门槛取为正方向的 0.625 倍。

零序正方向动作区为 $18° \leqslant \arg(3\dot{I}_0/3\dot{U}_0) \leqslant 180°$

零序反方向动作区为 $-162° \leqslant \arg(3\dot{I}_0/3\dot{U}_0) \leqslant 0°$

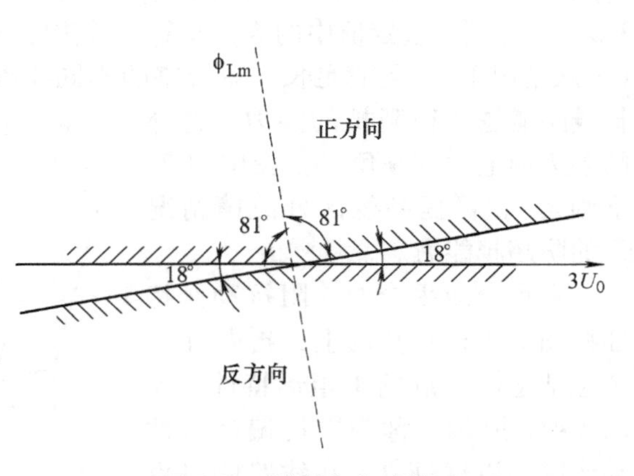

图 5-42 零序方向动作区

1）零序正方向组件的动作判据为：位于零序正方向动作区，$3I_0 > 3I_{0DZ}$。其中：$3I_{0DZ}$ 指纵联零序电流定值 $3I_0$、零序反时限电流定值 I_{set}、零序Ⅰ~Ⅳ段电流定值 I_{01}、I_{02}、I_{03} 和 I_{04} 值。

2）零序反方向组件的动作判据为：位于零序反方向动作区，且 $3I_0>0.625\times3I_{0DZ}$。

保护采用自产 $3U_0$，即由软件将三个相电压相加而获得 $3U_0$，供零序方向元件方向判别用，用于判零序方向的 $3U_0$ 门槛为 1V 有效值。

2. 负序方向组件

负序方向组件主要作为不对称故障时开放阻抗方向的判据。负序方向组件的动作区如图 5-43 所示。

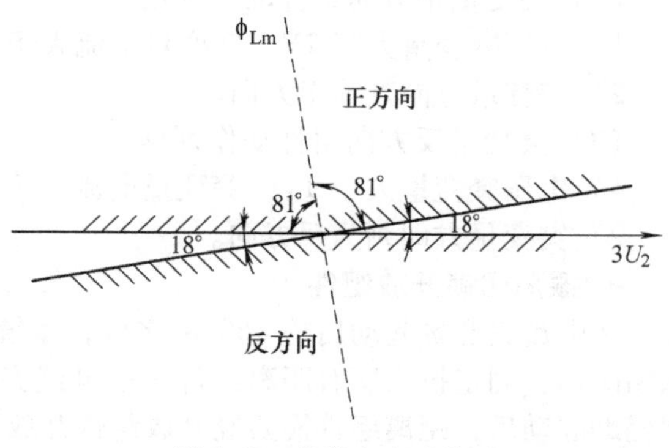

图 5-43　负序方向动作区

负序正方向动作区为 $18°\leqslant\arg(3\dot{I}_2/3\dot{U}_2)\leqslant180°$

负序反方向动作区为 $-162°\leqslant\arg(3\dot{I}_2/3\dot{U}_2)\leqslant0°$

在本保护装置中，纵联负序方向组件不设专门定值，采用纵联零序定值 $3I_0$ 作为负序方向组件的定值。

3. 突变量方向组件

突变量方向保护采用 3 种相间突变量电流 ΔI_{AB}、ΔI_{BC} 和 ΔI_{CA} 中，与其对应的相间电压突变量比较方向，这样可以保证任一种故障类型下，突变量方向组件都具有最高的灵敏度。

突变量方向保护的基本原理如图 5-44 所示。

电力系统发生短路故障时，根据叠加原理，其电压、电流可按两部分进行计算，一是故障前负荷状态，另一是故障状态。在 F_1 点故障时（区内故障），因故障产生的突变量电流 $\Delta\dot{I}_{NF1}$ 和 $\Delta\dot{I}_{MF1}$ 超前突变量电压约 90°，而在区外 F_2 点故障时，M 侧突变量电流 $\Delta\dot{I}_{MF2}$ 滞后于其突变量电压约 90°。对于正、反方向故障时，其相位差约 180°，具有明确的方向性。

突变量组件也设有正、反两个方向的方向组件，动作区如图 5-45 所示。正向组件的整定值大于突变量起动组件定值 I_{QD} 的 2.2 倍；反向组件不需整定，灵敏度比正向组件高，电流门槛为大于 1 倍电流突变量定值 I_{QD}。

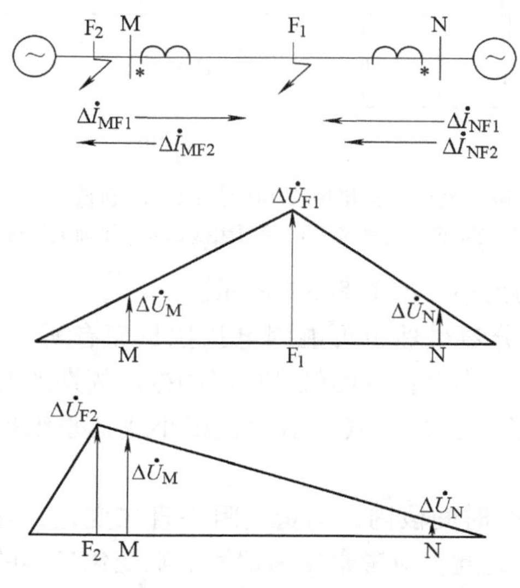

图 5-44　突变量方向保护的基本原理图

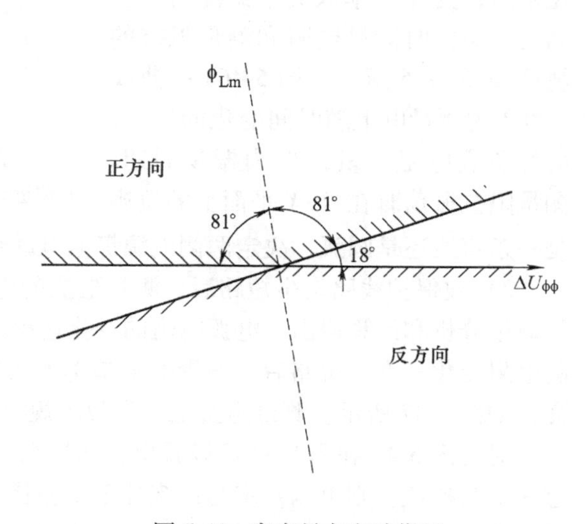

图 5-45　突变量方向动作区

突变量正方向动作区为 $18° \leqslant \arg(\Delta \dot{I}_{\phi\phi}/\Delta \dot{U}_{\phi\phi}) \leqslant 180°$

突变量反方向动作区为 $-162° \leqslant \arg(\Delta \dot{I}_{\phi\phi}/\Delta \dot{U}_{\phi\phi}) \leqslant 0°$

（1）突变量正方向组件动作判据

1）电压突变量大于 2V，突变量电流大于 2.2 倍突变量定值 I_{QD}。

2）突变量方向判为正方向。

（2）突变量反方向组件动作判据

1）电压突变量大于 1V，突变量电流大于 1 倍电流突变量定值 I_{QD}。

2）突变量方向判为反方向。

4. 振荡闭锁开放组件

在电流突变量起动后的 150ms 之内，系统不会出现振荡情况，因此本保护装置不考虑振荡闭锁，固定投入所有距离组件；在电流突变量起动后 150ms 之后，或经静稳失稳及零序辅助起动后，距离组件需要经开放组件开放，以防止振荡过程中距离保护组件误动作。

对于不对称故障和三相短路，振荡闭锁开放组件是不同的。

（1）不对称故障开放组件

利用零序和负序电流特征可区分是发生了故障还是振荡。其开放判据为

$$|I_0| > m_1|I_1| \text{ 或 } |I_2| > m_2|I_1|$$

系统振荡时 I_0、I_2 接近零，上式不能满足；当系统振荡并且又发生区外故障时，通过装置的电流较小，上式仍不能满足；当系统振荡并且又发生区内故障时，I_0、I_2 将有较大数值，上式能满足，式中 m_1 和 m_2 的数值在最不利条件下，振荡时发生区外故障，距离保护不误动，而对于区内的不对称故障能够开放。为了防止振荡系统切除时零序和负序电流不平衡输出引起保护误动，保护经延时确认后动作。

（2）三相故障开放组件

1）当系统振荡时，保护安装处的测量电阻或测量阻抗随时间不断地持续变化，且有时变化缓慢、有时变化剧烈，变化速率取决于振荡周期和功角。振荡时测量电阻和测量阻抗的轨迹如图 5-46 所示。图 5-46a 中曲线 1 和 2 为测量电阻随时间变化的情况，R_f 为负载电阻分量，T_z 为振荡周期。测量阻抗振荡时在 $R-X$ 平面上的轨迹是一条直线还是圆弧，决定两侧电源等值电动势的大小，如图 5-46b 所示。

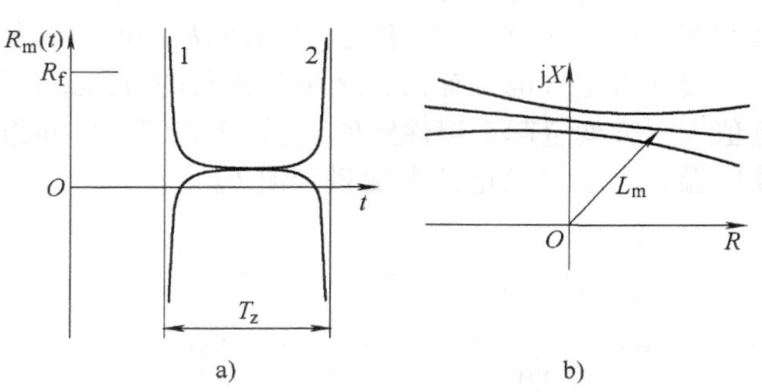

图 5-46　振荡时测量电阻和测量阻抗的轨迹

a）测量电阻 R_m 随时间变化轨迹　b）测量阻抗在 R-X 平面上的轨迹

2）被保护线路发生短路后，测量阻抗的电阻分量虽然也可能因电弧拉长而有所变化，但通过分析和计算得出，电弧电阻的变化速率远小于迄今记录的最大可能的振荡周期所对应的电阻变化速率。短路后，测量电阻基本上为短路电阻 R_k，其数值变化很小或几乎维持不变，如图 5-47 所示。测量阻抗也有类似的规律。

对比图 5-46 和图 5-47 可以看出，如果在某一个时间段内，测量电阻一直在变化，且超过一个门槛值，则可以判定为系统处于振荡状态。为此，应考察振荡期间电阻变化最小的情况。由图 5-46 分析可以知道，电阻变化最小的情况出现在以下情况：

①$\delta=180°$附近。

②最大的振荡周期 T_{ZMAX}。

于是，将这一部分的电阻变化轨迹放大后，如图 5-48 所示。由图可知，对应一个时间 τ，就得出一个电阻变化的最小值 ΔR_{min}（180°，T_{ZMAX}，τ），这样，在任何振荡周期和任何时间 τ 期间，均有 $\Delta R \geqslant \Delta R_{min}$（180°，$T_{ZMAX}$，$\tau$）。因此，在考虑误差和裕度后，取式（5-1）作为振荡判别的条件：

$$\Delta R \geqslant K\Delta R_{min}(180°,\ T_{ZMAX},\ \tau) \tag{5-1}$$

式中，K 为小于 1 的可靠系数。

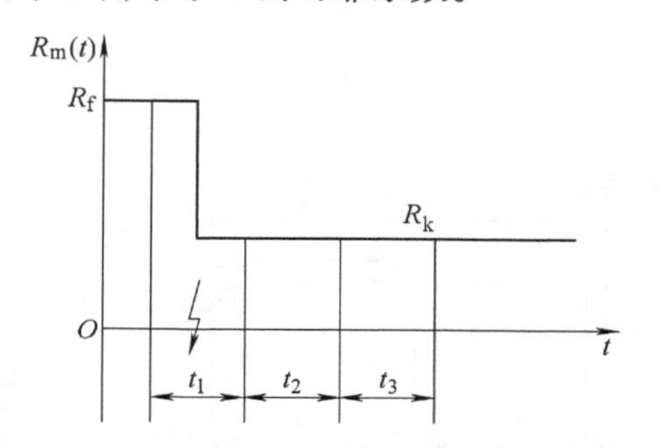

图 5-47　故障前后测量电阻随时间变化的轨迹

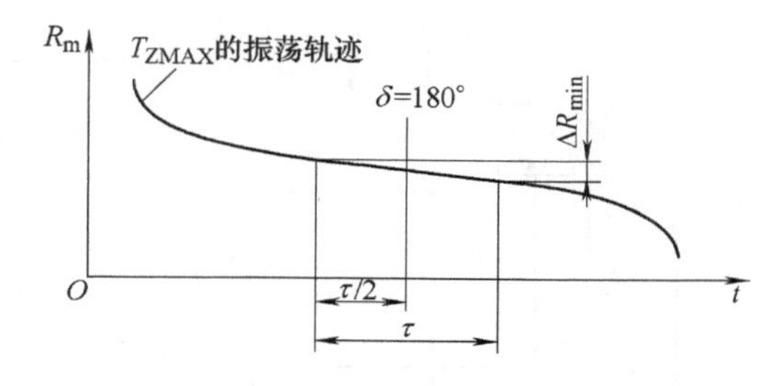

图 5-48　测量电阻变化最小的情况

当然，式（5-1）还应考虑系统的综合阻抗 $Z_{S\Sigma}$。并且，每调整一个时间 τ，就可以得出对应的 ΔR_{min}（180°，T_{ZMAX}，τ）。综合上述分析后，得到区分短路与振荡的判别方法：

①在时间 τ 内，满足 $\Delta R < K\Delta R_{min}$（180°，$T_{ZMAX}$，$\tau$）的条件，则判定为系统发生了短路。

②在时间 τ 内，满足 $\Delta R \geqslant K\Delta R_{min}$（180°，$T_{ZMAX}$，$\tau$）的条件，则判定为系统发生了振荡。

在短路情况下，可能由于时间 τ 太小，导致满足式（5-1）的条件，但是，还可以通过加大 τ，从而放宽 $\Delta R<K\Delta R_{min}$(180°，T_{ZMAX}，τ）的条件，使之逐渐判别出短路来。

3）被保护线路突然发生短路时，如果两侧功角没有摆到 180°，或者不是在振荡中心发生三相短路，则短路前后阻抗的大小和角度都会有很大的突变。利用这一点，可以在振荡不严重或保护起动 150ms 后但未发生振荡的情况下发生三相故障时快速开放距离组件。

5.4.7　保护装置专用闭锁式纵联保护逻辑框图

图 5-49 所示为装置与专用收发信机配合，且远方起信等逻辑由保护完成的保护装置专用闭锁式纵联保护逻辑框图。

其工作的基本原理是：

1. 故障逻辑

（1）区内故障

“起动元件”动作经门 H15—Y10—H13—Y5 立即发信，同时“正方向元件”动作，“反方向元件”不动作，门 Y9 待收信 5ms（T9）—H8—Y21 动作后而打开，经门 Y11—H6—H7—H3—停信。停信后，门 Y22 因无收信信号开放，经门 H6—Y22—T7（确认 8ms）—Y13—H9—保护动作。

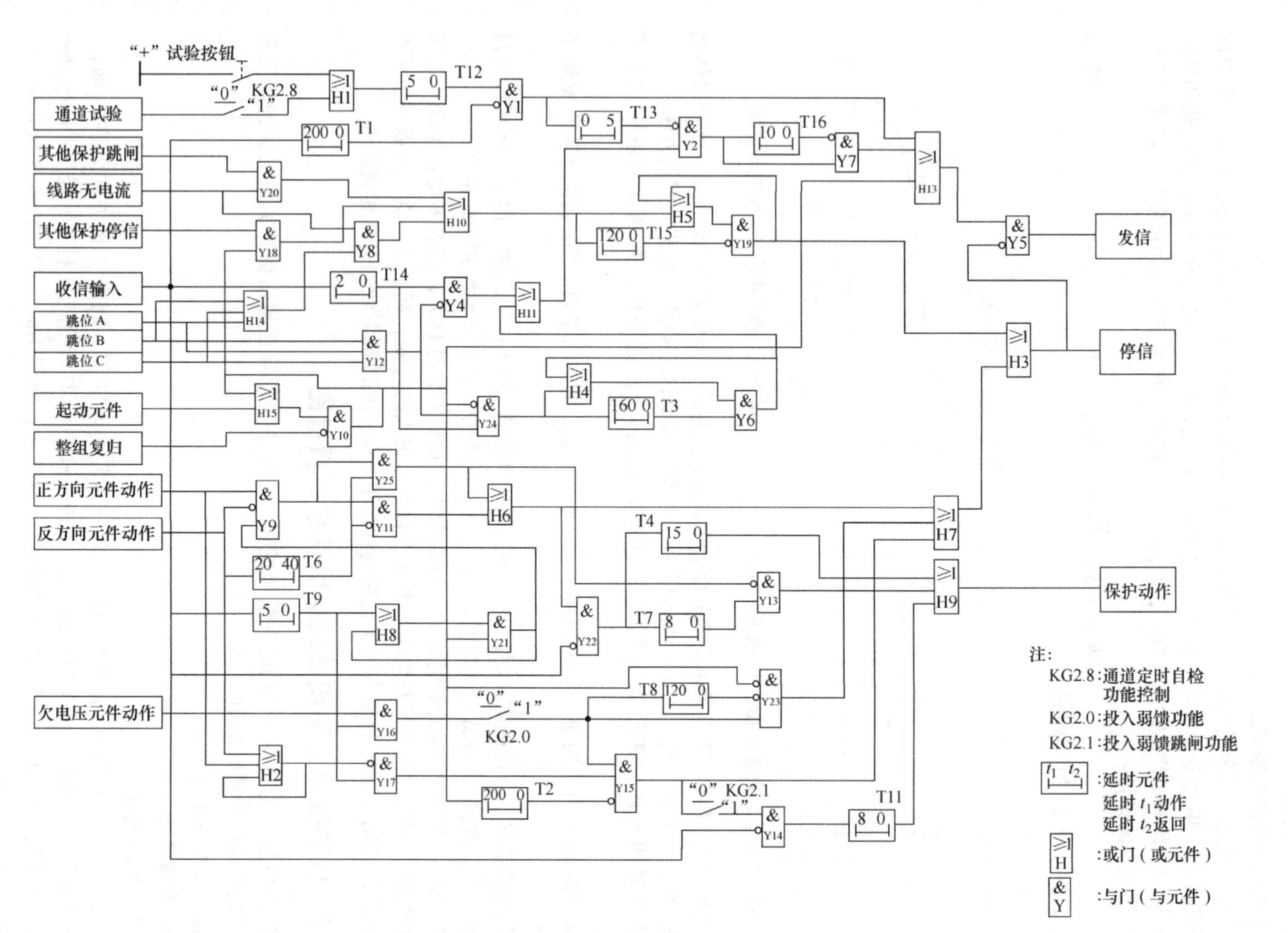

图 5-49　保护装置专用闭锁式纵联保护逻辑框图

（2）区外故障

由于近故障侧方向元件判为反方向故障不停信，一直发信号闭锁远故障侧，即近故障侧门 Y9 不动作，不停信，对侧虽判为正方向故障，门 Y9 开放，但因一直收到对侧信号而门 Y22 被闭锁，故两侧门 H9 不输出保护动作信号。

（3）相继动作

先跳侧纵联保护停信元件在检测到“其他保护跳闸”和判“线路无电流”信号后，经门 Y20—H10—H5—Y19—H3—停信，或有“跳位 A、跳位 B、跳位 C”和“线路无电流”信号时，经 Y8—H10—H5—Y19—H3—停信，并由 T15 控制停信脉冲展宽 120ms，保证对侧纵联保护可靠动作。

（4）区外故障功率倒向问题

保护解决的办法是方向元件从反向到正向延时 40ms 停信，再延时 15ms 确认两侧都停信才跳闸。故障开始功率反方向元件动作时门 Y9 关闭，转为正方向 40ms 后 Y9、T6—Y25 开放（Y11 关闭）—H6—H7—H3—停信，同时闭锁 Y13 防止误跳，再经 T4（15ms）确认为内部故障，由门 Y22—T4—H9—保护动作。

（5）弱馈保护

1）弱馈端电流突变量元件不起动，欠电压起动逻辑：如弱馈端保护在收到对侧信号后且“欠电压元件”动作，门 Y16 经控制字 KG2. 0 开放门 Y23—H7—H3—停信 120ms（T8），保证强电源侧快速跳闸。

2）弱馈端电流突变量元件起动保护动作逻辑：在起动时间小于 T2（200ms）时、“欠电压元件”动作、弱馈端正反方向元件均不动作，H2—Y17—Y15（门 Y16—KG2. 0 开放）—H7—H3—停信；若投弱馈跳闸控制字 KG2. 1，则门 Y15—KG2. 1—Y14—T11（确认收不到信号 8ms）—H9—保护动作，弱馈端也能跳闸。

2. 其他有关逻辑

（1）远方起动发信

如“跳位 A、跳位 B、跳位 C”未动作，在收到对侧信号后，则由 T14—Y4—H11—Y2—Y7—H13—Y5—发信 10s（由 T16 控制）；如“跳位 A、跳位 B、跳位 C”动作，则由 T14—Y24—T3 延时 160ms—Y6—H11—Y2—Y7—H13—Y5—发信 10s。

（2）手动通道试验

按下“试验按钮”，H1—T12—Y1—H13—Y5—发信 200ms（由 T1 控制）后停信；而对侧收到信号后立即由 T14—Y4—H11—Y2—Y7—H13—Y5—发信 10s（由 T16 控制）；本侧在收到对侧信号 5s（由 T13 控制）后，再次由 T14—Y4—H11—Y2—Y7—H13—Y5—发信 10s，通道试验结束。

（3）如投入信道定时自动测试功能

即 KG2. 8 置“1”，则通道每天定时整点进行通道试验，过程同手动通道试验。

（4）其他保护动作停信

在保护起动状态下，且“其他保护停信”有开入，则由 Y18—H10—H5—Y19—H3—停信 120ms（由 T15 控制）后返回。

（5）三跳位置停信

保护未起动，跳闸位置端子有开入时，当收到对侧信号后，由 T14—Y24—Y6 延时

160ms（由 T3 控制）— H11—H13—Y5—发信。保护起动后，闭锁门 Y24，自动解除三跳位置停信。

5.4.8　保护装置允许式纵联保护逻辑框图

CSC-101（102）A/B 型保护装置允许式纵联保护逻辑框图如图 5-50 所示。

在图 5-50 中，当线路区内故障时，两端保护装置的起动元件动作，正方向元件动作，反方向元件不动作，保护起动向对侧发允许信号，允许对侧跳闸；如是线路外部故障，则线路一端正方向元件动作，收不到允许信号，而另一端则收到允许信号却正方向元件不动作，因此两端都不能跳闸。

1. 区内故障

纵联“起动元件”动作，同时正方向元件动作，反方向元件不动作，经门 Y9—Y11—H6—H7—H10—发信，并准备开放门 Y22；收到对侧允许信号后，门 H8—Y21—Y22—T7（确认 5ms）—Y13—H9—保护动作。

解除闭锁功能：当 KG2. 5 置“1”，在“解除闭锁”有开入时，无“收信输入”，保护已起动，在门 Y4—Y2—T16 延时 150ms 内，当区内发生故障，判“相间正方向”动作，Y7—KG2. 5—T1（延时约 30ms）—H9—保护动作。

2. 区外故障

由于近故障侧方向元件判为反方向，不向对侧发允许信号，即近故障侧门 Y9 不动，不发信，对侧虽然能发信，但却收不到允许信号，门 Y21 不能打开，门 H9 不输出保护动作信号。

3. 相继动作

先跳侧保护装置在检测到“其他保护跳闸”和“线路无电流”后，经门 Y20—H1—H5—Y19—H10—发信，或有“跳位 A、跳位 B、跳位 C”和“线路无电流”信号时，经门 Y1—H1—H5—Y19—H10—发信，由 T12 控制发信脉冲展宽 120ms。

4. 区外故障功率倒向问题

当发生区外故障时，本保护应不动作，但当故障线路有一侧跳开后本保护可能出现功率倒向问题，解决的办法是方向元件从反向到正向延时 40ms 发信，以躲开两侧都为正方向的时间，如此时再发生内部故障，则延时 15ms 确认两侧都发信才跳闸。故障开始功率反方向元件动作时门 Y9、Y11 关闭，转为正方向 40ms 后 Y9、T6—Y25 开放（Y11 仍关闭）—H6—H7—H10—发信，同时闭锁 Y13 防止误跳，如内部故障，则门 H8—Y21—Y22 开放，再经 T4（15ms）—H9—保护动作。

5. 弱馈保护

1）弱馈端电流突变量元件不起动，欠电压起动：弱馈端也能起动保证强电源侧快速跳闸。

如弱馈端保护在收到允许信号后且“欠电压元件”动作，门 Y16 经控制字 KG2. 0 开放门 Y23—H7—H10—发信 120ms（T8），保证强电源侧快速跳闸。

2）弱馈端电流突变量元件起动保护动作逻辑：在起动时间小于 T15（200ms）、弱馈端正反方向元件均不动作、欠电压元件动作、收到允许信号 5ms 时，H2—Y17-Y15（Y16—KG2. 0 开放）—H7—H10—发信，若投弱馈跳闸控制字 KG2. 1，则门 Y15—KG2. 1—Y14—T11（确认 5ms）—H9—保护动作。

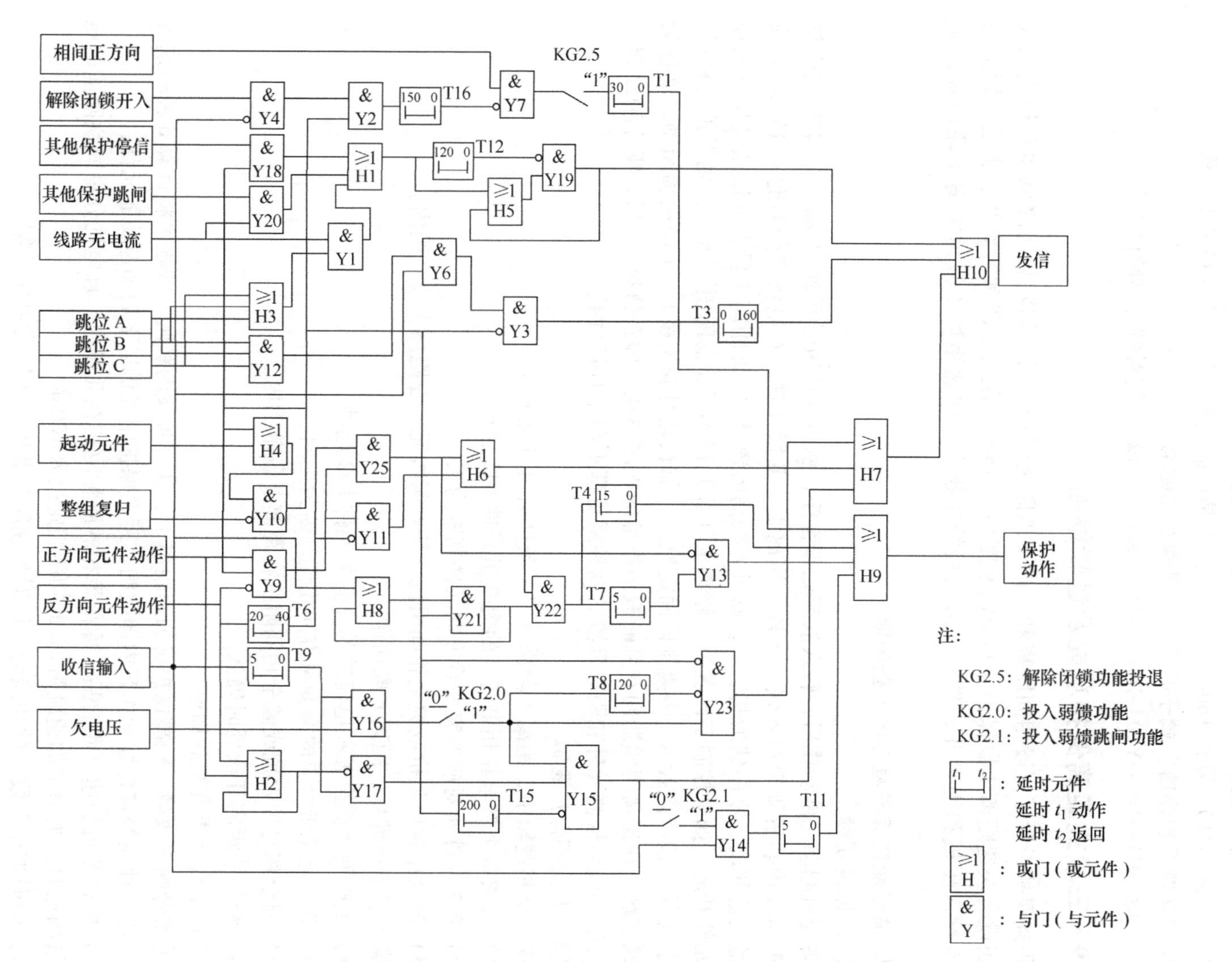

图 5-50 CSC-101（102）A/B 型保护装置允许式纵联保护逻辑框图

6. 保护未起动

保护未起动，收到对侧信号“收信输入”且有“跳位A、跳位B、跳位C”时，经门Y6—Y3—T3— H10—发信160ms（T3），作用是保证线路对侧纵联保护可靠动作。

7. “其他保护停信”端子有开入，且保护已起动

由Y18—H1—H5—Y19—H10—发信120ms（T12），使对侧可靠跳闸。

5.4.9　三段式距离保护功能及逻辑框图

距离保护设置了三段相间距离和三段接地距离保护，用于切除相间故障和单相接地故障，还设有快速距离Ⅰ段保护，其最快速度小于15ms。距离Ⅰ段和距离Ⅱ、Ⅲ段分别由距离Ⅰ段投入压板和距离Ⅱ、Ⅲ段投入压板控制投退。快速距离Ⅰ段由距离Ⅰ段压板控制投退。

1. 关于距离保护程序的一些说明

（1）振荡闭锁

突变量起动元件动作后，转入故障处理程序，测量元件短时开放150ms。在电流突变量起动150ms内装置固定投入快速Ⅰ段、距离Ⅰ、Ⅱ段元件。在电流突变量起动150ms后或经静稳失稳起动、零序辅助起动时，则进入振荡闭锁模式，即距离Ⅰ段和Ⅱ段须经振荡闭锁开放元件开放。如果控制字设置为“距离Ⅰ（Ⅱ）段不经振荡闭锁”方式，则保护起动后，距离Ⅰ（Ⅱ）段固定投入。距离Ⅲ段固定投入（靠长延时躲振荡），不经振荡闭锁，动作后永跳或三跳。在振荡闭锁期间有判断振荡停息的程序模块，即在持续5s后，零序辅助起动元件、静稳破坏检测元件和距离Ⅲ段的六种阻抗都不动作时整组复归。

（2）非全相保护逻辑

在非全相逻辑中，距离Ⅰ段满足以下条件后出口跳闸：

1）反映两个健全相相电流差的突变量元件DI2起动。

2）DI2元件所对应的突变量方向元件判断为正向。

3）健全相对地阻抗或健全相间阻抗，任一阻抗元件在距离Ⅰ段范围内。

满足以下条件后，距离Ⅱ段动作：

1）反映两个健全相相电流差的突变量元件DI2起动。

2）DI2元件所对应的突变量方向元件判断为正向。

3）健全相对地阻抗或健全相间阻抗在距离Ⅱ段范围内。

4）经相间距离Ⅱ段延时确认。

（3）手合及重合闸后加速

手动合闸于故障，距离保护将加速距离Ⅰ、Ⅱ、Ⅲ段的跳闸。即程序将计算6种相别的阻抗，任一种在偏移特性动作区内即跳闸。距离保护中提供以下后加速功能元件：

1）电抗相近加速（重合后，原故障相的测量阻抗在Ⅱ段内，且电抗分量同跳闸前的电抗分量相近时，则保护加速跳闸）。此功能固定投入100ms。

2）瞬时加速Ⅱ段，此功能受“瞬时加速距离Ⅱ段投入”控制字控制。

3）瞬时加速Ⅲ段，此功能受“瞬时加速距离Ⅲ段投入”控制字控制。

4）1.5s躲振荡延时加速Ⅲ段，此功能固定投入，不经控制字投退。

（4）TV断线

TV断线时距离保护退出工作，同时装置将继续监视TV电压，电压恢复正常后，距离保护将自动重新投入运行。TV断线后，投入TV断线后的相过电流保护和零序过电流保护，动作后永跳。相过电流和零序过电流保护的定值均可独立整定，并共用一个延时定值和控制字。

2. 距离保护逻辑框图

距离保护的逻辑框图如图5-51所示。

在图5-51中：

（1）突变量起动元件I_{QD}动作

在150ms以内短时开放测量元件，通过计算和判断，若故障阻抗在“快速Ⅰ段”动作区内，则快速跳闸，即经“快速Ⅰ段”—JLI—KG3.2—Y22—Y32—H21—选跳。

（2）若程序计算的阻抗在“距离Ⅰ段”动作区内

由控制字KG3.0控制是否经振荡闭锁，KG3.0置“1”不经振荡闭锁，直接经H8开放门Y23、Y24；KG3.0置“0”经振荡闭锁，经H2—Y19—H7—H8开放门Y23、Y24。

“接地距离Ⅰ段”—JLI—Y3—Y13—Y23—H21—选跳。

“相间距离Ⅰ段”—JLI—Y4—Y14—Y24—H11—Y10—KG1.0（Y28—KG1.1）—H25—H23—三跳，或经KG1.0（KG1.1）—H24—H29—永跳。

（3）若程序计算的阻抗在Ⅱ段范围内

由控制字KG3.1控制是否经振荡闭锁，KG3.1置“1”不经振荡闭锁，直接经H9开放门Y25、Y26；KG3.1置“0”经振荡闭锁，经H2—Y19—H7—H9开放门Y25、Y26。

“接地距离Ⅱ段”—JLⅡ.Ⅲ—Y5—Y15—Y25—TD2—H14—KG3.5（置“0”）—H21—选跳，或经KG3.5（置“1”）—H24—H29—永跳。

“相间距离Ⅱ段”—JLⅡ.Ⅲ—Y6—Y16—Y26—TX2—H14—KG3.5（置“0”）—H21—选跳，或经KG3.5（置“1”）—H24—H29—永跳。

（4）Ⅲ段范围内故障

“接地距离Ⅲ段”—JLⅡ.Ⅲ—Y7—Y17—TD3—H13—KG3.6（置“0”）—H23—三跳，或经KG3.6（置“1”）—H29—永跳。

“相间距离Ⅲ段”—JLⅡ.Ⅲ—Y8—Y18—TX3—H13—KG3.6（置“0”）—H23—三跳，或经KG3.6（置“1”）—H29—永跳。

（5）相间故障永跳

H11—Y10—KG1.0（置“1”）—H24—H29—永跳，或KG1.0（置“0”）—H25—H23—三跳。

三相故障永跳：H11—Y28—KG1.1（置“1”）—H24-H29—永跳，或KG1.1（置“0”）—H25—H23—三跳。

（6）TV断线

在TV断线时，门Y3~Y8、Y22被闭锁，各段距离保护均退出工作；投入TVDX过电流，即“TV断线相过电流和零序过电流”—Y20—KG3.7—T1L—H29—永跳。

（7）手动合闸

若任一阻抗在Ⅰ、Ⅱ、Ⅲ段内，立即跳闸，门H6—Y11—H29永跳。

（8）重合闸于故障上，进行后加速跳闸

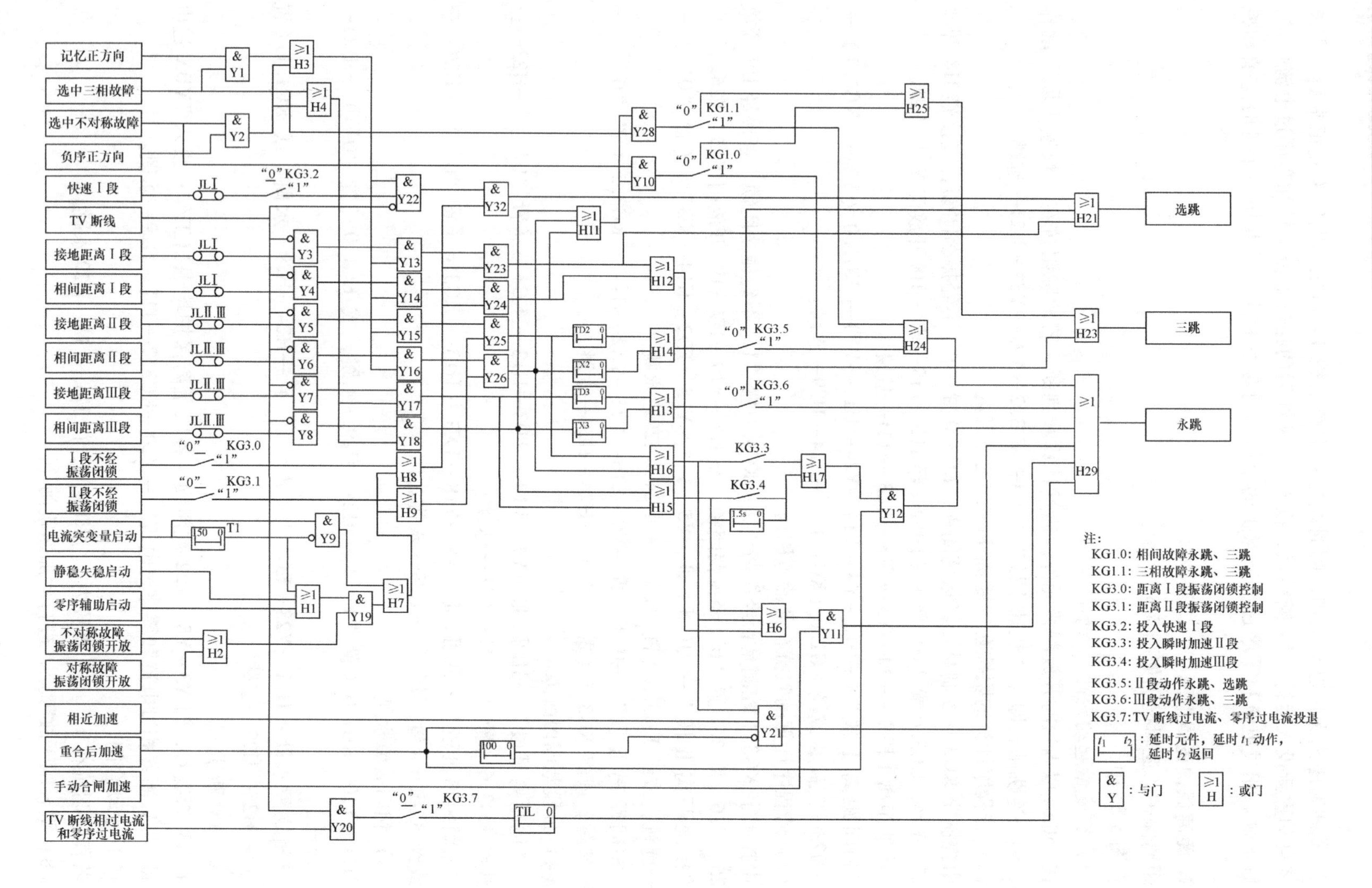

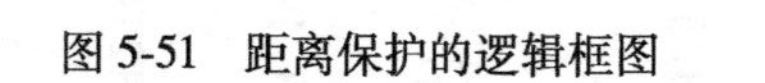
图5-51　距离保护的逻辑框图

1）瞬时加速Ⅱ段，门 H16—KG3. 3—H17—Y12—H29—永跳。

2）瞬时加速Ⅲ段，门 H15—KG3. 4—H17—Y12—H29—永跳。

如 KG3. 4 不投入，按躲延时加速Ⅲ段处理，由门 H15—1. 5s—H17—Y12—H29—永跳。

3）重合闸后 X 相近加速，经 Y21（100ms 后被闭锁）—H29—永跳。

5. 4. 10 零序保护功能及逻辑框图

1. 零序保护的功能配置

CSC-101(102)A/B 保护装置的零序后备保护配置相同。在全相运行时配置了四段零序方向保护和零序反时限保护，零序Ⅰ段自动带方向，其他各段都可由控制字选择经方向或不经方向元件闭锁。零序Ⅰ段由零序Ⅰ段压板控制投退，其他段由零序其他段压板控制投退，零序反时限保护由零序反时限压板控制投退。

在非全相运行时设置了瞬时段保护，通常称为不灵敏Ⅰ段保护，该保护固定带方向，不灵敏Ⅰ段由零序Ⅰ段压板控制投退；另有带延时（T04—500ms）的零序Ⅳ段（接线路 TV 时固定不带方向，接母线 TV 时经控制字控制投退）和零序反时限保护。

突变量起动元件或零序辅助起动元件动作后，转入故障处理程序，在全相运行时投入零序Ⅰ、Ⅱ、Ⅲ、Ⅳ段和零序反时限保护。零序Ⅰ、Ⅱ、Ⅲ段动作后选相跳闸（Ⅱ、Ⅲ段动作也可永跳），零序Ⅳ段动作后永跳或三跳，零序反时限动作后永跳或三跳。在非全相运行时，闭锁零序Ⅰ、Ⅱ、Ⅲ、Ⅳ段，投入零序不灵敏Ⅰ段、短时限的零序Ⅳ段和零序反时限保护，动作后永跳或三跳出口。

在持续一定的时间内，零序各段和零序辅助起动元件均不动作，保护整组复归。

2. 零序反时限保护

零序反时限保护方向可经控制字投退。反时限特性曲线公式如下：

$$T=\frac{K}{\left(\frac{I_{\mathrm{d}}}{I_{\mathrm{set}}}\right)^{R}-1}+T_{\mathrm{s}}$$

式中，I_{d} 为短路电流；K 为零序反时限时间系数；R 为零序反时限指数定值；I_{set} 为零序反时限电流定值；T_{s} 为零序反时限延时定值，可满足零序反时限和不同保护配合的要求。

按以下参数设置可得到：

$R=0.02$ 和 $K=0.14$— 标准反时限（IEC 标准）。

$R=1$ 和 $K=13.5$—甚反时限。

$R=2$ 和 $K=80$—极端反时限等不同的反时限曲线。

3. 关于零序保护程序的一些说明

（1）$3U_0$ 极性问题

保护采用自产 $3U_0$，即由软件将三个相电压相加而获得 $3U_0$，供方向判别用，TV 断线时，带方向的零序保护退出，不带方向的零序各段保留。

（2）TA 断线的问题

为防止 TA 断线引起灵敏的零序Ⅲ段或Ⅳ段保护误动作，可利用 TA 断线时无零序电压这一特征，在可能误动的段带方向，用零序方向元件实现闭锁。在某些情况下，如正常运行时 $3U_0$ 的工频不平衡分量较大，为了防止方向元件闭锁不可靠，装置还设置了一个 $3U_0$ 突变量元件，动作门槛固定为2V有效值，在控制字KG4.8相应位置“1”时，零序保护各段都经过此$3U_0$突变量元件的闭锁。TA断线时零序电流将长时间存在，保护在零序电流持续12s大于Ⅳ段整定值I_{04}时报“TA断线告警”，并闭锁零序各段。

（3）非全相零序保护逻辑

利用非全相运行中的不灵敏Ⅰ段和零序Ⅳ段（动作时间为T04—500ms）保护切除非全相运行中的再故障。注意，若TV在线路侧时，非全相再故障零序电压量不是真正的故障零序电压，所以对于带延时（T04—500ms，要大于单重时间）的零序Ⅳ段固定不带方向。

（4）手合及重合闸后加速

装置零序保护如果判断为手合，投入不灵敏Ⅰ段、零序各段保护，除不灵敏Ⅰ段动作不带延时外，其他均带0.1s延时，动作为永跳。

手合时不判方向。装置零序保护如果判断为重合闸动作时投入零序Ⅰ段和零序不灵敏Ⅰ段保护，通过整定控制字还可以实现加速Ⅱ段、加速Ⅲ段、加速Ⅳ段、不灵敏Ⅰ段动作不带延时，其他各段后加速时间固定为0.1s，动作为永跳。

手合和重合闸加速段带0.1s延时，是为了躲开断路器三相不同期。

4. 零序保护的逻辑框图

零序保护的逻辑框图如图5-52所示。

图5-52中，突变量起动元件或零序辅助起动元件动作后，进入故障处理程序。全相运行时投零序Ⅰ～Ⅳ段（I_{01}～I_{04}）和零序反时限保护。非全相运行时，闭锁I_{01}～I_{04}段，投入不灵敏的I_{N1}、零序反时限、I_{N1}短时间段。

（1）零序Ⅰ段和不灵敏Ⅰ段自动带方向

零序I_{01}～I_{04}各段及零序反时限方向性由各自的控制字控制，即KG4.2～KG4.4分别控制I_{02}、I_{03}、I_{04}，KG4.11控制零序反时限保护，当置“1”时为带方向，置“0”时为不带方向。

（2）TA断线时

利用TA断线时无零序电压这一特征，使可能误动的保护带方向，用零序方向元件实现闭锁。若零序电流长期存在，“TA断线$3I_0>I_{04}$”经12s后发告警信号，并闭锁零序各段，即门Y11～Y14被闭锁。

正常运行时若$3U_0$工频分量较大时（KG4.8控制），如果方向元件闭锁不可靠，可用$3U_0$突变量将零序各段保护闭锁，即“$3U_0$突变量”—KG4.8闭锁门Y11—Y15。

（3）零序方向模块用自产$3U_0$和$3I_0$判断方向

当TV断线时带方向的零序保护退出工作。

（4）手动合闸与重合闸后加速

1）手动合闸零序各段不带方向，零序各段延时0.1s，以躲开断路器三相不同期，即Ⅰ段经Y3—H3（零序其他段经H1—Y1—H3）—100ms—H4—H8—H10—零序永跳；零序不灵敏Ⅰ段经Y20—H4—H8—H10—零序永跳，无延时。

2）重合闸于故障上，零序Ⅰ段经Y10—H3延时100ms，由控制字（KG4.5、KG4.6、KG4.7）控制加速Ⅱ、Ⅲ、Ⅳ段，即门Y17、Y18、Y19—H7—H3—100ms—H4—H8—H10—零序永跳；不灵敏Ⅰ段经Y21—H4—H8—H10—零序永跳。

3）零序反时限自动投入。

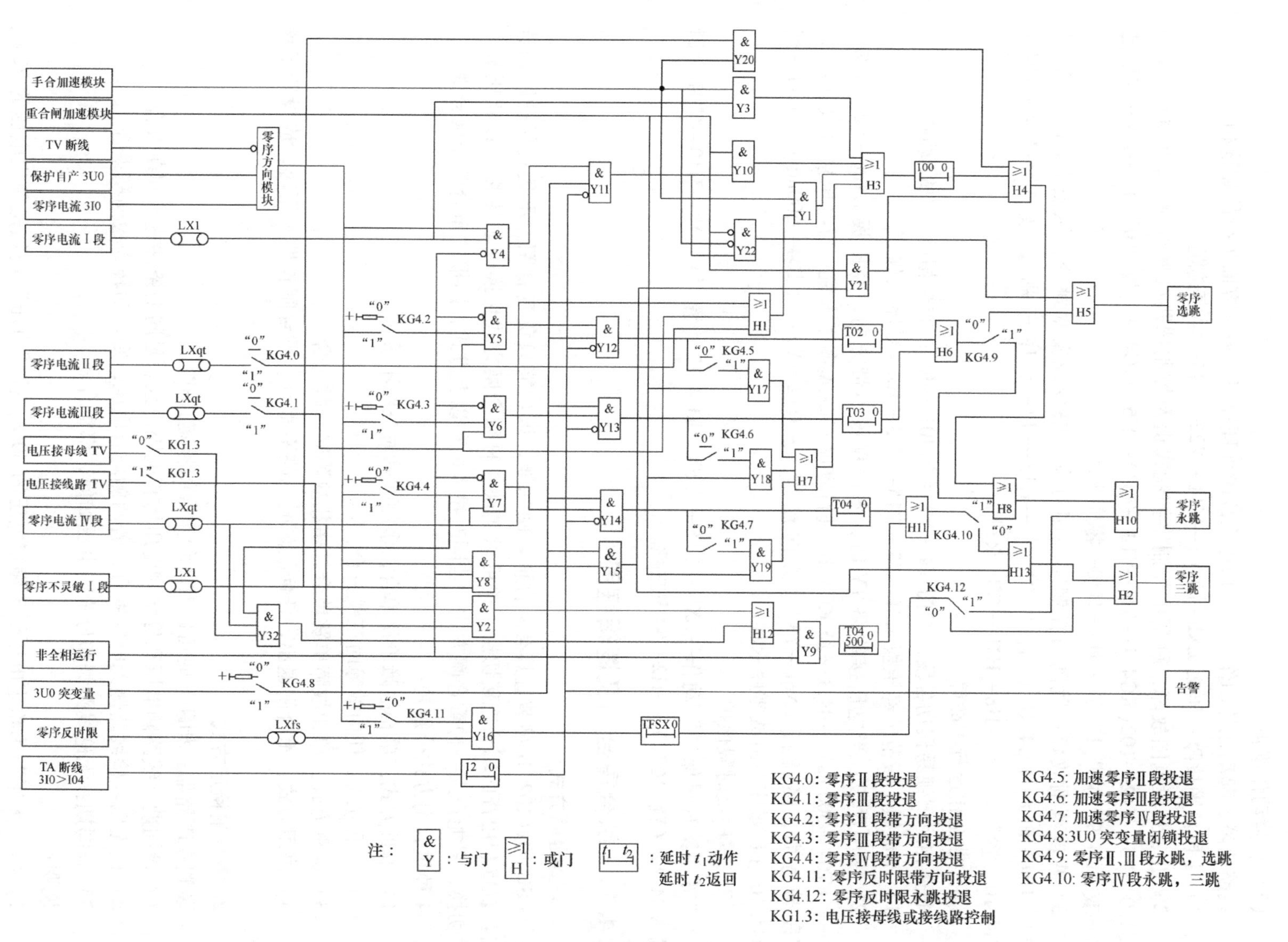

图 5-52 零序保护的逻辑框图

（5）故障动作逻辑

线路故障，起动元件动作，一方面进入故障处理程序，另一方面进行故障选相。

1）Ⅰ段范围故障：压板 LXI—门 Y4—Y11—Y22— H5—零序选跳。

2）Ⅱ、Ⅲ段范围故障：跳闸由控制字控制投退及控制选跳或发永跳令，压板 LXqt—KG4.0—Y5—Y12—T02(KG4.1—Y6—Y13—T03)—H6—KG4.9（置“0”）—H5—零序选跳，或 KG4.9（置”1”）—H8—H10—零序永跳。

3）Ⅳ段范围故障：跳闸由控制字控制可发三跳令或发永跳令，压板 LXqt—门 Y7—Y14—T04—H11—KG4.10（置“0”）—H13—H2—零序三跳，或 Y7—Y14—T04—KG4.10（置”1”）—H8—H10—零序永跳。

（6）非全相运行中故障

非全相时闭锁易误动各段，即门 Y4—Y7 关闭 I01 —I04；非全相运行中故障时：

1）不灵敏Ⅰ段范围经压板 LXI—Y8—Y15—H13—H2—零序三跳。

2）零序Ⅳ段：当电压接线路 TV 时，零序Ⅳ段不带方向，经压板 LXqt—Y2—H12—Y9—（T04—500ms）—H11—经 KG4.10 进行零序三跳或零序永跳；当电压接母线 TV 时，Ⅳ段带方向，经压板 LXqt—Y32（方向控制）—H12—Y9—（T04—500ms）—H11—经 KG4.10 进行零序三跳或零序永跳。

（7）零序反时限保护

“零序反时限保护”动作—LXfs—Y16—TFSX—KG4.12（置“1”）—H10—零序永跳或 KG4.12（置“0”）—H2—零序三跳。

5.4.11　综合重合闸及逻辑框图

1. 重合闸方式

CSC-101(102)B 型装置具有综合重合闸功能，该功能只负责合闸，不负责保护跳闸选相。装置利用背面端子连接切换开关可以实现 4 种重合闸方式切换（硬压板）或软压板方式切换，只能投入一种重合闸方式，若同时投入两种以上方式，则报“重合闸压板异常”。

4 种重合闸方式分别是：

1）单重方式：单相故障单跳单合，多相故障时三跳不重合。

2）三重方式：任何故障时三跳三合。

3）综重方式：单相故障单跳单合，多相故障时三跳三合。

4）停用方式：重合闸退出，任何故障时三跳不重合。重合闸长期不用时，应设置于该方式。

2. 重合闸检定方式

装置在断路器三相跳开时可以有 3 种重合闸检定方式。

1）检同期：线路侧电压和母线侧电压均有电压，且满足同期条件进行同期重合。

2）检无压：检线路侧无电压重合，若两侧均有电压，则自动转为检同期重合。

3）非同期：无论线路侧和母线侧电压如何，都重合。

说明：

1）检“无压”为检定电压低于额定电压的 30%，检“有压”门槛是额定电压的 70%，检同期角度可以整定。

2）检同期或检无压的相别不用整定，采用装置软件自动识别的方式，即如果装置重合闸方式选为三重方式或综重方式，检定方式设为检同期或检无压方式，装置自动根据两侧接入电压的情况判别鉴定相别。若不能找到两侧满足同期条件的相别，在开关合闸状态下，告警“检同期电压异常”。保护工作电压一般来自母线 TV，所以检无压或检同期指的是检电压 U_x，若两侧均有电压时，自动转检同期。

3）若3种重合闸检定方式均未投入，则面板显示：“重合闸方式：非同期”。对于单相重合闸不受上面3个条件限制。

3. 重合闸的充放电

在软件中，专门设置一个计数器，模仿“四统一”自动重合闸设计中电容器的充放电功能。此充电计时组件充满电所需时间为15s，重合闸的重合功能必须在“充电”完成后才能投入，同时点亮面板上的充点灯，在未充满电时不允许重合，以避免多次重合闸。

（1）重合闸充电

在满足以下条件时，充电计数器开始计数，模仿重合闸的充电功能。

1）断路器在“合闸”位置，即接入保护装置的跳闸位置继电器 TWJ 不动作。

2）重合闸不在“重合闸停用”位置。

3）重合闸起动回路不动作。

4）没有低气压闭锁重合闸和闭锁重合闸开入。

（2）重合闸放电

在以下条件下，充电计数器清零，模仿重合闸放电的功能。

1）重合闸方式在“重合闸停用”位置。

2）重合闸在“单重”方式时保护动作三跳，或断路器断开三相。

3）收到外部闭锁重合闸信号（如手跳、永跳、遥控闭锁重合闸等）。

4）重合闸出口命令发出的同时“放电”。

5）重合闸“充电”未满时，跳闸位置继电器 TWJ 动作或有保护起动重合闸信号开入。

6）重合闸起动前，收到低气压闭锁重合闸信号，经200ms 延时后放电。

7）重合闸起动过程中，跳开相有电流。

4. 重合闸的起动

装置设有两个起动重合闸的回路：保护起动以及断路器位置不对应起动。

（1）保护起动

设有保护“单跳起动重合闸”“三跳起动重合闸”两种开入端子，这些端子开入信号不要求来自跳闸固定继电器，而要求来自跳闸重动继电器，即要求跳闸成功后立即返回，重合闸在这些触点闭合又返回时起动。如果单相故障，重合闸在单重计时过程中收到三跳起动重合闸信号，将立即停止单重计时，并在三跳起动重合闸触点返回时开始三重计时。保护起动重合闸虽有单相和三相两个输入端，可以区分单跳还是三跳，但装置还将根据三个跳位继电器触点进一步判别，防止三跳按单重处理。装置内保护功能发出跳闸命令时，已经在内部起动重合闸，装置保护功能与重合闸功能配合时，不需要外部引入单跳起动重合闸和三跳起动重合闸信号。

（2）断路器位置不对应起动

装置考虑了断路器位置不对应起动重合闸，主要用于断路器偷跳。装置利用三个跳位继电器触点起动重合闸，二次回路设计必须保证手跳时通过闭锁重合闸开入端子将重合闸“放电”，不对应起动重合闸时，单跳还是三跳的判别全靠3个跳位触点输入。单相断路器偷跳和三相断路器偷跳可分别由控制字设定是否起动重合闸。如果控制字不投入，单相断路器偷跳报“单跳闭锁重合闸”，三相断路器偷跳报“三跳闭锁重合闸”。

5. 重合

重合闸起动后，在未发重合令前，程序完成以下功能：

1）不断检测有无闭锁重合闸开入，若有开入，充电计数器清零，主程序查到充电计数未满整组复归。

2）若为单跳起动重合闸或单相偷跳起动重合闸，则不断检测是否有三跳起动重合闸开入和三跳位置，若有，则按三重处理。

3）在主程序中，根据重合闸控制字设置的检同期和检无压等方式，进行电压检查，不满足条件时，重合计数器清零。

4）若重合闸一直未能重合，等待一定延时后，整组复归，在单重方式下，此延时为TS1（TL1）+12s，在三重方式下，此延时为TS3（TL3）+12s。

5）若本装置发重合令，则重合闸模块固定在4s后复归。重合闸在起动过程中，满足充电时间计数器放电条件，即复归，不再重合。

对CSC-101(102)B型装置，保护工作电压一般来自母线TV，所以检无压或检同期时，指的是检 U_x 端子上的电压，若两侧均有电压时，自动转到检同期。

6. 沟通三跳

在重合闸三重方式、停用方式、重合充电时间计数未满、在装置严重告警或失电情况下沟通三跳触点闭合，需要注意：沟通三跳触点是动断触点。本装置信号输出到沟通三跳触点的同时，已经起动内部相应的保护功能。所以在使用本装置重合闸功能时，本保护不需要接入沟通三跳输入。

7. 有两套重合闸同时投入

CSC-101(102)B装置在软件上增加了对开关合闸状况（判跳位和电流）的检测，对同一个开关配有两套重合闸的情况，可同时投入两套重合闸，而不会出现二次重合的情况。

8. 综合重合闸逻辑框图

综合重合闸逻辑框图如图5-53所示。

（1）重合闸的充、放电

1）重合闸的充电：断路器在合位，跳闸位置继电器TWJa、TWJb、TWJc不动、重合闸起动回路不动作，说明是在正常状态，此时若无重合闸闭锁信号，即门H10无输出，则经门H12反相后对重合闸TCD开始充电，时间约为15s。

2）重合闸的放电：当断路器合闸压力低时，经200ms延时仍未恢复，重合闸起动回路（单重起动回路为门Y1；三重起动回路为门Y2）未动作，门H11无输出，则门Y17—H10动作放电；如外部有闭锁信号开入，或重合闸在停用位置，则门H2—H10动作放电；重合闸在单重方式时，保护动作三跳起动重合闸，则门H14—Y16—H10动作放电；重合闸回路未充满电，保护起动重合闸动作，门H11—Y15—H10动作放电；重合闸出口命令发出的同时也动作放电。

（2）单相重合闸

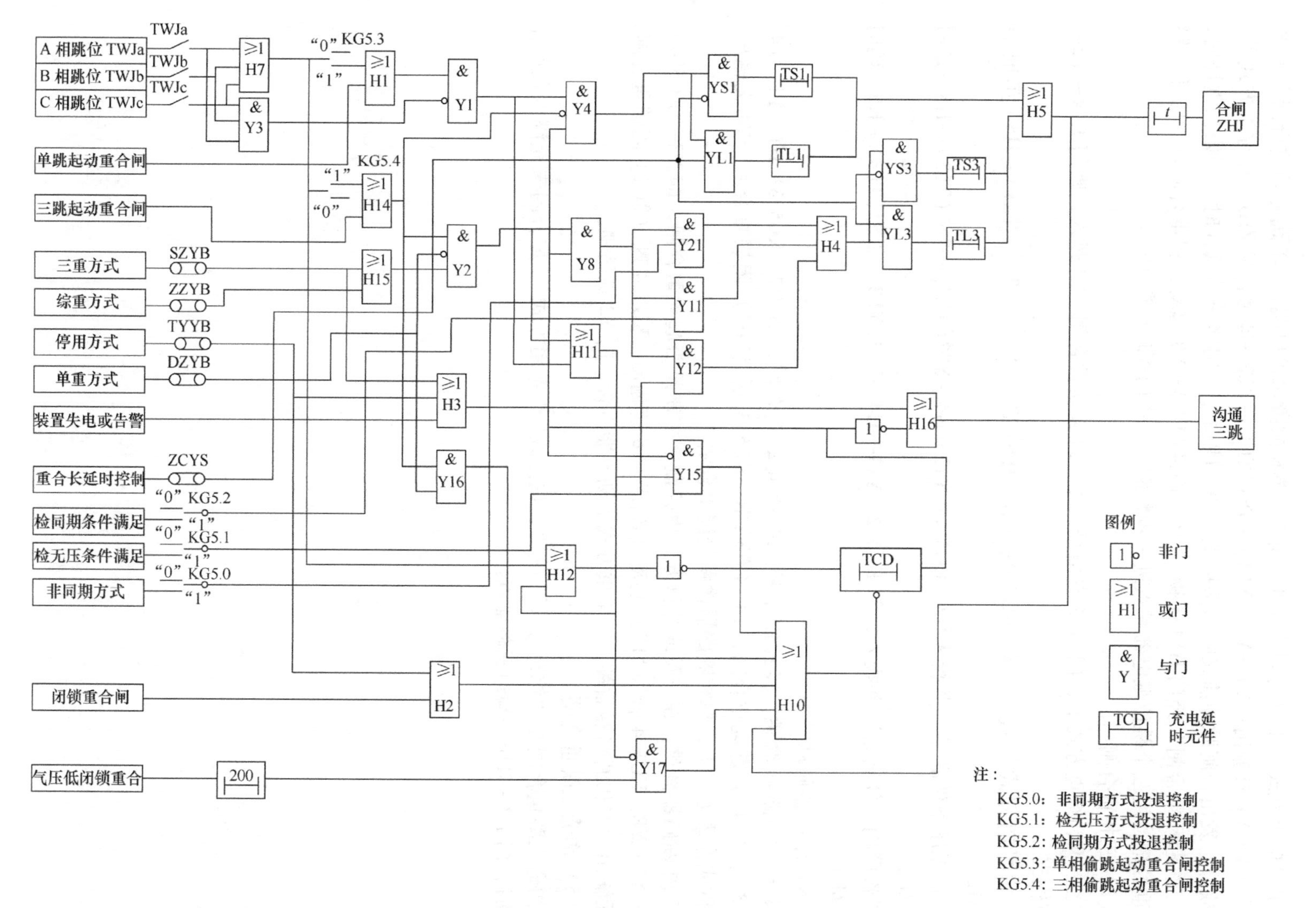

图 5-53　综合重合闸逻辑框图

在“单重方式”下（即投入单重压板），单相故障保护单跳，“单跳起动重合闸”有开入，门H1—Y1有输出—Y4—YS1(YL1)—TS1(TL1)—H5—延时合闸ZHJ。在综重方式下，单相故障，发出合闸脉冲前又收到保护发出的三跳命令，则停止单重计时，开始三重计时，即“三跳起动重合闸”经门H14闭锁门Y4、而经门Y2—Y8起动三相重合闸。为防止三跳按单重处理，用三个跳位继电器触点进一步判别，即用门Y3闭锁门Y1。

（3）三相重合闸

在三重和综重方式下，门H15有信号，“三跳起动重合闸”有开入，则门H14—Y2—Y8有输出：

“非同期方式”投入，经KG5.0—Y21—H4—YS3(YL3)—TS3(TL3)—H5—延时合闸ZHJ。

“检无压条件满足”并投入，经KG5.1—Y12—H4—YS3(YL3)—TS3(TL3)—H5—延时合闸ZHJ。

“检同期条件满足”并投入，经KG5.2—Y11—H4—YS3(YL3)—TS3(TL3)—H5—延时合闸ZHJ。

（4）断路器偷跳

若单相断路器偷跳，经控制字控制是否起动重合闸，即H7—KG5.3—H1—Y1—Y4，KG5.3合（“1”）起动重合闸，Y4将有输出；KG5.3断（“0”）闭锁重合闸，Y4无输出。在三重或综重方式下，单相断路器偷跳仍能重合闸。

三相断路器偷跳，在三重或综重方式由控制字控制是否起动重合闸，即Y3—KG5.4—H14—Y2—Y8，KG5.4合（“1”）起动重合闸，Y8有输出；KG5.4断（“0”）闭锁重合闸，Y8无输出。三相断路器偷跳，在单重方式下则不能重合，门Y2被闭锁。

（5）沟通三跳重合闸

沟通三跳重合闸在“综重方式”或“三重方式”“停用方式”、重合闸未充满电及回路告警时，门H3—H16—沟通三跳触点。

第6章 电气主设备微机继电保护举例

电力系统的电气主设备包括发电机、变压器、电动机、母线、并联电抗器及电容器等。以往电气主设备继电保护与超高压线路继电保护相比，处于一种相对滞后的状态，主设备保护正确动作率一直较低，与线路保护相比有较大差距。近年来，主设备保护的分析计算方法取得了很大进展，如采用多回路分析法可以比较精确地计算发电机的内部故障，使主设备内部故障保护的配置具备了理论基础。同时，利用真实反应主设备内部各种故障及异常工况的动模系统和仿真系统检验主设备保护，还极大地提高了新原理和新技术的验证水平。随着基于新硬件平台的数字式主设备保护的推陈出新，主设备保护采用双主双后备的配置，使保护的设计方案、配置原则趋于完善，同时，新原理和新技术的应用也大大提高了主设备保护的安全运行水平。本章的6.1节、6.2节和6.3节将以RCS-985发电机变压器保护装置为例，介绍其主要功能。6.4节以PCS-9627L电动机保护装置为例，介绍其主要保护功能。

6.1 RCS-985型数字式发电机变压器保护装置功能概述

RCS-985型数字式发电机变压器保护装置，适用于大型汽轮发电机、水轮发电机、燃汽轮发电机等类型的发电机变压器组单元接线及其他接线，并能满足电厂自动化系统的要求。该装置提供一个发电机变压器单元所需要的全部电量保护，保护范围包括：主变压器、发电机、高压厂用变压器、励磁变压器（励磁机）。因此，配置原则上满足国家电力公司《防止电力生产重大事故的二十五项重点要求》规定的要求，真正实现了主保护、后备保护的全套双重化，主保护、后备保护共用一组TA。

6.1.1 装置的主要功能

1. 主变压器保护功能

该装置主变压器保护功能包括：发电机变压器组差动保护、主变压器差动保护、两段两时限变压器阻抗保护、两段两时限复合电压过电流保护、两段两时限零序过电流保护、一段两时限零序电压保护、一段两时限间隙零序电流保护，以及过负荷信号、起动风冷、闭锁有载调压及TV断线及TA断线判别等。

2. 发电机保护功能

该装置发电机保护功能主要包括：发电机纵差保护、发电机裂相横差保护、高灵敏横差保护、两段发电机相间阻抗保护、发电机复合电压过电流保护、纵向零序电压匝间保护、工频变化量方向匝间保护、定子接地基波零序电压保护、定子接地 3 次谐波电压保护、转子一点接地保护、转子两点接地保护、定反时限定子过负荷保护、定反时限转子表层负序过负荷保护、失磁保护、失步保护、过电压保护、定反时限过励磁保护、逆功率保护、程序跳闸逆功率保护、频率保护、起停机保护、误上电保护、轴电流保护、TV 断线（电压平衡）及 TA 断线判别等。

3. 高压厂用变压器保护功能

该装置高压厂用变压器保护功能包括：高压厂用变压器差动保护、高压厂用变压器两段复合电压过电流保护、A 分支两段过电流保护、A 分支两段零序过电流保护、A 分支零序电压报警、B 分支两段过电流保护、B 分支两段零序过电流保护、B 分支零序电压报警，以及过负荷信号、起动风冷、TV 断线及 TA 断线判别等。

4. 励磁变压器或励磁机保护功能

励磁变压器或励磁机保护功能主要包括：差动保护、两段过电流保护、定反时限励磁过负荷保护、TA 断线判别等。

6.1.2　装置的主要技术特点

RCS-985 型数字式发电机变压器保护装置主要具有以下技术特点：

1. 高性能的硬件、数字算法及滤波性能

RCS-985 型数字式发电机变压器保护装置采用双 CPU 结构，每个 CPU 系统包括两个高性能的 DSP 芯片及一个 32 位微处理器。装置采样率为每周 24 点，采用可靠的频率跟踪技术，保证了发电机运行、起停全过程各种算法的准确性，且在每个采样间隔内采用全周傅里叶算法、半波积分算法、能量算法等对所有继电器（包括主保护、后备保护、异常运行保护）进行并行实时计算，使得装置具有很高的可靠性及动作速度。

2. 独立的起动元件

管理板中设置了独立的总起动元件，动作后接通保护装置的出口继电器正电源；同时针对不同的保护采用不同的起动元件，CPU 板各保护动作元件只有在其相应的起动元件动作后同时管理板对应的起动元件动作后才能跳闸出口。正常情况下保护装置任一元件（出口继电器除外）损坏均不会引起装置误出口。

3. 变斜率比率差动保护性能

比率差动保护的动作特性采用变斜率比率制动曲线，如图 6-1 所示。合理的整定 K_{bl2}（起始比率差动斜率）和 K_{bl2}（最大比率差动斜率）的定值，可在区内故障时保证最大的灵敏度，在区外故障时可以躲过暂态不平衡电流。为防止在 TA 饱和时差动保护误动，在软件中增加了利用各侧相电流波形判断 TA 饱和的措施。

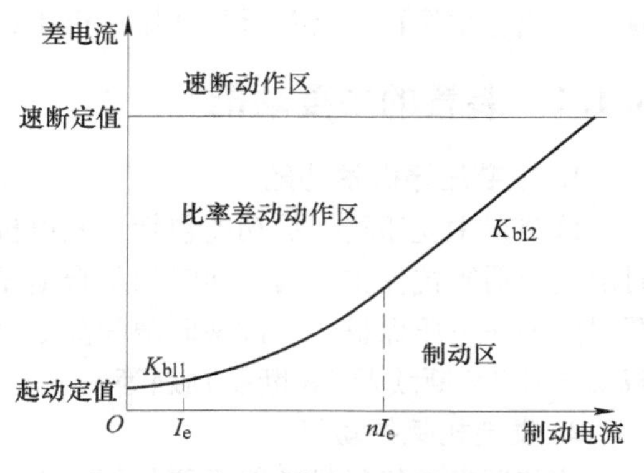

图 6-1　比率差动保护的动作特性曲线

4. 工频变化量比率差动性能

工频变化量比率差动保护完全反映差动电流及制动电流的变化量，不受正常运行时负荷电流的影响，可以灵敏地检测变压器、发电机内部轻微故障。同时工频变化量比率差动的制动系数取得较高，其耐受 TA 饱和的能力较强。

5. 高灵敏横差保护的性能

该装置采用了频率跟踪、数字滤波、全周傅里叶算法，3 次谐波滤过比大于 100，大大提高了高灵敏横差的保护性能。其相电流比率制动的功能如下：

1） 当外部故障时故障相电流增加得很多，而横差电流增加得较少，因此能可靠制动。

2） 当定子绕组轻微匝间故障时横差电流增加得较多，而相电流变化不大，有很高的动作灵敏度。

3） 当定子绕组发生严重匝间故障时，横差电流保护高定值段可靠动作。

4） 当定子绕组相间故障时横差电流增加得很多，而相电流增加得也较多，仅以小比率相电流增量作制动量，保证了横差保护可靠动作。

5）对于其他正常运行情况下横差不平衡电流的增大，横差电流保护动作值具有浮动门槛的功能，采用相电流比率制动和浮动门槛相结合的新判据，使得区外故障可靠制动，区内故障灵敏动作。

6. 纵向零序电压匝间保护性能

为提高匝间保护性能，采用了发电机电流比率制动的新判据。

1） 当外部三相故障时故障电流增加得很多，而纵向零序电压增加得较少，取电流增加量作制动量，保护装置能可靠制动。

2） 当外部不对称故障时电流增加，同时出现负序电流，而纵向零序电压稍有增加，取电流增加量及负序电流作制动量，保护装置能可靠制动。

3） 当定子绕组轻微匝间故障时纵向零序电压增加得较多，而电流几乎没有变化，有很高的动作灵敏度。

4） 当定子绕组严重匝间故障时，纵向零序电压高定值段可靠动作。

5） 对于其他正常运行情况下纵向零序电压不平衡值的增大，纵向零序电压保护动作值具有浮动门槛的功能。

7. 发电机定子接地保护性能

1） 当基波零序电压灵敏段动作于跳闸时，采用机端、中性点零序电压双重判据。

2）3 次谐波比率判据，自动适应机组并网前后发电机机端、中性点 3 次谐波电压比率关系，保证发电机起停过程中，3 次谐波电压判据不误发信号。

3） 发电机正常运行时机端和中性点 3 次谐波电压比值、相位差变化很小，且是一个缓慢的发展过程。通过实时调整系数，使得正常运行时差电压为零。发生定子接地时，判据能可靠灵敏地动作。

8. 转子接地保护的性能

转子接地保护采用切换采样（乒乓式）原理，直流输入采用高性能的隔离放大器，通过切换两个不同的电子开关，求解 4 个不同的接地回路方程，实时计算转子绕组电压、转子接地电阻和接地位置，并在管理机液晶屏幕上显示出来。

若转子一点接地后仅发报警信号，而不跳闸，则转子两点接地保护延时自动投入运行，并在转子发生两点接地时动作于跳闸。

9. 差动各侧电流相位和平衡补偿及可选择的励磁涌流判别原理

对于主变压器差动、厂用变压器差动、励磁变压器差动各侧 TA 二次电流相位，该装置采用△→Y 变化进行相位补偿，由软件自动调整差流平衡。软件中提供了2次谐波原理和波形判别原理两种方法识别励磁涌流，经整定可选择使用一种原理，以明确区分涌流和故障的特征，大大加快保护的动作速度。

6.1.3 装置的主要技术指标

1. 发电机变压器差动、主变压器、励磁变压器差动保护

比率差动起动定值：$0.1I_n \sim 1.2I_n$（I_n 为额定电流）；

差动速断定值：$3I_n \sim 14I_n$；

起始比率制动系数：0.05~0.10；

最大比率制动系数：0.50~0.80；

2次谐波制动系数：0.1~0.35

2. 发电机差动保护、裂相横差保护、励磁机差动保护

比率差动起动定值：$0.05I_n \sim 1.2I_n$；

差动速断定值：$3I_n \sim 10I_n$；

起始比率制动系数：0.05~0.10；

最大比率制动系数：0.30~0.70；

比率差动动作时间：≤35ms（2倍定值）；

差动速断动作时间：≤20ms（1.5倍整定值）。

3. 高压厂用变压器差动保护

比率差动起动定值：$0.1I_n \sim 1.2I_n$；

差动速断定值：$3I_n \sim 14I_n$；

高压侧过电流速断：$6I_n \sim 20I_n$；

起始比率制动系数：0.05~0.10；

最大比率制动系数：0.50~0.80；

2次谐波制动系数：0.1~0.35；

比率差动动作时间：≤35ms（2倍定值）；

差动速断动作时间：≤20ms（1.5倍整定值）；

过电流速断动作时间：≤40ms（1.5倍整定值）。

4. 发电机横差保护

横差保护电流定值：0.1~50A；

横差保护电流高定值：0.1~50A；

相电流制动系数：0.1~2.0；

横差保护动作时间：≤35ms（1.5倍定值）。

5. 发电机纵向零序电压匝间保护

匝间保护零序电压定值：0.1~20V；

匝间保护零序电压高定值：1~20V；

相电流制动系数：0.5～3.0；

延时定值：0.01～1s；

纵向零序电压保护：≤100ms（1.5倍定值）；

故障分量方向保护：≤35ms。

6. 发电机定子接地保护

零序电压定值：0.1～20V；

零序电压高定值：10～20V；

高压侧零序电压耦合系数：0.01～1.00；

3次谐波比率定值：0.5～5；

3次谐波差动调整系数：0.5～3.0；

3次谐波差动比率定值：0.1～1.0；

延时定值：0.1～10s。

7. 发电机转子接地保护

一点接地电阻定值：0.1～100kΩ；

两点接地位置定值：1%～10%；

延时定值：0.1～10s。

8. 发电机定子过负荷保护

定时限电流定值：0.1～100A；

定时限延时定值：0.1～10s；

反时限起动电流定值：0.1～10A；

定子绕组热容量系数：1～100；

散热效应系数：0.1～2.0。

另外还有发电机负序过负荷保护、励磁绕组过负荷保护、失磁保护、失步保护、功率保护、频率保护、变压器复合电压过电流保护及低阻抗等技术指标，请参阅相关技术说明书。

6.1.4 装置的硬件配置

RCS-985型数字式发电机变压器保护装置的硬件结构框图如图6-2所示。装置有两个完全独立的相同的CPU板，每个CPU板由两个AD公司的高速数字信号处理芯片（DSP）和1个Motorola公司的32位MC68332单片微处理器组成，并具有独立的采样、出口电路。MC68332微处理器主要完成保护的出口逻辑及后台功能，保护运算功能则由DSP芯片完成。每块CPU板上的3个

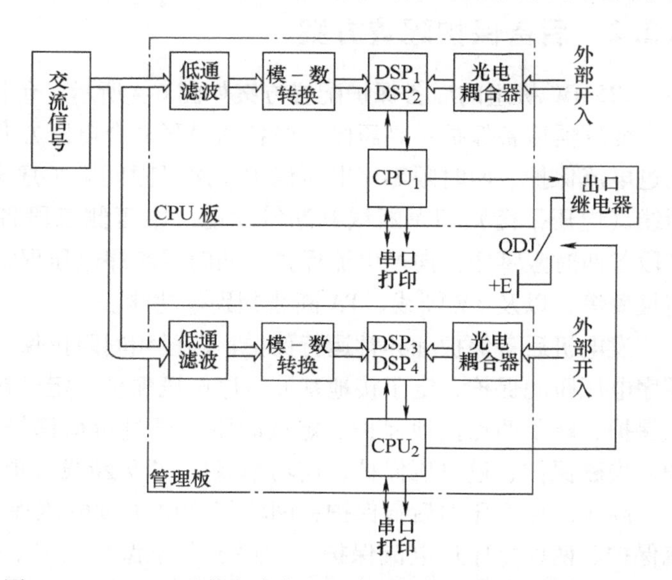

图6-2 RCS-985型数字式发电机变压器保护装置硬件结构框图

微处理器并行工作，通过合理的任务分配，实现强大的数据和逻辑处理功能，使一些高性能、复杂算法得以实现。另有一块人机对话板，由1片Intel80296的CPU专门处理人机对话任务。人机对话担负键盘操作和液晶显示功能。正常时，液晶显示时间、变压器的主接线、各侧电流和电压大小、潮流方向和差电流的大小、输入电流和电压等，首先经隔离互感器转换后成为小电压信号传输至二次侧，分别进入CPU板和管理板。CPU板主要完成保护的逻辑及跳闸出口功能，同时完成事件记录及打印、录波、保护部分的后台通信及与面板CPU的通信；管理板内设总起动元件，起动后接通出口继电器的正电源；另外，管理板还具有完整的故障录波功能，录波格式与COMTRADE格式兼容，录波数据可单独串口输出或打印输出。DSP_1担负发电机、励磁变压器保护的运算任务，DSP_2担负变压器、厂用变压器保护的运算任务。

整套装置采用整体面板，全封闭机箱，抗干扰能力强。非电流端子采用接插端子，使屏上走线简洁。电路板采用表面贴装技术，减小了电路体积，降低了发热量，提高了装置可靠性。

6.2　RCS-985型数字式发电机变压器保护装置应用范围及保护配置

RCS-985型数字式发电机变压器保护装置可适用于125MW机组、300MW-220kV、300MW-500kV等发电机变压器组单元的各种接线方式及保护配置，本节以125MW机组为例介绍其保护配置方式。

6.2.1　差动保护配置方案

125MW机组的差动保护配置方案如图6-3所示，包括主变压器差动、发电机纵差、发电机横差、高压厂用变压器差动、励磁变压器（励磁机）差动等保护。

6.2.2　后备保护配置方案

125MW机组的后备保护配置方案如图6-4所示。包括以下各项保护：

变压器后备保护：高压侧三段各两时限复合电压方向过电流保护、三段各两时限零序方向过电流保护、两时限零序电压保护、两时限间隙零序电流保护及过负荷报警等，以及TV断线（电压平衡）、TA断线判断等功能。中压侧三段各两时限复合电压方向过电流保护、三段各两时限零序方向过电流保护、两时限零序电压保护、两时限间隙零序电流保护、过负荷报警等，以及TV断线、TA断线判别等功能。

发电机后备保护和异常运行保护：两段相间阻抗保护、两段复合电压过电流保护、纵向零序电压匝间保护、定子接地基波零序电压保护、定子接地3次谐波电压保护、转子一点接地保护、转子两点接地保护、定反时限定子过负荷保护、定反时限转子表层负序过负荷保护、失磁保护、过电压保护、逆功率保护、TV断线（电压平衡）及TA断线判别等功能。

高压厂用变压器后备保护：两段复合电压过电流保护、两分支后备保护（各两段过电流保护、两段零序过电流保护、零序过电压保护），以及过负荷信号、起动风冷、TV断线及TA断线判别等功能。

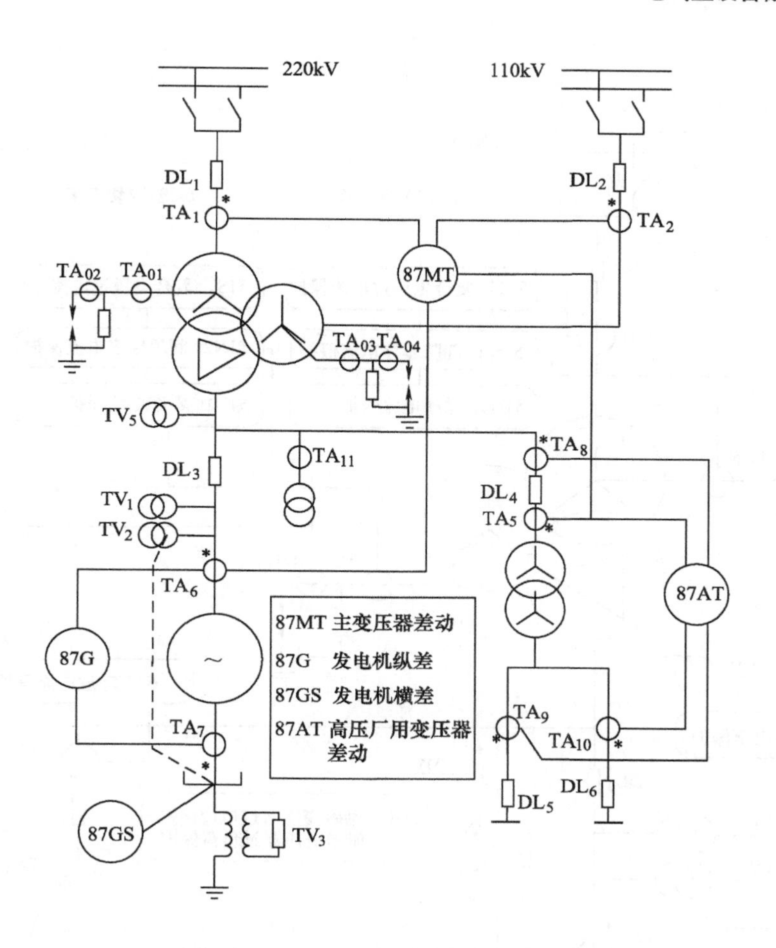

图 6-3 125MW 机组差动保护配置方案

励磁变压器后备保护：两段过电流保护、定反时限励磁过负荷保护及 TA 断线判别等功能。

6.2.3 保护组屏方案

由于一套 RCS-985 型数字式发电机变压器保护装置包括了所有电量保护，一般情况下一个发电机变压器组单元按 3 块屏配置，其中两块屏按两套完整的电量保护配置，第三块屏配置非电量保护、操作回路装置。125MW-220kV 机组保护组屏方案如图 6-5 所示。

RCS-985：发电机变压器组保护装置，包括主变压器、发电机、高压厂用变压器、励磁变压器（或励磁机）全部电量保护，装置另设 4 路非电量接口。

CZX-12A：220kV 操作箱、电压切换。

RCS-974G：主变压器非电量保护装置，包括 16 路非电量接口、非全相与失灵起动功能。

RCS-974H：高压厂用变压器、励磁变压器非电量保护装置，包含 16 路非电量接口、3 个操作回路。

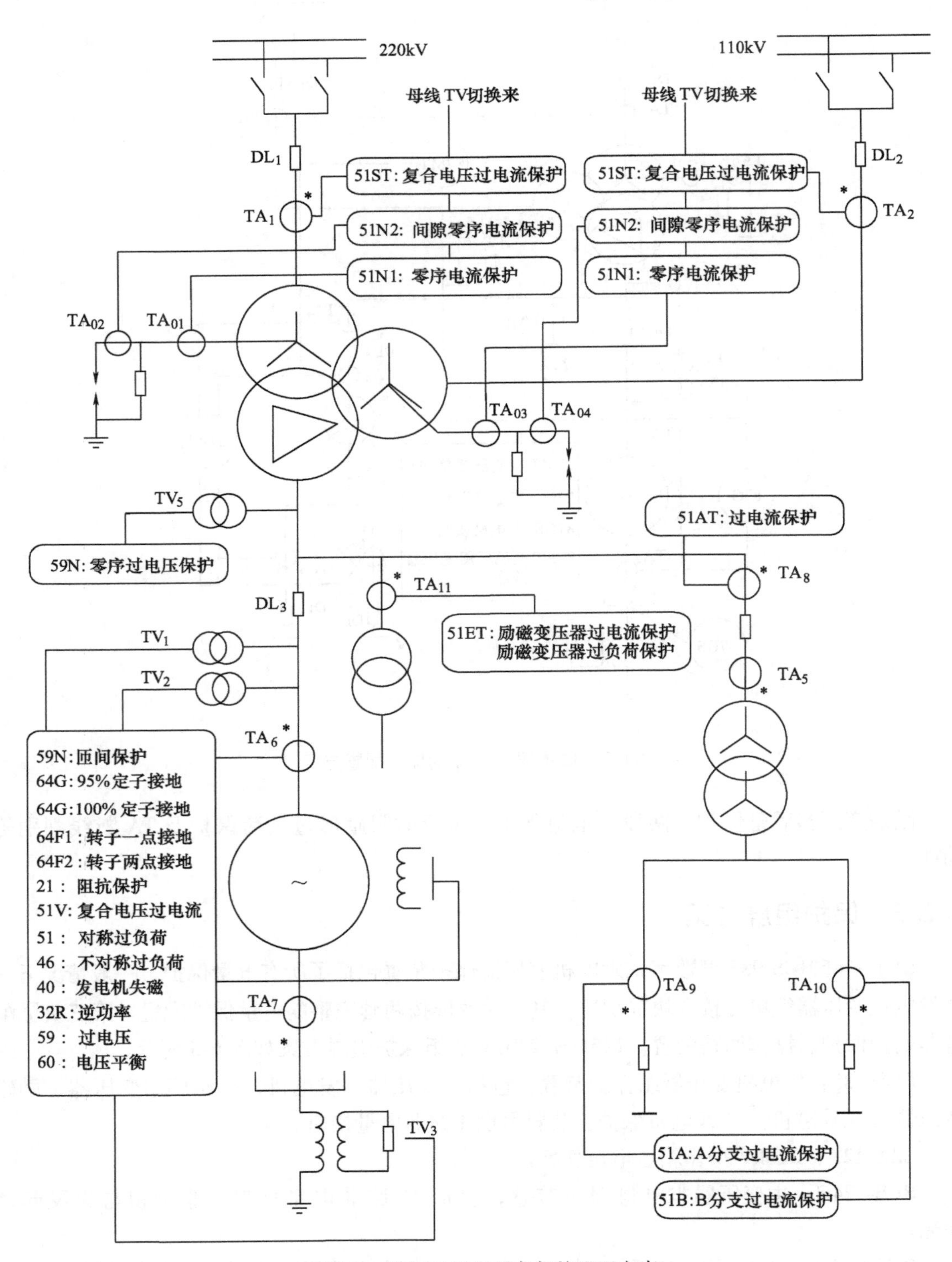

图6-4　125MW机组后备保护配置方案

图 6-5　125MW-220kV 机组保护组屏方案

6.3　RCS-985 型数字式发电机变压器保护装置的主要保护原理

6.3.1　发电机变压器差动、变压器差动保护、高压厂用变压器差动保护、励磁变压器差动保护

1. 比率差动原理

比率差动动作特性如图 6-1 所示，比率差动保护的动作方程为

$$
\begin{cases}
I_{\mathrm{d}} > K_{\mathrm{bl}} \times I_{\mathrm{r}} + I_{\mathrm{cdqd}} & I_{\mathrm{r}} < nI_{\mathrm{n}} \\
K_{\mathrm{bl}} = K_{\mathrm{bl1}} + K_{\mathrm{blr}} \times (I_{\mathrm{r}}/I_{\mathrm{n}}) & \\
I_{\mathrm{d}} > K_{\mathrm{bl}} \times (I_{\mathrm{r}} - nI_{\mathrm{n}}) + b + I_{\mathrm{cdqd}} & I_{\mathrm{r}} < nI_{\mathrm{n}} \\
K_{\mathrm{blr}} = (K_{\mathrm{bl2}} - K_{\mathrm{bl1}})/(2n) & \\
b = (K_{\mathrm{bl2}} + K_{\mathrm{bl1}} n) n &
\end{cases}
$$

$$
\begin{cases}
I_{\mathrm{r}} = \dfrac{|I_1| + |I_2| + |I_3| + |I_4|}{2} \\
I_{\mathrm{d}} = |\dot{I}_1 + \dot{I}_2 + \dot{I}_3 + \dot{I}_4|
\end{cases}
$$

式中，I_{d} 为差动电流；I_{r} 为制动电流；I_{cdqd}为差动电流起动定值；I_{n} 为额定电流。

各侧电流的定义如下：

对于发电机变压器差动，其中 I_1、I_2、I_3 分别为变压器高压侧（套管）TA、发电机中性点、厂用变压器高压侧电流，I_4 未定义。

对于主变压器差动，其中 I_1、I_2、I_3、I_4 分别为变压器高压Ⅰ侧、Ⅱ侧、发电机机端、厂用变压器高压侧电流。

对于高压厂用变压器差动，其中 I_1、I_2、I_3 分别为高压厂用变压器高压侧、低压侧 A 和 B 分支电流，I_4 未定义。

对于励磁变压器差动，其中 I_1、I_2 分别为励磁变压器高压侧、低压侧电流，I_3、I_4 未定义。

比率制动系数定义如下：

K_{bl} 为比率差动制动系数，K_{blr} 为比率差动制动系数增量。

K_{bl1} 为起始比率差动斜率，定值范围为 0.05~0.15，一般取 0.10。

K_{bl2} 为最大比率差动斜率，定值范围为 0.50~0.80，一般取 0.70。

n 为最大斜率时的制动电流倍数，固定取 6。

2. 励磁涌流闭锁原理

主变压器涌流判别通过控制字可以选择 2 次谐波制动原理或波形判别原理，发电机变压器组差动、高压厂用变压器、励磁变压器涌流判别采用 2 次谐波制动原理。

（1）谐波制动原理

装置采用三相差动电流中 2 次谐波与基波的比值作为励磁涌流闭锁判据，动作方程如下：

$$I_2 > K_{2xb} I_1$$

式中，I_2 为每相差动电流中的 2 次谐波，I_1 为对应相的差流基波；K_{2xb} 为 2 次谐波制动系数整定值，推荐 K_{2xb} 为 0.15。

当某一相满足制动条件时，只闭锁该相比率差动保护元件，即实现分相制动差动保护。

（2）波形判别原理

装置利用三相差动电流中的波形判别作为励磁涌流识别判据。当内部故障时，各侧电流经互感器变换后，差动电流基本上是工频正弦波。而励磁涌流时，有大量的谐波分量存在，波形是间断不对称的。

当内部故障时，有如下表达式成立：

$$S > K_b S_+$$

$$S > S_t$$

式中，S 为差动电流的全周积分值；S_+ 为差动电流的瞬时值+差动电流半周前的瞬时值的全周积分值；K_b 为某一固定常数；S_t 为门槛定值。

S_t 的表达式如下：

$$S_t = \alpha I_d + 0.1 I_n$$

式中，I_d 为差电流的全周积分值；α 为某一比例常数。

当三相中的某一相满足以上方程后，开放该相比率差动保护元件。而励磁涌流时，以上波形判别关系式肯定不成立，比率差动保护元件不会误动作。

3. TA 饱和时的闭锁原理

为防止在区外故障时 TA 的暂态与稳态饱和可能引起稳态比率差动保护误动作，装置采用各侧相电流的综合谐波作为 TA 饱和的判据，其表达式如下：

$$I_{\phi n} > K_{\phi nxb} I_{\phi 1}$$

式中，$I_{\phi n}$为某侧某相电流中的综合谐波；$I_{\phi 1}$为对应相电流的基波；$K_{\phi nxb}$为某一比例常数。

当故障发生时，保护装置先判出是区内故障还是区外故障，如为区外故障，投入 TA 饱和闭锁判据，当与某相差动电流有关的任意一个电流满足以上表达式时即认为此相差流为 TA 饱和引起，则闭锁比率差动保护。

4. 高值比率差动原理

为避免区内严重故障时 TA 饱和等因素引起的比率差动延时动作，装置设有一高比例和高起动值的比率差动保护，只经过差动电流 2 次谐波或波形判别涌流闭锁判据闭锁，它利用的是其比率制动特性抗区外故障时 TA 的暂态和稳态饱和，而在区内故障 TA 饱和时也能可靠正确快速动作。稳态高值比率差动的动作方程如下：

$$\begin{cases} I_d > 1.2 I_n \\ I_d > 0.7 I_r \end{cases}$$

式中，差动电流和制动电流的选取同上。

高值比率差动动作特性如图 6-6 所示。

程序中依次按每相判别，当满足以上条件时，比率差动动作。需要注意的是高值比率差动的各相关参数由装置内部设定，不需用户整定。

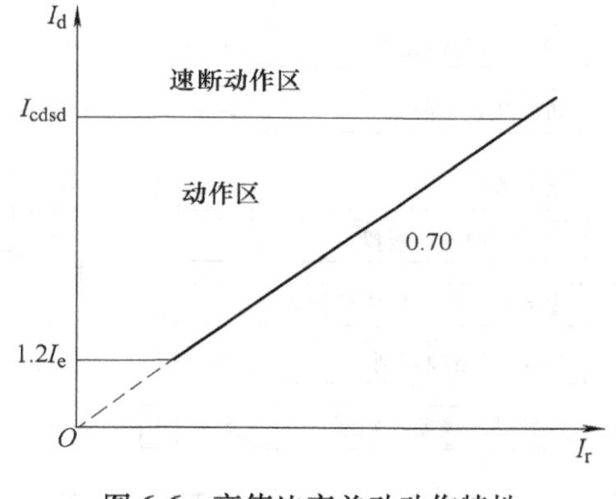

图 6-6　高值比率差动动作特性

5. 差动速断保护、电流速断保护

当任一相差动电流大于差动速断整定值时瞬时动作于出口继电器。

当高压厂用变压器高压侧区内故障时，按照高压厂用变压器额定容量选取的 TA 电流比的高压厂用变压器差动用电流互感器可能会严重饱和，导致二次电流值小于差动速断定值，为此装置中还设有一套瞬时电流速断保护。高压厂用变压器瞬时电流速断保护采用按照主变压器额定容量选取高压厂用变压器高压侧主变压器差动用电流互感器的电流比。

高压厂用变压器瞬时电流速断定值一般为差动速断定值的 2~3 倍。

6. 差动保护在过励磁状态下的闭锁判据

由于在变压器过励磁时，变压器励磁电流将激增，可能引起发电机变压器组差动、变压器差动保护误动作。因此在装置中采取差电流的 5 次谐波与基波的比值作为过励磁闭锁判据来闭锁差动保护。其判据如下：

$$I_5 > K_{5xb} I_1$$

式中，I_1、I_5 分别为每相差动电流中的基波和 5 次谐波；K_{5xb} 为 5 次谐波制动系数，装置中固定取 0.25。

比率差动的逻辑框图如图 6-7 所示。

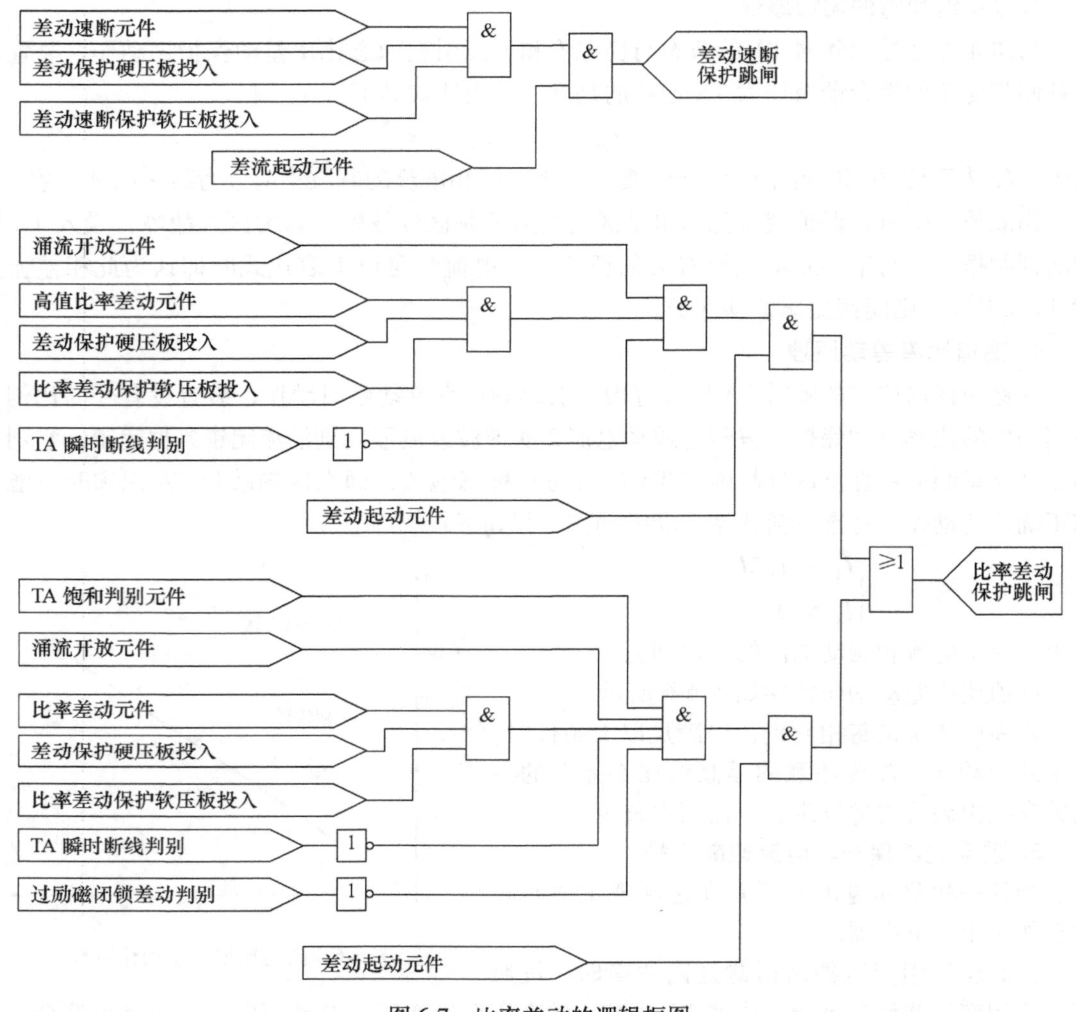

图 6-7　比率差动的逻辑框图

6.3.2　发电机差动保护

1. 比率差动原理

发电机比率差动动作特性如图 6-8 所示，动作方程如下：

$$
\begin{cases}
I_d > K_{bl} \times I_r + I_{cdqd} & I_r < nI_n \\
K_{bl} = K_{bl1} + K_{blr} \times (I_r/I_n) \\
I_d > K_{bl} \times (I_r - nI_n) + b + I_{cdqd} & I_r < nI_n \\
K_{blr} = (K_{bl2} - K_{bl1})/(2n) \\
b = (K_{bl2} + K_{bl1}n)n
\end{cases}
$$

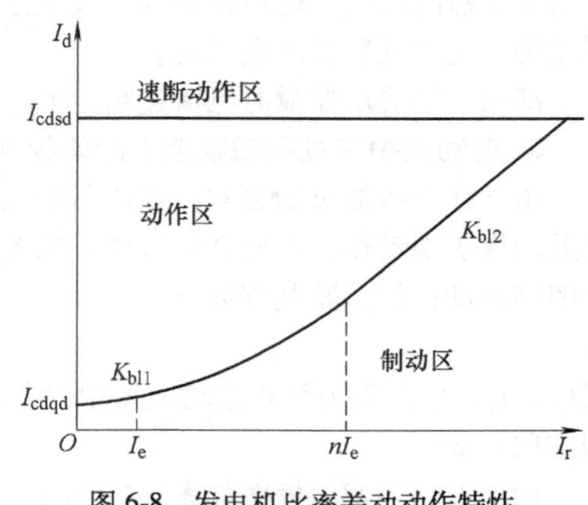

图 6-8　发电机比率差动动作特性

$$\begin{cases} I_r = \dfrac{|\dot{I}_1 - \dot{I}_2|}{2} \\ I_d = |\dot{I}_1 + \dot{I}_2| \end{cases}$$

式中，I_d 为差动电流；I_r 为制动电流；I_{cdqd}为差动电流起动定值；I_n 为发电机额定电流。

两侧电流的定义如下：

对于发电机差动、励磁机差动，其中 I_1、I_2 分别为机端、中性点侧电流。

对于裂相横差，其中 I_1、I_2 分别为中性点侧两分支组电流。

比率制动系数定义如下：

K_{bl} 为比率差动制动系数，K_{blr} 为比率差动制动系数增量。

K_{bl1}为起始比率差动斜率，定值范围为 0~0.10，一般取 0.05。

K_{bl2}为最大比率差动斜率，定值范围为 0.30~0.70，一般取 0.50。

n 为最大比率制动系数时的制动电流倍数，装置内部固定取 4。

2. 高性能 TA 饱和闭锁原理

为防止在区外故障时 TA 的暂态与稳态饱和可能引起的稳态比率差动保护误动作，装置采用各侧相电流的波形判别作为 TA 饱和的判据。

当故障发生时，保护装置先判出是区内故障还是区外故障，如为区外故障，投入 TA 饱和闭锁判据，当与某相差动电流有关的任意一个电流满足以上发电机比率差动动作方程的表达式时即认为此相差流为 TA 饱和引起，则闭锁比率差动保护。

3. 高值比率差动原理

为避免区内严重故障时 TA 饱和等因素引起的比率差动延时动作，装置对发电机同样设有一高比例和高起动值的比率差动保护，它利用的是其比率制动特性抗区外故障时 TA 的暂态和稳态饱和，而在区内故障 TA 饱和时也能可靠正确动作。稳态高值比率差动的动作方程如下：

$$\begin{cases} I_d > 1.2I_n \\ I_d > 0.7I_r \end{cases}$$

式中，差动电流和制动电流的选取同上。

程序中依次按每相判别，当满足以上条件时，比率差动动作。其各相关参数由装置内部设定，不需用户整定。

4. 差动速断保护

当任一相差动电流大于差动速断整定值时瞬时动作于出口继电器。

发电机比率差动的逻辑框图如图 6-9 所示。请比较与图 6-7 中的区别。

6.3.3 工频变化量比率差动保护

发电机、变压器内部轻微故障时，稳态差动保护由于负荷电流的影响，不能灵敏反应。为此本装置配置了变压器工频变化量比率差动保护、发电机工频变化量比率差动保护，并设有控制字方便投退。

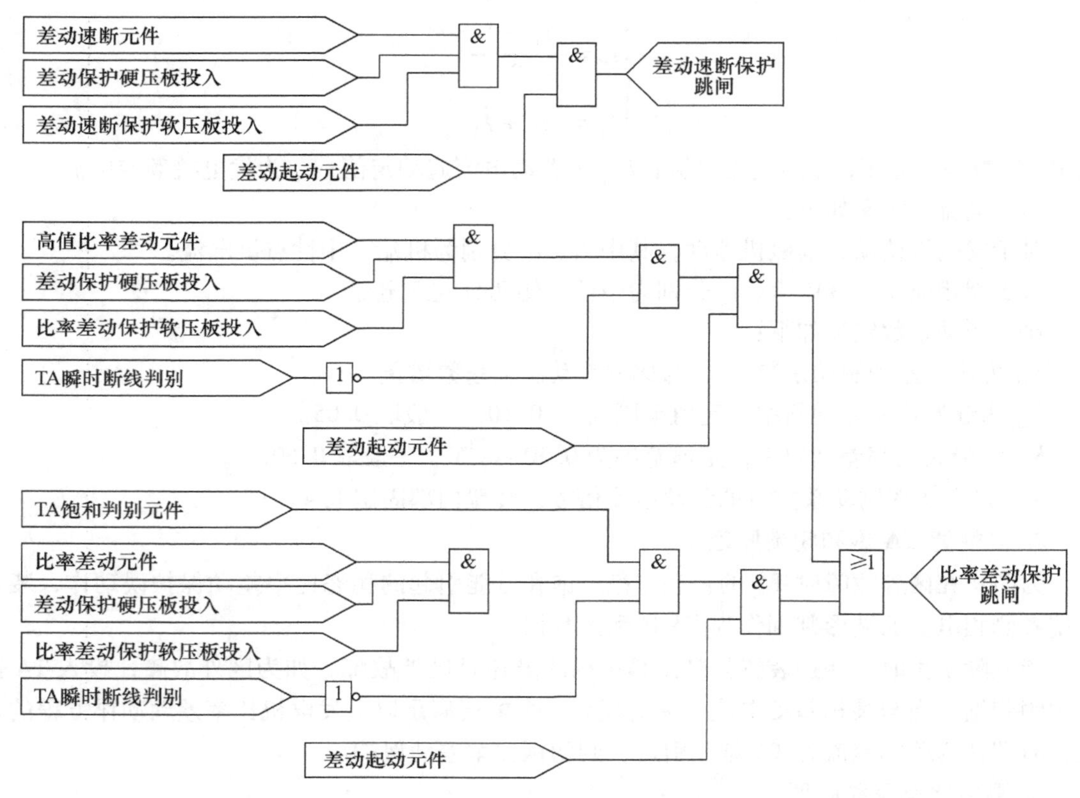

图 6-9　发电机比率差动的逻辑框图

工频变化量比率差动动作特性如图 6-10 所示，动作方程如下：

$$
\begin{cases}
\Delta I_{\mathrm{d}} > 1.25\Delta I_{\mathrm{dt}} + I_{\mathrm{dth}} \\
\Delta I_{\mathrm{d}} > 0.6\Delta I_{\mathrm{r}} & \Delta I_{\mathrm{r}} < 2I_{\mathrm{n}} \\
\Delta I_{\mathrm{d}} > 0.75\Delta I_{\mathrm{r}} - 0.3I_{\mathrm{n}} & \Delta I_{\mathrm{r}} < 2I_{\mathrm{n}}
\end{cases}
$$

$$
\Delta I_{\mathrm{r}} = \max\{|\Delta I_{1\phi}| + |\Delta I_{2\phi}| + |\Delta I_{3\phi}| + |\Delta I_{4\phi}|\}
$$

$$
\Delta I_{\mathrm{d}} = |\Delta\dot{I}_1 + \Delta\dot{I}_2 + \Delta\dot{I}_3 + \Delta\dot{I}_4|
$$

式中，ΔI_{dt} 为浮动门槛，随着变化量输出的增大而逐步自动提高，取 1.25 倍可保证门槛电压始终略高于不平衡输出，保证在系统振荡和频率偏移情况下保护不误动。

对于主变压器差动，ΔI_1、ΔI_2、ΔI_3、ΔI_4 分别为主变压器高压Ⅰ侧、Ⅱ侧、发电机出口、高压厂用变压器高压侧电流的工频变化量。

对于发电机差动，ΔI_1、ΔI_2 分别为发电机出口、发电机中性点电流的工频变化量，ΔI_3、ΔI_4 未定义。

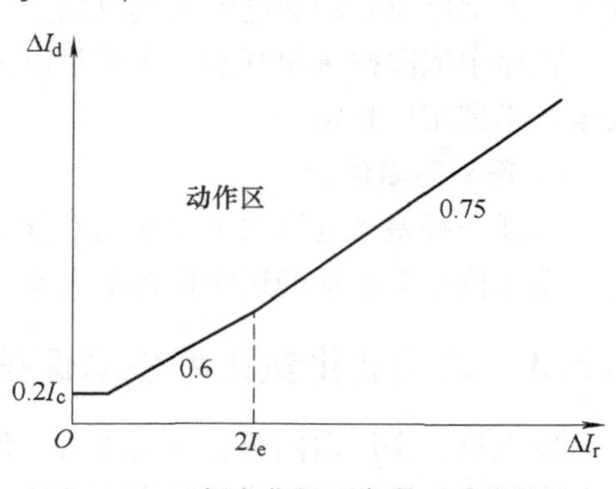

图 6-10　工频变化量比率差动动作特性

ΔI_d 为差动电流的工频变化量。I_{dth} 为固定门槛。ΔI_r 为制动电流的工频变化量，它取最大相制动。

注意：工频变化量比率差动保护的制动电流选取与稳态比率差动保护不同。

程序中依次按每相判别，当满足以上条件时，比率差动动作。对于变压器工频变化量比率差动保护，还需经过 2 次谐波涌流闭锁判据或波形判别涌流闭锁判据闭锁，同时经过 5 次谐波过励磁闭锁判据闭锁，利用其本身的比率制动特性抗区外故障时 TA 的暂态和稳态饱和。工频变化量比率差动元件的引入提高了变压器、发电机内部小电流故障检测的灵敏度。

工频变化量比率差动的逻辑框图如图 6-11 所示。

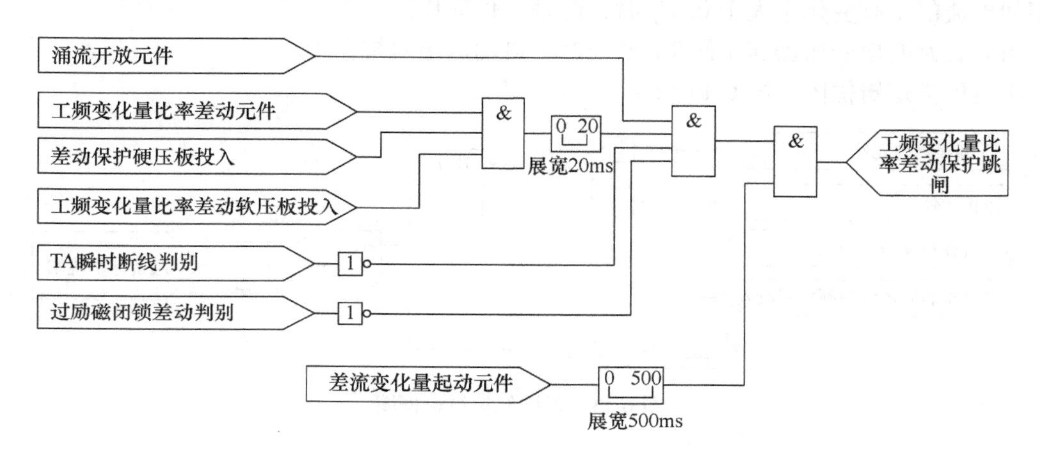

图 6-11　工频变化量比率差动的逻辑框图

注意：工频变化量比率差动的各相关参数由装置内部设定，不需要用户整定。

6.3.4　主变压器高压侧后备保护

1. 相间阻抗保护

装置设有二段阻抗保护，作为发电机变压器组相间后备保护。第Ⅰ段：分两时限，可通过整定值选择采用方向阻抗圆、偏移阻抗圆或全阻抗圆。第Ⅱ段：分两时限，可通过整定值选择采用方向阻抗圆、偏移阻抗圆或全阻抗圆。当某段阻抗反向定值整定为零时，选择方向阻抗圆；当某段阻抗正向定值大于反向定值时，选择偏移阻抗圆；当某段阻抗正向定值与反向定值整定为相等时，选择全阻抗圆。阻抗元件灵敏角 $\phi_m = 78°$，阻抗保护的方向指向由整定值来实现，一般正方向指向主变压器，TV 断线时自动退出阻抗保护。阻抗元件的动作特性如图 6-12 所示。

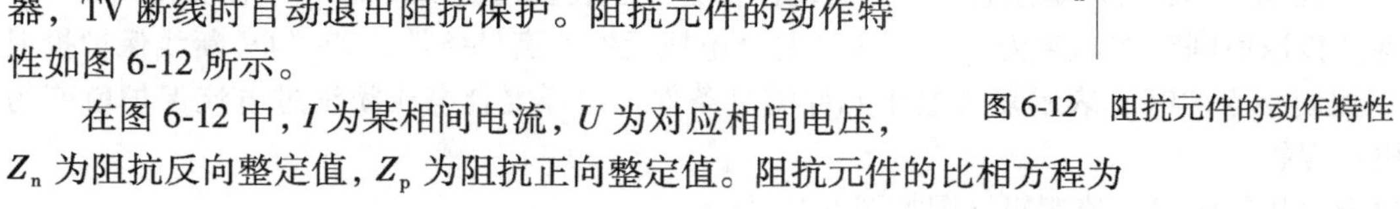

图 6-12　阻抗元件的动作特性

在图 6-12 中，I 为某相间电流，U 为对应相间电压，Z_n 为阻抗反向整定值，Z_p 为阻抗正向整定值。阻抗元件的比相方程为

$$90° < \arg \frac{(\dot{U} - \dot{I}Z_p)}{(\dot{U} + \dot{I}Z_n)} < 270°$$

阻抗保护的起动元件采用相间电流工频变化量起动，开放500ms，期间若阻抗元件动作则保持。起动元件的动作方程为

$$\Delta I > 1.25\Delta I_t + I_{th}$$

式中，ΔI_t 为浮动门槛，随着变化量输出的增大而逐步自动提高，取1.25倍可保证门槛电压始终略高于不平衡输出，保证在系统振荡和频率偏移情况下，保护不误动；I_{th} 为固定门槛，当相间电流的工频变化量大于 $0.3I_n$ 时，起动元件动作。

当装置判断出变压器高压侧TV断线时，自动退出阻抗保护。

阻抗保护逻辑框图如图6-13所示。

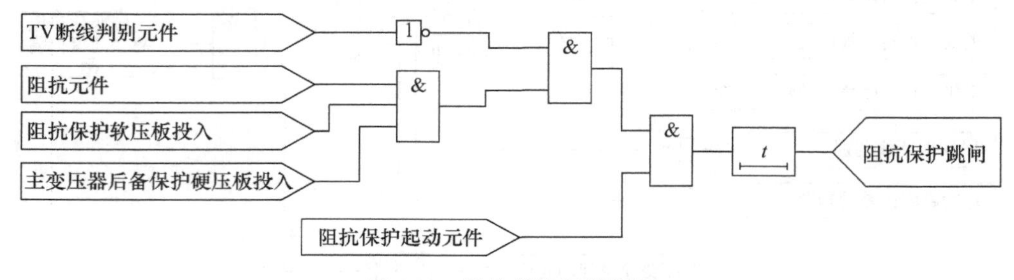

图6-13　阻抗保护逻辑框图

2. 复合电压闭锁过电流

该装置设有两段两时限复合电压闭锁过电流保护作为主变压器相间后备保护。通过整定控制字可选择过电流Ⅰ段、Ⅱ段经复合电压闭锁。

1）复合电压元件。复合电压元件由相间欠电压和负序电压或门构成，有两个控制字（即过电流Ⅰ段经复合电压闭锁，过电流Ⅱ段经复合电压闭锁）来控制过电流Ⅰ段和过电流Ⅱ段经复合电压闭锁。当过电流经复合电压闭锁控制字为“1”时，表示本段过电流保护经过复合电压闭锁。

2）电流记忆功能。对于自并励发电机，在短路故障后电流衰减变小，故障电流在过电流保护动作出口前可能已小于过电流定值，因此，复合电压过电流保护起动后，过电流元件需带记忆功能，使保护能可靠动作出口。控制字“电流记忆功能”在保护装置中用于自并励发电机时置“1”。

3）经低压侧复合电压闭锁。控制字“经低压侧复合电压闭锁”置“1”，过电流保护不但经主变压器高压侧复合电压闭锁，而且还经低压侧发电机机端复合电压闭锁。

4）TV断线对复合电压闭锁过电流的影响。装置设有整定控制字（即TV断线保护投退原则）来控制TV断线时复合电压元件的动作行为。当装置判断出本侧TV断线时，若“TV断线保护投退原则”控制字为“1”，表示复合电压元件不满足条件；若“TV断线保护投退原则”控制字为“0”，表示复合电压元件满足条件，这样复合电压闭锁过电流保护就变为纯过电流保护。

复合电压闭锁过电流逻辑框图如图6-14所示。

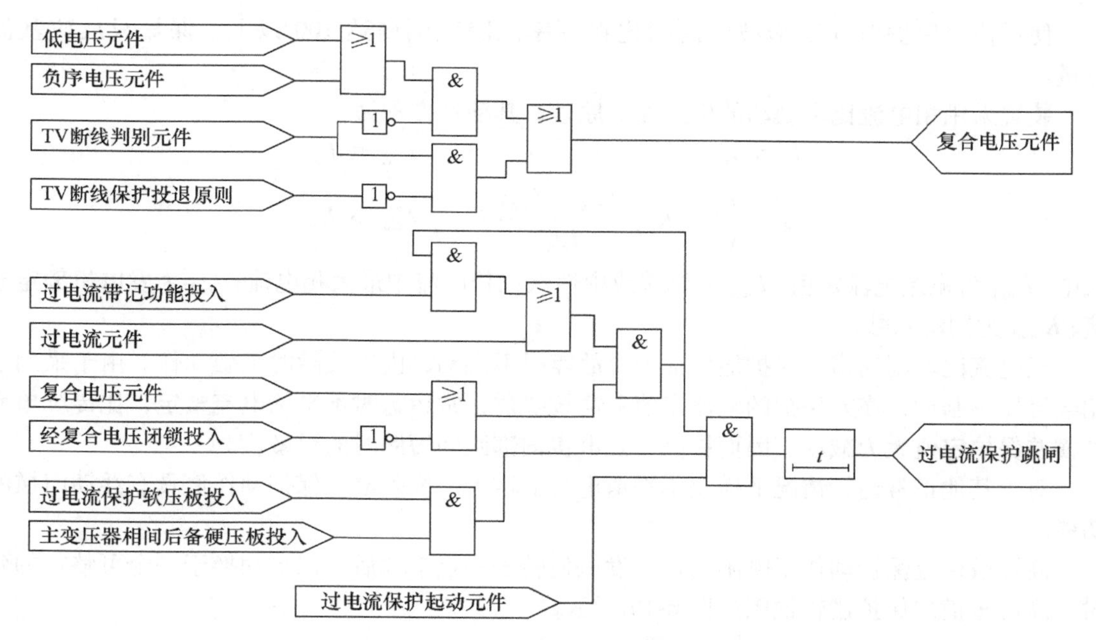

图 6-14　复合电压闭锁过电流逻辑框图

3. 零序过电流保护

该装置设有两段两时限零序过电流保护作为变压器中性点接地运行时的后备保护。

零序过电流保护可选择是否经零序电压闭锁。为防止涌流时零序过电流保护误动，零序过电流Ⅱ段保护也可经谐波闭锁。零序过电流Ⅰ段不经谐波闭锁。

零序过电流保护逻辑框图如图 6-15 所示。

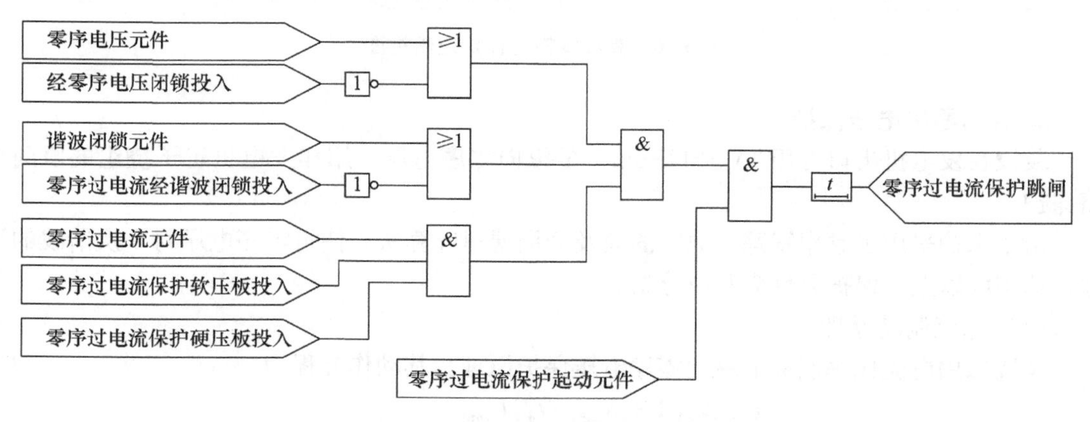

图 6-15　零序过电流保护逻辑框图

6.3.5　发电机匝间保护

1. 发电机高灵敏横差保护

发电机高灵敏横差保护装设在发电机两个中性点连线上，用于发电机定子绕组的匝间短路、分支开焊故障以及相间短路的主保护。由于采用了频率跟踪、数字滤波及全周傅里叶算法，使得横差保护对3次谐波的滤除比在频率跟踪范围内达100以上，保护只反应基波分量。

装置采用相电流比率制动的横差保护原理，其动作方程为

$$I_{d} > I_{hczd} \qquad I_{max} \leqslant I_{nzd}$$

$$I_{d} > \left(1 + K_{hczd}\frac{I_{max} - I_{nzd}}{I_{nzd}}\right) I_{hczd} \qquad I_{max} > I_{nzd}$$

式中，I_{hczd} 为横差电流定值；I_{max} 为机端或中性点三相电流中最大相电流；I_{nzd} 为发电机额定电流；K_{hczd} 为制动系数。

相电流比率制动横差保护能保证外部故障时不误动，内部故障时灵敏动作。由于采用了相电流比率制动，横差保护的电流定值只需按躲过正常运行时不平衡电流整定，比传统单元件横差保护定值大为减小，因而提高了发电机内部匝间短路时的灵敏度。

对于其他正常运行情况下横差不平衡电流的增大，横差电流保护动作值具有浮动门槛的功能。

高灵敏横差保护动作于跳闸出口。发电机转子一点接地后，保护切换于一个可整定的延时。高灵敏横差保护逻辑框图如图6-16所示。

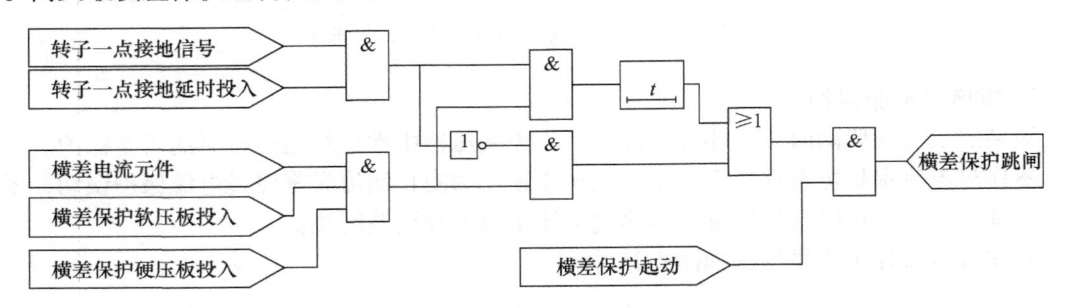

图6-16　高灵敏横差保护逻辑框图

2. 纵向零序电压保护

装设在发电机出口专用TV开口三角上的纵向零序电压，用作发电机定子绕组的匝间短路保护。

由于保护采用了频率跟踪、数字滤波及全周傅里叶算法，使得零序电压对3次谐波的滤除比达100以上，保护只反应基波分量。

（1）电流制动原理

装置采用电流比率制动的纵向零序电压保护原理，其动作方程为

$$U_{zo} > [1 + K_{zo}I_{m}/I_{n}]U_{zozd}$$

$$I_{m} = 3I_{2} \qquad I_{max} < I_{n}$$

$$I_{m} = (I_{max} - I_{n}) + 3I_{2} \qquad I_{max} \geqslant I_{n}$$

式中，U_{zozd} 为零序电压定值；I_{max} 为发电机三相电流中最大相电流；I_{2} 为发电机负序电流；I_{n} 为发电机额定电流；K_{zo} 为制动系数。

电流比率制动原理匝间保护能保证外部故障时不误动，内部故障时灵敏动作。由于采用了电流比率制动的判据，零序电压定值只需按躲过正常运行时最大不平衡电压整定，因此提

高了发电机内部匝间短路时保护的灵敏度。

对于其他正常运行情况下纵向零序电压不平衡值的增大，纵向零序电压保护动作值具有浮动门槛的功能。

（2）工频变化量方向匝间保护

纵向零序电压保护出口逻辑框图如图6-17所示。

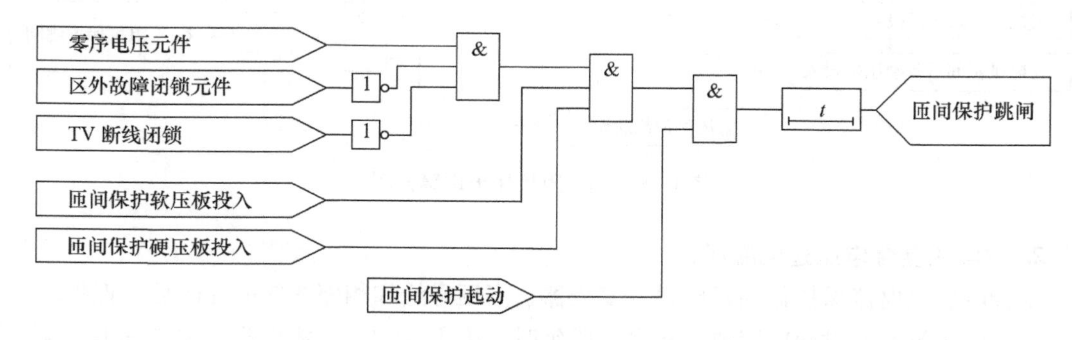

图6-17　纵向零序电压保护出口逻辑框图

6.3.6　发电机后备保护

1. 相间阻抗保护

在发电机机端配置两段阻抗保护作为发电机相间后备保护，电流取中性点电流。第Ⅰ段：可通过整定值选择采用方向阻抗圆、偏移阻抗圆或全阻抗圆。第Ⅱ段：可通过整定值选择采用方向阻抗圆、偏移阻抗圆或全阻抗圆。当某段阻抗反向定值整定为零时，选择方向阻抗圆；当某段阻抗正向定值大于反向定值时，选择偏移阻抗圆；当某段阻抗正向定值与反向定值整定为相等时，选择全阻抗圆。阻抗元件灵敏角 $\phi_m = 78°$，阻抗保护的方向指向由整定值整定实现，一般正方向指向发电机外，TV断线时自动切换至另一组正常TV。

阻抗保护的动作特性如图6-18所示。

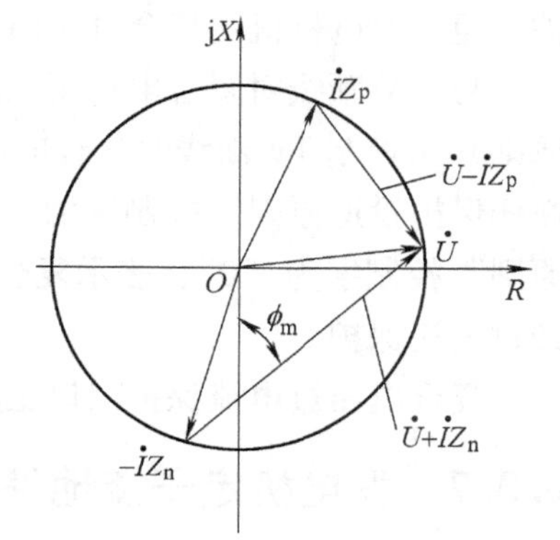

图6-18　发电机后备保护相间阻抗保护的动作特性

在图6-18中，I 为某相间电流，U 为对应的相间电压，Z_n 为阻抗反向整定值，Z_p 为阻抗正向整定值。阻抗元件的比相方程为

$$90° < \arg\frac{(\dot{U} - \dot{I}Z_p)}{(\dot{U} + \dot{I}Z_n)} < 270°$$

阻抗保护的起动元件采用相间电流工频变化量起动，开放500ms，期间若阻抗元件动作则保持。起动元件的动作方程为

$$\Delta I > 1.25\Delta I_t + I_{th}$$

式中，ΔI_t 为浮动门槛，随着变化量输出的增大而逐步自动提高，取1.25倍可保证门槛电压始终略高于不平衡输出，保证在系统振荡和频率偏移情况下，保护不误动；I_{th} 为固定门槛。当相间电流的工频变化量大于 $0.2I_n$ 时，起动元件动作。

TV 断线对阻抗保护的影响：当装置判断出发电机机端 TV_1 断线后，闭锁阻抗保护。

相间阻抗保护逻辑框图如图 6-19 所示。

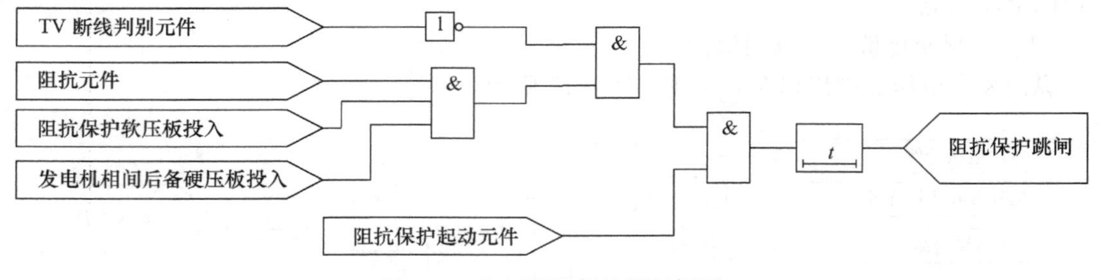

图 6-19　相间阻抗保护逻辑框图

2. 发电机复合电压过电流保护

复合电压过电流保护作为发电机、变压器、高压母线和相邻线路故障的后备保护。

复合电压过电流设两段定值，各设一段延时，第Ⅰ段动作于跳母联开关或其他开关。复合电压过电流Ⅱ段，动作于停机。

1）复合电压元件：复合电压元件由相间欠电压和负序电压或门构成，有两个控制字（即过电流Ⅰ段经复合电压闭锁，过电流Ⅱ段经复合压闭锁）来控制过电流Ⅰ段和过电流Ⅱ段经复合电压闭锁。当过电流经复合电压闭锁控制字为“1”时，表示本段过电流保护经过复合电压闭锁。

2）电流记忆功能：对于自并励发电机，在短路故障后电流衰减变小，故障电流在过电流保护动作出口前可能已小于过电流定值，因此，复合电压过电流保护起动后，过电流元件需带记忆功能，使保护能可靠动作出口。控制字“自并励发电机”在保护装置用于自并励发电机时置“1”。

3）经高压侧复合电压闭锁：控制字“经高压侧复合电压闭锁”置“1”时，过电流保护不但经发电机机端复合电压闭锁，而且还经主变压器高压侧复合电压闭锁。

4）TV 断线对复合电压闭锁过电流的影响：装置设有整定控制字（即 TV 断线保护投退原则）来控制 TV 断线时复合电压元件的动作行为。当装置判断出本侧 TV 断线时，若“TV 断线保护投退原则”控制字为“1”，表示复合电压元件不满足条件；若“TV 断线保护投退原则”控制字为“0”，表示复合电压元件满足条件，这样复合电压闭锁过电流保护就变为纯过电流保护。

复合电压过电流保护出口逻辑如图 6-20 所示。

6.3.7　发电机定子接地保护

1. 零序电压定子接地保护

基波零序电压保护发电机 85%~95%的定子绕组单相接地。

基波零序电压保护反映发电机零序电压大小。由于保护采用了频率跟踪、数字滤波及全周傅里叶算法，使得零序电压对 3 次谐波的滤除比达 100 以上，保护只反应基波分量。

基波零序电压保护设两段定值，一段为灵敏段，另一段为高定值段。

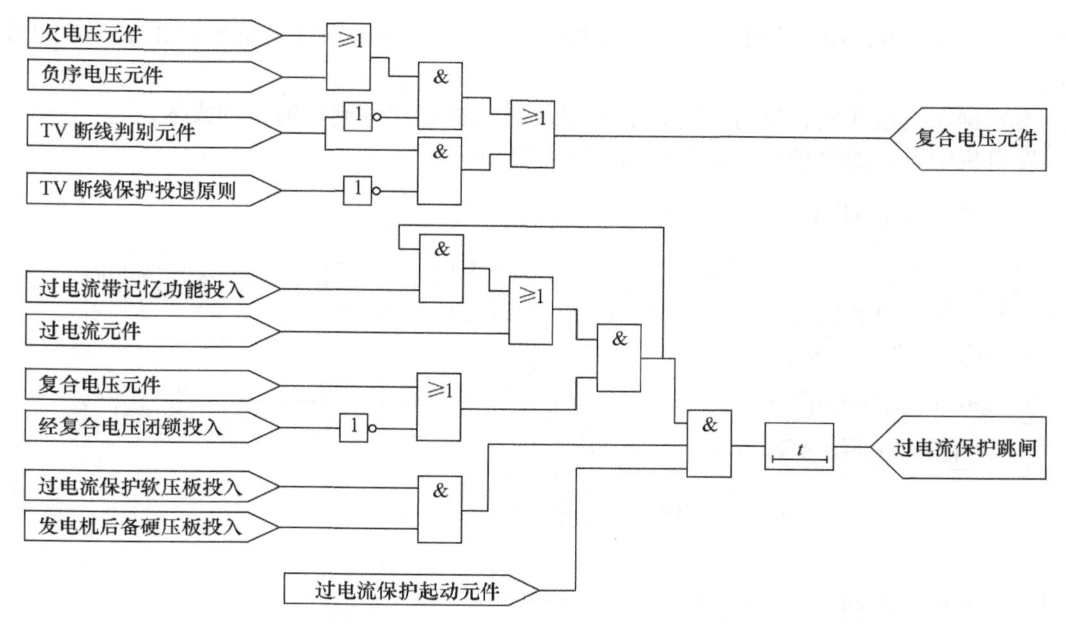

图 6-20　发电机复合电压过电流保护出口逻辑框图

当灵敏段动作于信号时，其动作方程为

$$U_{n0} > U_{0zd}$$

式中，U_{n0} 为发电机中性点零序电压；U_{0zd} 为零序电压定值。

当灵敏段动作于跳闸时，还需满足发电机机端 TV_1 开口三角零序电压辅助判据闭锁：

$$U_{f0} > U_{0zd}n_{tvn}/n_{tv1}$$

式中，U_{f0} 为发电机机端 TV_1 开口三角零序电压；n_{tv1} 为发电机机端 TV_1 开口三角零序电压 TV 电压比；n_{tvn} 为发电机中性点零序电压 TV 电压比。

高定值段动作方程为

$$U_{n0} > U_{0hzd}$$

保护动作于信号或跳闸均不需经机端零序电压辅助判据闭锁。

2. 3 次谐波电压比率定子接地保护

3 次谐波电压比率判据只保护发电机中性点 25%左右的定子接地，机端 3 次谐波电压取自机端开口三角零序电压，中性点侧 3 次谐波电压取自发电机中性点 TV。

3 次谐波保护动作方程为

$$U_{3T}/U_{3N} > K_{3wzd}$$

式中，U_{3T} 、U_{3N} 为机端和中性点 3 次谐波电压值；K_{3wzd} 为 3 次谐波电压比值整定值。

机组在并网前后，机端等效容抗有较大的变化，因此 3 次谐波电压比率关系也随之变化，本装置在机组并网前后各设一段定值，随机组出口断路器位置接点变化自动切换。

3. 3 次谐波电压差动定子接地保护

3 次谐波电压差动判据为

$$|\dot{U}_{3T} - \dot{k}_t \times \dot{U}_{3N}| > k_{re} \times U_{3N}$$

式中，$\dot{U}_{3T}$、$\dot{U}_{3N}$ 为机端、中性点3次谐波电压相量；$\dot{k}_t$ 为自动跟踪调整系数相量；k_{re} 为可靠系数。

本判据在机组并网且负荷电流大于 $0.2I_n$（发电机额定电流）时自动投入。

发电机定子接地保护出口逻辑框图如图6-21所示。

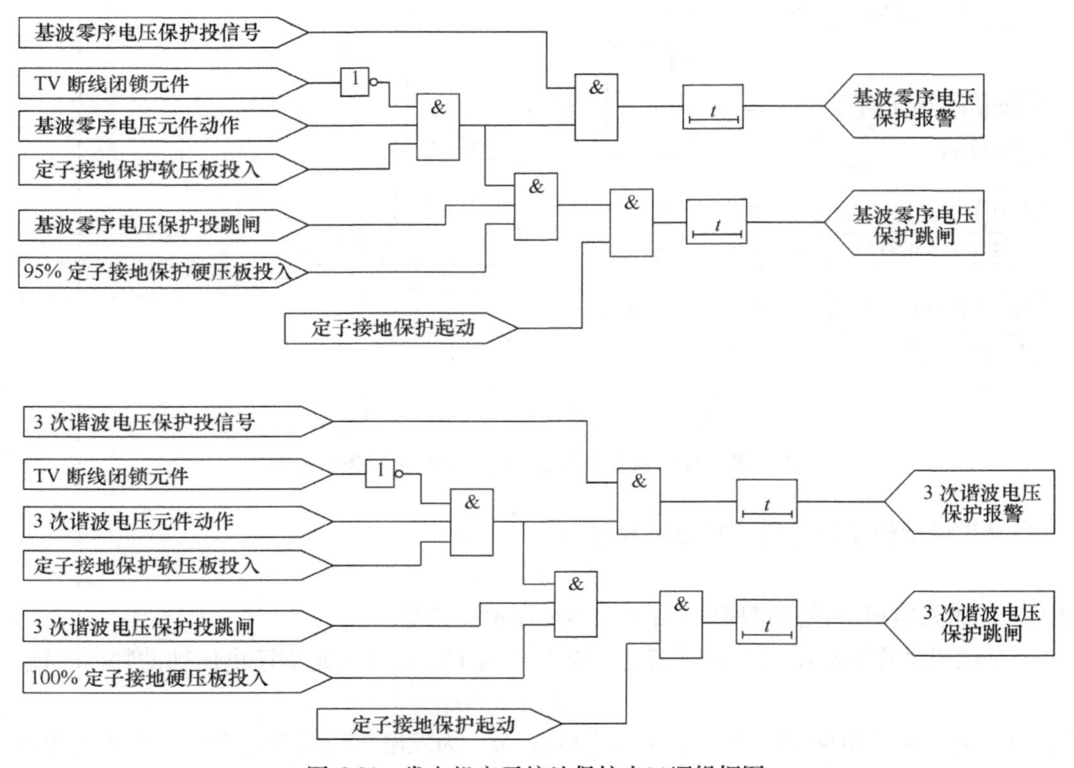

图6-21　发电机定子接地保护出口逻辑框图

6.3.8　发电机转子接地保护

1. 转子一点接地保护

转子一点接地保护反映发电机转子对大轴绝缘电阻的下降。转子接地保护采用切换采样原理（乒乓式），工作电路如图6-22所示。

切换图6-22中电子开关 S_1、S_2，得到相应的回路方程，通过求解方程，可以得到转子接地电阻 R_g，接地位置 α。转子一点接地设有两段动作值，灵敏段动作于报警，普通段可动作于信号也可动作于跳闸。

2. 转子两点接地保护

若转子一点接地保护动作于报警方式，当转子接地电阻 R_g 小于普通段整定值，转子一点接地保护动作后，经延时自动投入转子两点接地保护，当接地位置 α 改变达一定值时判

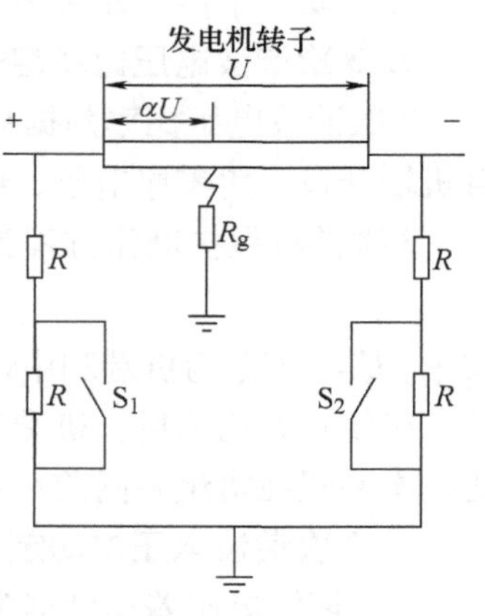

图6-22　转子接地保护采用切换采样原理工作电路

为转子两点接地，动作于跳闸。

转子接地保护出口逻辑框图如图6-23所示。

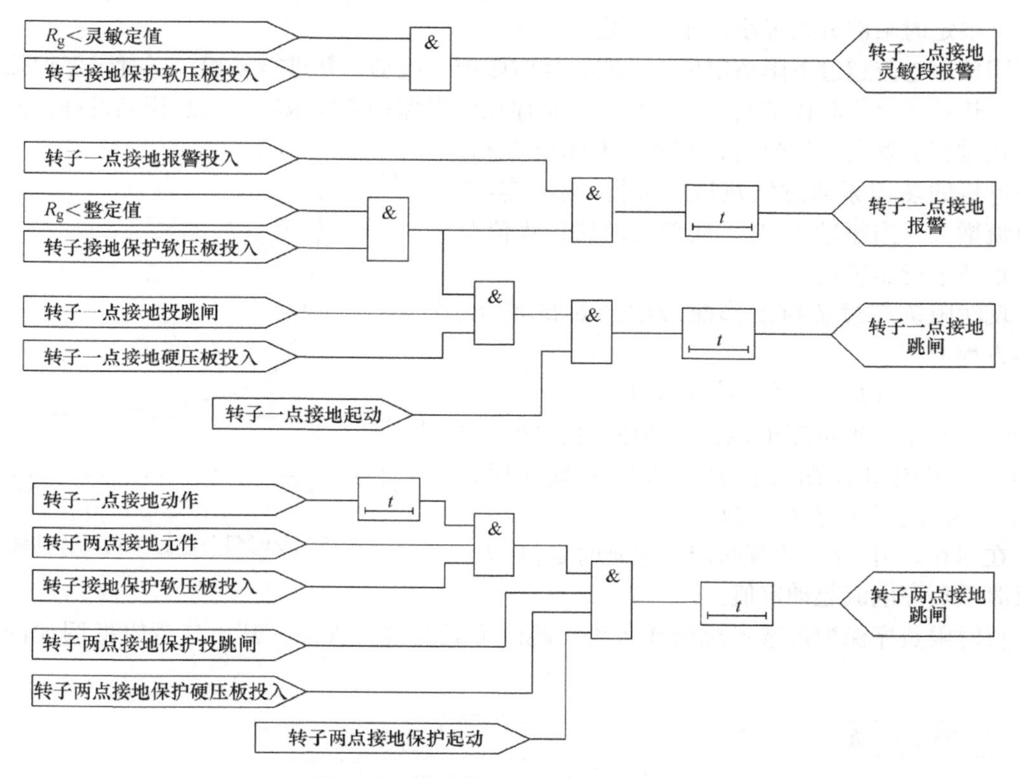

图6-23 转子接地保护出口逻辑框图

6.3.9 负序过负荷保护

负序过负荷反映发电机转子表层过热状况，也可反映负序电流引起的其他异常。保护动作量取机端、中性点的负序电流。

1. 定时限负序过负荷保护

配置两段定时限负序过负荷保护。负序过负荷定时限Ⅰ段动作于跳闸，定时限Ⅱ段设两段延时，分别动作于跳闸和信号。其框图如图6-24所示。

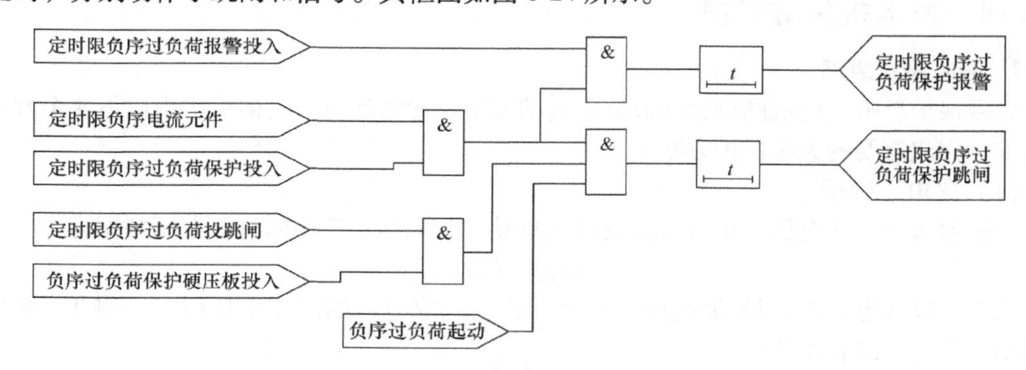

图6-24 发电机定时限负序过负荷保护框图

2. 反时限负序过负荷保护

反时限保护由 3 部分组成：①下限起动；②反时限部分；③上限定时限部分。

上限定时限部分设最小动作时间定值。

当负序电流超过下限整定值 I_{2szd} 时，反时限部分起动，并进行累积。反时限保护热积累值大于热积累定值时保护发出跳闸信号。负序反时限保护能模拟转子的热积累过程，并能模拟散热过程。发电机发热后，若负序电流小于 I_{21}，则发电机的热积累通过散热过程慢慢减少；若负序电流增大，当超过 I_{21} 时，从现在的热积累值开始，重新进行热积累。

反时限负序过负荷动作曲线如图 6-25 所示，动作方程为

$$[(I_2/I_{nzd})^2 - I_{21}^2]t \geqslant A$$

式中，I_2 为发电机负序电流；I_{nzd} 为发电机额定电流；I_{21} 为发电机长期运行允许负序电流（标幺值）；A 为转子负序发热常数。

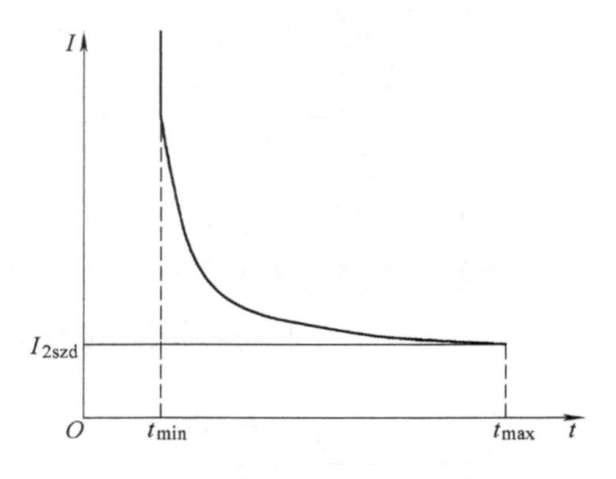

图 6-25　反时限负序过负荷动作曲线

在图 6-25 中，t_{min} 为反时限上限延时定值，I_{2szd} 为反时限负序电流起动定值。

反时限负序保护可选择跳闸或报警，跳闸方式为解列灭磁。其出口逻辑框图如图 6-26 所示。

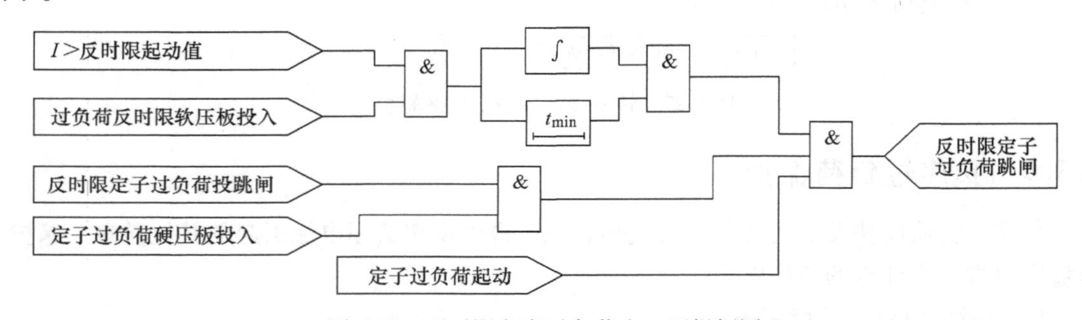

图 6-26　反时限负序过负荷出口逻辑框图

6.3.10　发电机失磁保护

1. 失磁保护原理

失磁保护反映发电机励磁回路故障引起的发电机异常运行。失磁保护由以下 4 个判据组合而成，完成需要的失磁保护方案。

（1）欠电压判据

一般取母线三相电压，也可选择发电机机端三相电压。三相同时欠电压判据为

$$U_{pp} < U_{lezd}$$

当取自母线电压时，TV 断线时闭锁本判据。当取自机端三相电压时，一组 TV 断线时自动切换至另一组正常 TV。

（2）定子侧阻抗判据

阻抗圆：异步阻抗圆或静稳边界圆，动作方程为

$$270° \geqslant \arg \frac{Z + jX_B}{Z - jX_A} \geqslant 90°$$

X_A：静稳边界圆，可按系统阻抗整定，异步阻抗圆，$X_A = X'_d/2$；

X_B：隐极机取 $X_d + X'_d/2$，凸极机取 $(X_d + X_q)/2 + X'_d/2$。

对于阻抗判据，可以选择与无功反向判据结合，即

$$Q < -Q_{zd}$$

对于静稳阻抗继电器，失磁保护阻抗图如图 6-27 所示。图中阴影部分为动作区，图中虚线为无功反向动作边界。

对于异步阻抗继电器，失磁保护阻抗图如图 6-28 所示。

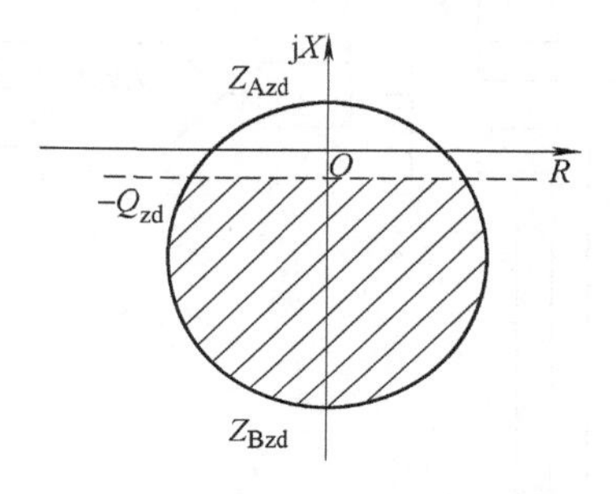

图 6-27　静稳阻抗继电器失磁保护阻抗图

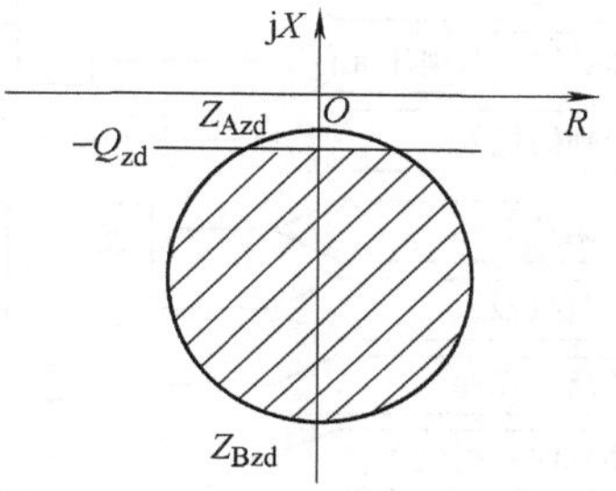

图 6-28　异步阻抗继电器失磁保护阻抗图

阻抗继电器辅助判据：

1）正序电压≥6V。

2）负序电压 $U_2 < 0.1U_n$（发电机额定电压）。

3）发电机电流≥ $0.1I_n$（发电机额定电流）。

（3）转子侧判据

1）转子欠电压判据：$U_r < U_{rlzd}$

2）发电机的变励磁电压判据为

$$U_r < K_r X_{dz}(P - P_t) U_{f0}$$

式中，$X_{dz} = X_d + X_s$，X_d 为发电机同步电抗标幺值，X_s 为系统联系电抗标幺值；P 为发电机输出功率标幺值；P_t 为发电机凸极功率幅值标幺值，对于汽轮发电机 $P_t = 0$，对于水轮发电机 $P_t = 0.5 \times (1/X_{qz} - 1/X_{dz})$；$U_{f0}$ 为发电机励磁空载额定电压有名值；K_r 为可靠系数。

当出现失磁故障时如 U_r 突然下降到零或负值，励磁欠电压判据迅速动作（在发电机实际抵达静稳极限之前）；当出现失磁或低励磁故障时，U_r 逐渐下降到零或减至某一值，变励磁欠电压判据动作。低励磁、失磁故障将导致机组失步，失步后 U_r 和发电机输出功率作大幅度波动，通常会使励磁欠电压判据、变励磁欠电压判据周期性地动作与返回，因此低励磁、失磁故障的励磁电压元件在失步后（进入静稳边界圆）延时返回。

（4）减输出判据

减输出采用有功功率判据：$P > P_{zd}$。

失磁导致发电机失步后，发电机输出功率在一定范围内波动，P 取一个振荡周期内的平均值。

2. 失磁保护出口逻辑

装置设有四段失磁保护功能，失磁保护Ⅰ段动作于减输出，Ⅱ段由于母线欠电压而动作于跳闸，Ⅲ段可动作于信号或跳闸，Ⅳ段经较长延时动作于跳闸。

图6-29为失磁保护Ⅰ段逻辑框图。失磁保护Ⅰ段用于减输出。失磁保护Ⅰ段投入，当发电机失磁时，降低原动机输出使发电机输出功率减至整定值。

图6-30为失磁保护Ⅱ段逻辑框图。失磁保护Ⅱ段投入，当发电机失磁时，主变压器高压侧母线电压低于整定值，保护延时动作于跳闸。

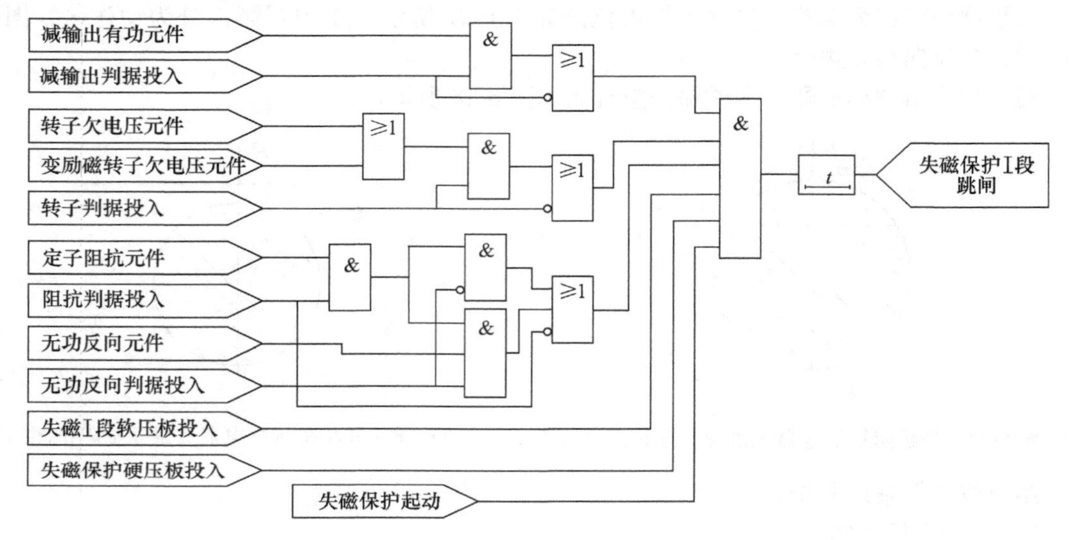

图6-29　失磁保护Ⅰ段逻辑框图

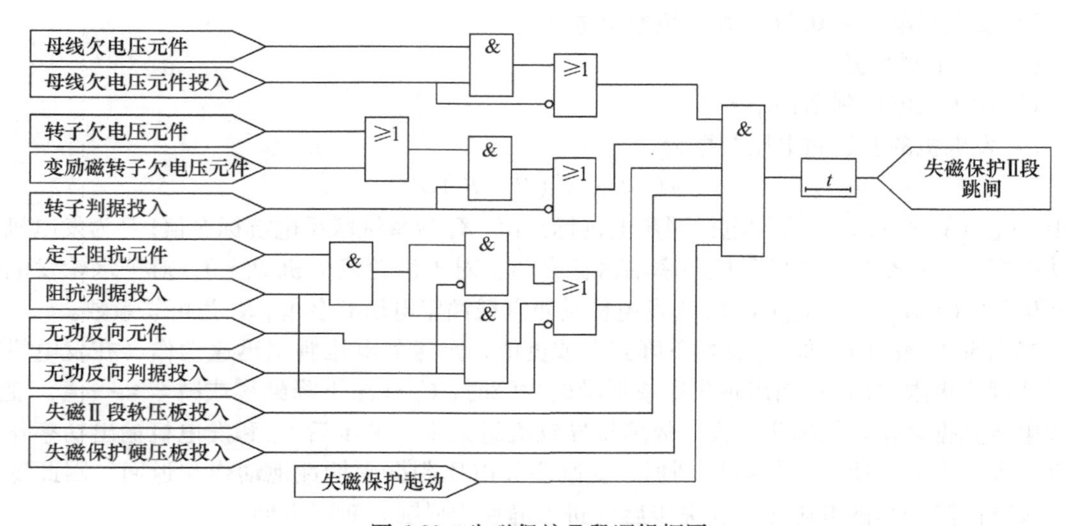

图6-30　失磁保护Ⅱ段逻辑框图

6.3.11　失步保护

失步保护反映发电机失步振荡引起的异步运行，保护采用三元件失步保护继电器动作特性，如图 6-31 所示。

第一部分是透镜特性，图中①，它把阻抗平面分成透镜内的部分 I 和透镜外的部分 O。

第二部分是遮挡器特性，图中②，它把阻抗平面分成左半部分 L 和右半部分 R。

两种特性的结合，把阻抗平面分成 4 个区 OL、IL、IR、OR，阻抗轨迹顺序穿过 4 个区（OL→IL→IR→OR 或 OR→IR→IL→OL），并在每个区停留时间大于一时限，则保护判为发电机失步振荡。每顺序穿过一次，保护的滑极计数加 1，到达整定次数时，保护动作。

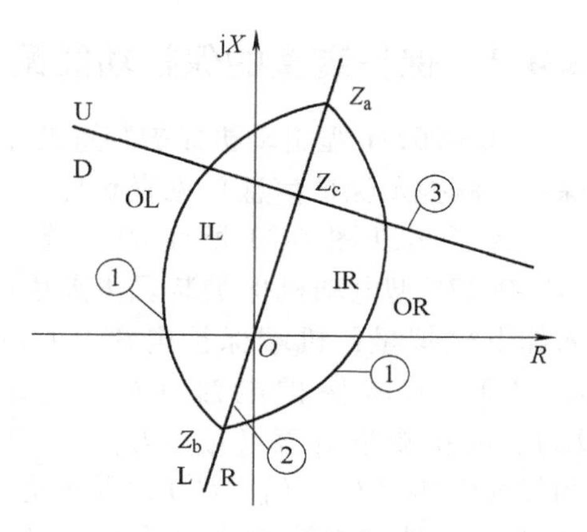

图 6-31　三元件失步保护继电器动作特性

第三部分特性是电抗线，图中③，它把动作区一分为二，电抗线以上为 I 段（U），电抗线以下为Ⅱ段（D）。阻抗轨迹顺序穿过 4 个区时位于电抗线以下，则认为振荡中心位于发变组内，位于电抗线以上，则认为振荡中心位于发变组外。两种情况下滑极次数可分别整定。

保护可动作于报警信号，也可动作于跳闸。失步保护可以识别的最小振荡周期为 120ms。

失步保护出口逻辑框图如图 6-32 所示。

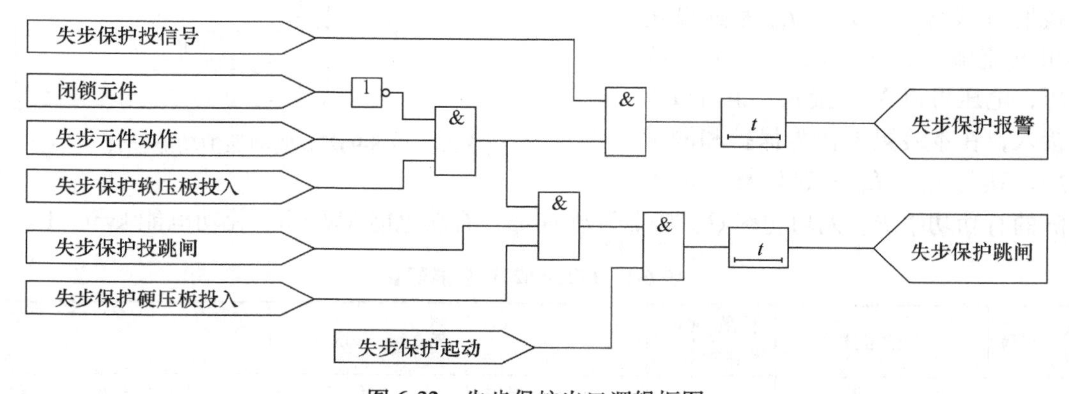

图 6-32　失步保护出口逻辑框图

该装置还有发电机电压保护、过励磁保护、功率保护及频率保护等功能，由于这些保护的原理相对比较简单，请读者参阅相关的文献及说明书。

6.4　PCS-9627L 型电动机保护装置

PCS-9627L 型电动机保护装置是属于 PCS-9600L 系列保护装置中的一种产品。该装置是适用于 3～10kV 电压等级的中高压电动机的保护测控装置，装置通过常规电磁式互感器采集模拟量，支持 IEC 61850 规约。该装置可以组屏安装，也可就地安装到开关柜。

6.4.1　保护装置的保护功能配置

PCS-9627L型电动机保护装置的主要保护功能配置如图6-33所示。详细的功能（包含保护、测控及保护信息）见表6-1。

为了实现图6-33所示的功能，PCS-9627L型电动机保护装置需要引入如下模拟量：机端保护电流（I_a、I_b、I_c）、末端保护电流（I_{a2}、I_{b2}、I_{c2}）、两相测量电流（I_{am}、I_{cm}）、三相母线电压（U_a、U_b、U_c）、零序电流（I_0）。外部电流输入经隔离互感器隔离转换后，经低通滤波器至模-数转换器，再由CPU定时采样。CPU对获得的数字信号进行处理，构成各种保护继电器的控制信号。

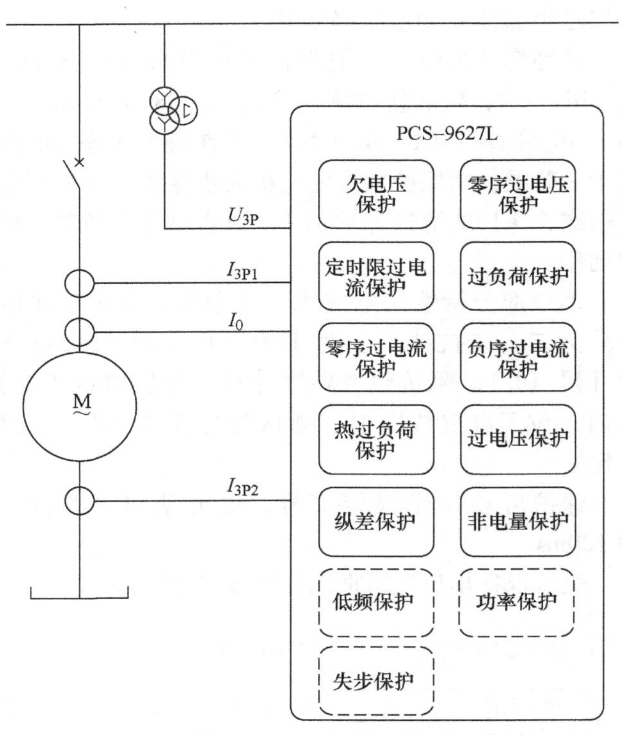

图6-33　PCS-9627L典型保护功能配置

机端保护电流（I_a、I_b、I_c）、末端保护电流（I_{a2}、I_{b2}、I_{c2}）为保护用电流输入；I_0既可用作零序过电流保护（跳闸或告警），也同时兼作小电流接地选线输入；I_{am}、I_{cm}为测量用两相电流输入；U_a、U_b、U_c为母线电压，电压可以Y形接入，也可以V形接入，在本装置中作为保护和测量共用，其与I_{am}、I_{cm}一起计算形成本间隔的有功功率P、无功功率Q、功率因数$\cos\phi$、有功电能kW·h、无功电能kvar·h。

表6-1　PCS-9627L功能配置

类别	序号	功能描述	段数/时限或数量	说　明
保护	1	电流纵差保护/磁平衡差动		两种差动保护可选其一，另一种必须退出（其中电流纵差保护包含差动速断和比率差动，可分别投退）
	2	短路、起动时间过长、堵转保护	3段	在装置中体现为：过电流Ⅰ、Ⅱ、Ⅲ段保护
	3	不平衡保护	2段	在装置中体现为：负序过电流Ⅰ、Ⅱ段保护，Ⅱ段可选为反时限
	4	过负荷保护	1段	可选择跳闸或告警
	5	热过负荷保护	1段	分为过负荷告警与过负荷跳闸，具有热记忆及禁止再起动功能，实时显示电动机的热积累情况
	6	接地保护	1段	零序过电流保护，可选为跳闸或告警
	7	零序过电压保护	1段	
	8	过电压保护	1段	

（续）

类别	序号	功能描述	段数/时限或数量	说　明
保护	9	欠电压保护	1段	
	10	功率保护	1段	可选择低功率或逆功率
	11	低周保护	1段	
	12	失步保护	1段	
	13	非电量保护	3段	Ⅱ、Ⅲ段可选为告警
测控	14	遥信	5路	自定义遥信开入，事件顺序记录（SOE）。失步、非电量不用时可扩展到10路
	15	遥测	12个	
	16	遥控	1组	断路器遥控
	17	遥调	4个	正、反向有功电能，正、反向无功电能
保护信息	18	在线监测信息		保护测量、定值区号、装置参数、保护定值
	19	状态变位信息		保护变位、保护压板、保护功能状态、装置运行状态及远方操作保护功能投退
	20	告警信息		故障信息、告警信息、通信工况及保护功能闭锁
	21	保护动作信息		保护事件、保护录波
	22	就地及远方操作		装置参数、保护区号、保护定值及软压板等就地和远方修改操作，支持远方操作双确认

6.4.2　保护装置的主要起动元件

该装置为各保护元件设置了不同的起动元件，相应的起动元件起动后才能进行各自的保护元件计算。

1）纵差保护起动元件：三相差动电流最大值大于差动电流起动值时动作，此起动元件用来开放相应的差动保护。

2）磁平衡差动起动元件：三相磁平衡差流（末端三相电流）最大值大于0.95倍磁平衡整定值时动作。此起动元件用来开放过电流保护。

3）过电流保护起动元件：当三相电流最大值大于0.95倍过电流整定值时动作。此起动元件用来开放相应的过电流保护。

4）负序过电流保护起动元件：当负序电流最大值大于0.95倍负序过电流整定值时动作。此起动元件用来开放相应的负序过电流保护。

5）过负荷保护起动元件：当三相电流最大值大于0.95倍过负荷整定值时动作。此起动元件用来开放相应的过负荷保护。

6）热过负荷保护起动元件：热过负荷保护投入时，当热积累状态大于100%且等效电流值大于0.95倍的热过负荷系数与热过负荷基准电流乘积时，整组起动元件动作。

7）零序过电流保护起动元件：当零序电流大于0.95倍零序过电流整定值时动作。此起动元件用来开放相应的零序过电流保护。

8）零序过电压保护起动元件：当零序电压大于0.95倍零序过电压整定值时动作。此起动元件用来开放相应的零序过电压保护。

9）过电压保护起动元件：当任一相间电压大于0.95倍过电压整定值时动作。此起动元件用来开放过电压保护。

10）欠电压保护起动元件：当相间电压均小于1.03倍欠电压整定值时动作。此起动元件用来开放欠电压保护。

11）非电量保护起动元件：当非电量保护投入并且开入为“1”时动作。此起动元件用来开放非电量保护。

12）低周保护起动元件：当系统频率小于定值时起动。此元件用来开放低周保护。

13）低功率保护起动元件：当正序功率为正，且绝对值小于1.05倍整定值时起动。此元件用来开放低功率保护。

14）逆功率保护起动元件：当正序功率为负，且绝对值大于0.95倍整定值时起动。此元件用来开放逆功率保护。

15）失步保护起动元件：正序功率因数角滞后，并且正序功率因数值小于1.02倍整定角度对应的余弦值时起动。此元件用于开放失步保护。

6.4.3　保护装置的主要保护功能原理

1. 差动保护

电动机纵差保护是电动机相间、接地短路的主保护。差动保护电流折算到电动机的机端。

1）比率差动保护

PCS-9627L型电动机保护装置采用了常规比率差动原理，其动作方程为

$$\begin{cases} |\dot{I}_{\mathrm{T}}+\dot{I}_{\mathrm{N}}|>I_{\mathrm{cdqd}}; & |\dot{I}_{\mathrm{T}}-\dot{I}_{\mathrm{N}}|/2\leqslant I_{\mathrm{e}} \\ |\dot{I}_{\mathrm{T}}+\dot{I}_{\mathrm{N}}|-I_{\mathrm{cdqd}}>K_{\mathrm{bl}}(|\dot{I}_{\mathrm{T}}-\dot{I}_{\mathrm{N}}|/2-I_{\mathrm{e}}); & |\dot{I}_{\mathrm{T}}-\dot{I}_{\mathrm{N}}|/2>I_{\mathrm{e}} \end{cases}$$

式中，I_{e}为电动机额定电流；I_{cdqd}为稳态比率差动起动定值；$\dot{I}_{\mathrm{T}}$为电动机机端电流；$\dot{I}_{\mathrm{N}}$为末端电流（中性点电流）；K_{bl}为比率制动系数整定值。

为了躲开保护区外故障时TA暂态和稳态饱和，而在保护区内故障且TA饱和时能可靠、正确、快速动作，PCS-9627L型电动机保护装置还采用了高值比率差动保护的比率制动特性。高值比率差动动作方程为

$$\begin{cases} I_{\mathrm{d}}>1.2I_{\mathrm{e}} \\ I_{\mathrm{d}}>I_{\mathrm{r}} \end{cases}$$

式中，I_{d}为差动电流$|\dot{I}_{\mathrm{T}}+\dot{I}_{\mathrm{N}}|$；$I_{\mathrm{r}}$为制动电流$|\dot{I}_{\mathrm{T}}-\dot{I}_{\mathrm{N}}|/2$。

高值比率差动保护的定值固定，无须用户整定。

PCS-9627L型电动机保护装置的比率差动保护能保证外部短路不动作，内部故障时有较高的灵敏度，其动作曲线如图6-34所示。任一相比率差动保护动作即出口跳闸时的保护逻辑框图如图6-35所示。

2）TA饱和的判别原理

为防止电动机在起动状态下TA暂态和稳态饱和可能引起比率差动保护误动作，装置利

用差流二次电流中的2次谐波和3次谐波含量来判别TA饱和，判别方程为

$$\begin{cases} I_{\phi\_2nd} > K_{\phi 2xb} I_{\phi\_1st} \\ I_{\phi\_3rd} > K_{\phi 3xb} I_{\phi\_1st} \end{cases}$$

式中，I_{ϕ_1st} 为某相电流的基波；I_{ϕ_2nd} 为某相电流中的2次谐波；I_{ϕ_3rd} 为某相电流中的3次谐波；$K_{\phi 2xb}$、$K_{\phi 3xb}$ 为固定的比例常数（分别为0.15和0.2）。

当与某相差电流有关的电流满足上式任一条件时即认为此相差电流为TA饱和引起，闭锁比率差动保护，高值比率差动保护不经差电流3次谐波闭锁。

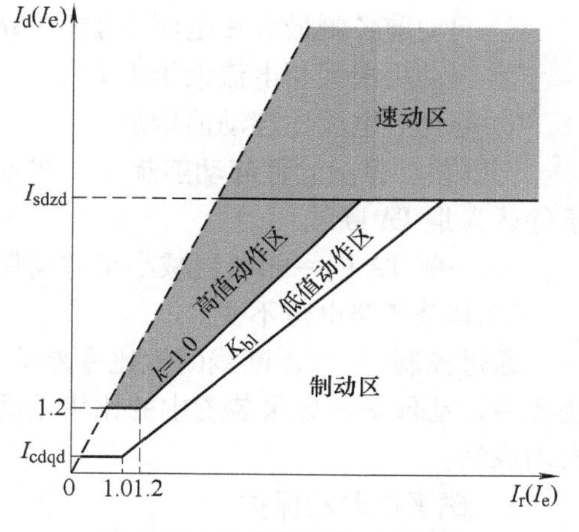

图6-34 纵差保护的动作曲线

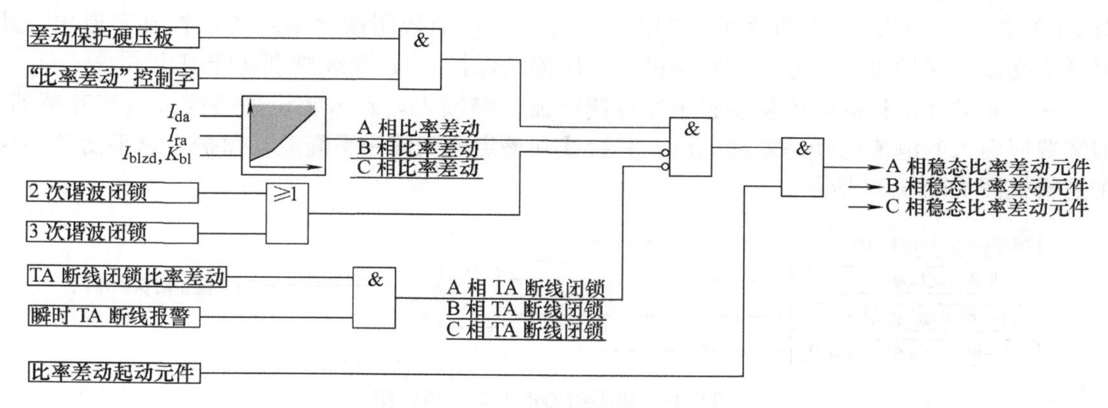

图6-35 比率差动保护逻辑框图

3）差动速断保护

装置设有一速断保护，在电动机内部严重故障时快速动作。任一相差动电流大于差动速断整定值 I_{sdzd} 时瞬时动作于出口继电器。差动速断保护逻辑框图如图6-36所示。

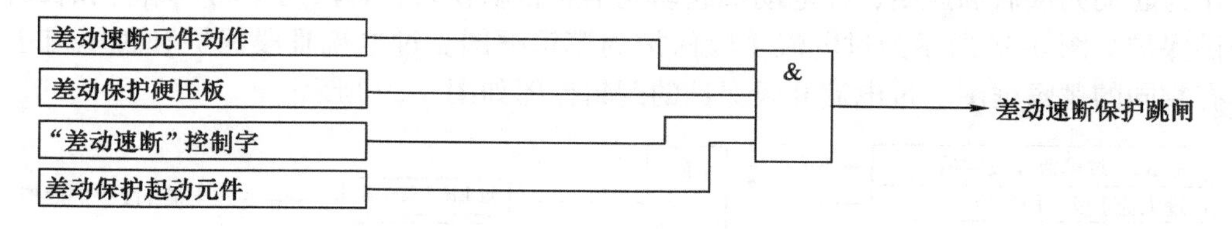

图6-36 差动速断保护逻辑框图

4）差电流回路异常情况判别

PCS-9627L型电动机保护装置将差电流回路的异常情况分为两种：差电流异常告警和瞬时TA断线。差电流异常告警在保护每个采样周期内进行。差动保护投入时，当任一相差电流大于 $0.08I_e$ 的时间超过10s时发出差电流异常告警信号，此时不闭锁比率差动保护。此功能也兼作保护装置交流采样回路的自检功能。瞬时TA断线闭锁功能在差动保护起动后进行判别。为防止瞬时TA断线的误闭锁，满足下述任一条件时不进行瞬时TA断线判别：

① 起动前各侧最大相电流小于0.08I_n。

② 起动后最大相电流大于1.2I_e。

③ 起动后电流比起动前增加。

比率差动保护元件起动前提下，机端、末端（中性点）的两侧6路电流同时满足下列条件认为是TA断线：

① 一侧TA的一相电流减小至差动保护起动值以下。

② 其余各路电流不变。

通过控制字“TA断线闭锁比率差动”，选择瞬时TA断线发告警信号的同时选择是否闭锁比率差动保护。如果装置中的比率差动保护退出运行，则瞬时TA断线的告警和闭锁功能自动取消。

5）磁平衡差动保护

磁平衡差动保护，俗称小差动保护。当电动机安装磁平衡式电流互感器时，控制字“磁平衡差动”投入，“差动速断”“比率差动”“TA断线闭锁比率差动”控制字退出，此时磁平衡差动保护投入，差动速断保护、比率差动保护、TA断线判别功能退出。

磁平衡差动保护的电流从装置中性点侧电流回路输入。若未装设磁平衡式电流互感器，但装置所引入的电流已经是差动电流，其接线和整定原则同磁平衡差动保护。磁平衡差动保护逻辑框图如图6-37所示。

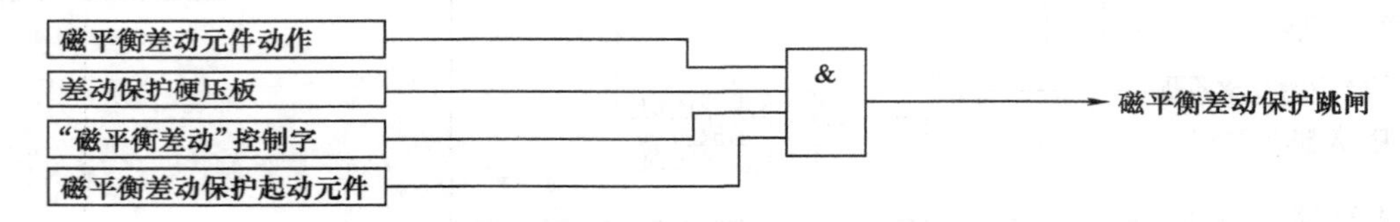

图6-37　磁平衡差动保护逻辑框图

2. 过电流保护

PCS-9627L型电动机保护装置设三段定时限过电流保护。Ⅰ段相当于速断段，电流按躲过起动电流整定，时限可整定为速断或带极短的时限，该段主要对电动机短路提供保护；Ⅱ段可作为起动完成后的速断，在电动机起动完毕后自动投入，Ⅲ段为电动机堵转和长时间起动提供保护。图6-38所示为过电流Ⅰ段保护的逻辑框图。过电流Ⅲ段保护和过电流Ⅰ段保护具有相同的逻辑框图。过电流Ⅱ段保护的逻辑框图如图6-39所示。

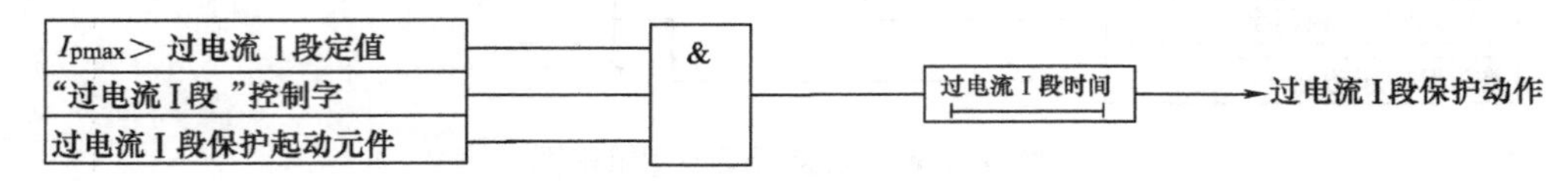

图6-38　过电流Ⅰ段保护逻辑框图

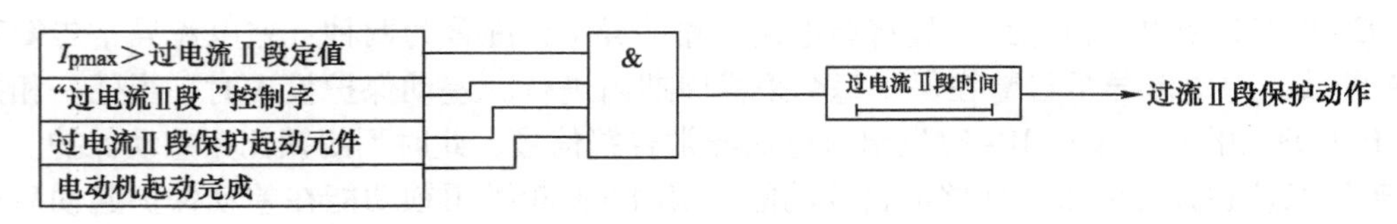

图6-39　过电流Ⅱ段保护逻辑框图

3. 负序过电流保护

当电动机三相电流有较大不对称时，就会出现较大的负序电流，而负序电流将在转子中产生2倍工频的电流，使转子附加发热大大增加，危及电动机的安全运行。

PCS-9627L型电动机保护装置设置两段定时限负序过电流保护，分别对电动机反相、断相、匝间短路以及较严重的电压不对称等异常运行工况提供保护。其中负序过电流Ⅱ段作为灵敏的不平衡电流保护，可选择采用定时限还是反时限。

根据国际电工委员会标准（IEC 255-4）和英国标准（BS 142.1966）的规定，本装置采用其标准反时限特性方程中的极端反时限特性方程（extreme IDMT）：

$$t=\frac{80}{(I/I_p)^2-1}t_p$$

式中，I_p为电流基准值，取负序过电流Ⅱ段定值；t_p为时间常数，取定值负序过电流Ⅱ段反时限时间因子。

负序过电流Ⅰ段逻辑框图如图6-40所示。负序过电流Ⅱ段保护和负序过电流Ⅰ段保护具有相同的逻辑框图。此外，若负序Ⅱ段用作反时限，那么，控制字“负序过电流Ⅱ段”和“负序过电流Ⅱ段投反时限”必须全部投入。

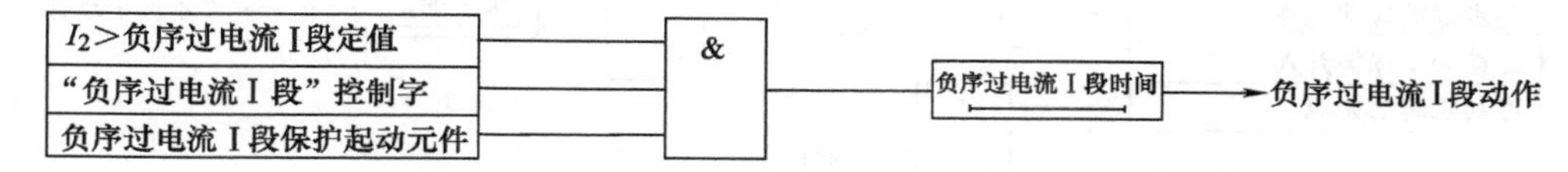

图6-40　负序过电流Ⅰ段逻辑框图

4. 热过负荷保护

PCS-9627L型电动机保护装置提供了以负荷电流为模型的热过负荷保护。热过负荷模型基于IEC 60255-8，采用等效电流I_{eq}来计算热累积量，热累积公式如下：

$$T=\tau\times\ln\frac{I^2-I_p^2}{I^2-(k\times I_B)^2}$$

式中，T为跳闸时间（s）；τ为热过负荷常量，对应定值“热过负荷时间常数”；I_B为满负荷额定电流值，对应定值“热过负荷基准电流”；I为等效电流的有效值（$I^2=K_1I_1^2+K_2I_2^2$，当电动机起动时$K_1=0.5$，正常运行时$K_1=1$；K_2对应定值“负序发热系数”；I_1为正序电流；I_2为负序电流）；I_p为热过负荷起动前稳态电流；k为热累积系数，对应定值“热过负荷系数”。

当热累积超过热过负荷告警定值时，装置会发出一个告警信号。

进行发散热计算的热过负荷模型能够更真实地反应电动机的发热情况，当电动机正常运行时，发热和散热总的热积累会平衡在$\frac{I_p^2}{(k\times I_B)^2}$，当电动机故障时，电流急剧增大，热积累快速增加，经过T时间后跳闸。

另外，可以通过“热复归”开入信号来清除热累积。热过负荷保护的逻辑框图如图6-41所示。

5. 失步保护

失步保护采用检测电动机的功率因数角的原理来构成，同步电动机在正常运行时一般工

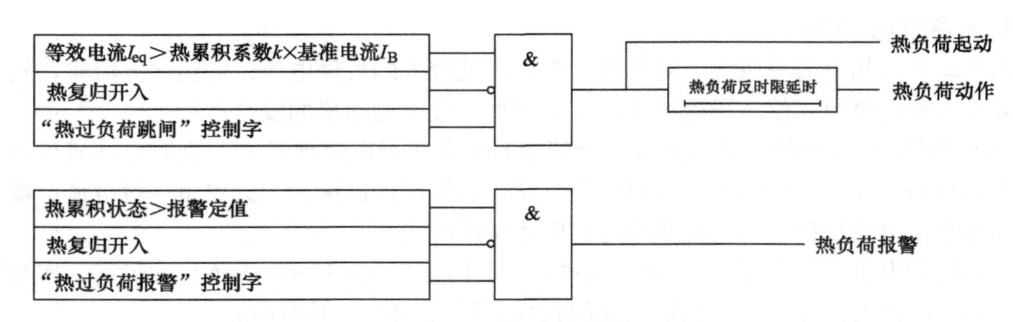

图6-41　热过负荷逻辑框图

作于过激状态，功率因数角为负。当同步电动机失步时必定为欠励磁，功率因数角为正。失步保护固定经低电流闭锁（用于防止电动机空载时保护误动，闭锁电流可整定）。负序电流大于0.25A或正序电压小于5V时或有“闭锁失步保护”开入时闭锁失步保护。

失步保护可经“失步保护投入”开入投入或在电动机起动完成后自动投入（“失步保护自动投入”控制字为“1”）。失步保护的逻辑框图如图6-42所示。

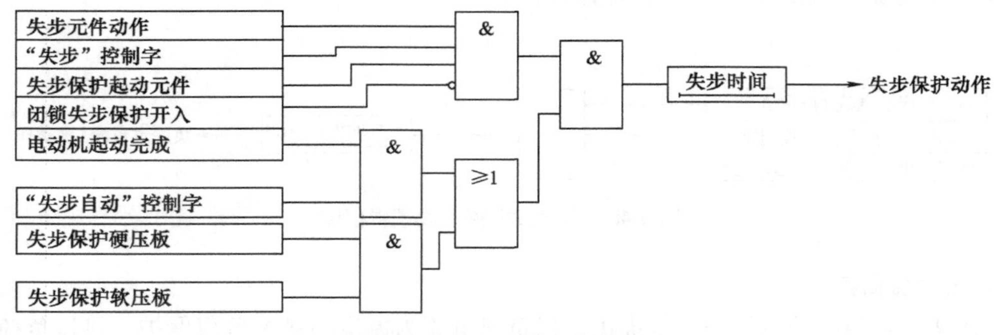

图6-42　失步保护逻辑框图

6. 低功率或逆功率保护

低功率或逆功率保护用于防止电源中断在恢复时造成同步电动机的非同步冲击。低功率保护适用于母线上没有其他负荷的情况，而逆功率保护适用于母线上有其他负荷的情况，均作用于跳闸。低功率和逆功率保护不能同时投入，若同时投入，仅低功率有效。低功率或逆功率保护在电动机起动完成后且电流大于0.1A或正序电压大于5V、负序电压小于8V时方能动作。低功率或逆功率保护的逻辑框图如图6-43所示。

7. 其他保护及异常告警功能

除了以上保护功能，PCS-9627L型电动机保护装置还具有过负荷保护、过电压保护、欠电压保护、零序过电流保护、零序过电压保护及低频保护等功能，这些功能与PCS-9611L线路保护装置的功能相似。PCS-9627L型电动机保护装置的异常告警功能也与PCS-9611L线路保护装置相似。

6.4.4　保护装置的背板接线

标准配置的PCS-9627L型电动机保护装置的背板端子如图6-44、图6-45所示。背板的

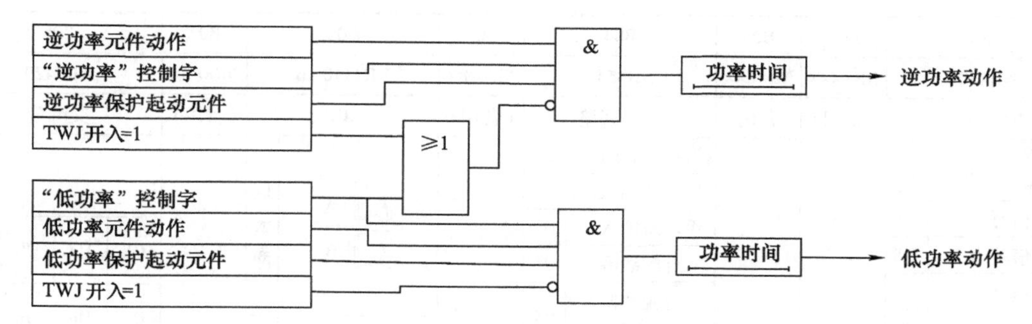

图6-43 低功率或逆功率保护逻辑框图

接线说明见表6-2。其交流插件B08的外部接线示意如图6-46所示。

B01	B02	B03	B04	B05	B06	B07	B08
NR4307	NR××××	NR××××	NR4546	NR××××	NR4110AB	NR××××	NR4429
电源/开入	（备用）	（备用）	操作回路	（备用）	CPU	（备用）	交流量

B01 电源/开入：

名称	端子
装置闭锁	01
	02
遥信开入1	03
遥信开入2	04
遥信开入3	05
遥信开入4	06
遥信开入5	07
遥信开入6	08
遥信开入7	09
投差动保护	10
非电量3开入	11
非电量2开入	12
非电量1开入	13
起动闭锁开入	14
投欠电压保护	15
热复归	16
测控远方硬压板	17
状态检修硬压板	18
开入公共负(-)	19
装置电源正(+)	20
装置电源负(-)	21
电源地	22

B04 操作回路：

名称	端子
控制电源正(+)	01
保护跳闸入口	02
手动跳闸入口	03
合闸线圈	04
合闸线圈（无防跳）	05
TWJ-	06
手动合闸入口	07
保护合闸入口	08
跳闸线圈	09
HWJ-	10
控制电源负(-)	11
遥控电源正(+)	12
断路器遥控分出口	13
断路器遥控合出口	14
保护跳闸出口1	15
	16
备用	17
	18
备用	19
	20
禁止再起动	21
	22

B06 CPU：

名称	端子	功能
A		以太网
B		以太网
	01	
	02	
	03	
	04	
	05	
	06	
SYN+	07	对时
SYN-	08	对时
SGND	09	对时
RTS	10	打印
TXD	11	打印
SGND	12	打印
4~20mA1(+)	13	AO
4~20mA1(-)	14	AO
4~20mA2(+)	15	AO
4~20mA2(-)	16	AO

B08 交流量：

端子	名称	名称	端子
01	Ua	Ub	02
03	Uc	Un	04
05			06
07	Ia2	Ia2′	08
09	Ib2	Ib2′	10
11	Ic2	Ic2′	12
13	Ia	Ia′	14
15	Ib	Ib′	16
17	Ic	Ic′	18
19	I0	I0′	20
21	Iam	Iam′	22
23	Icm	Icm′	24

图6-44 PCS-9627L型背板端子（用于异步电动机）

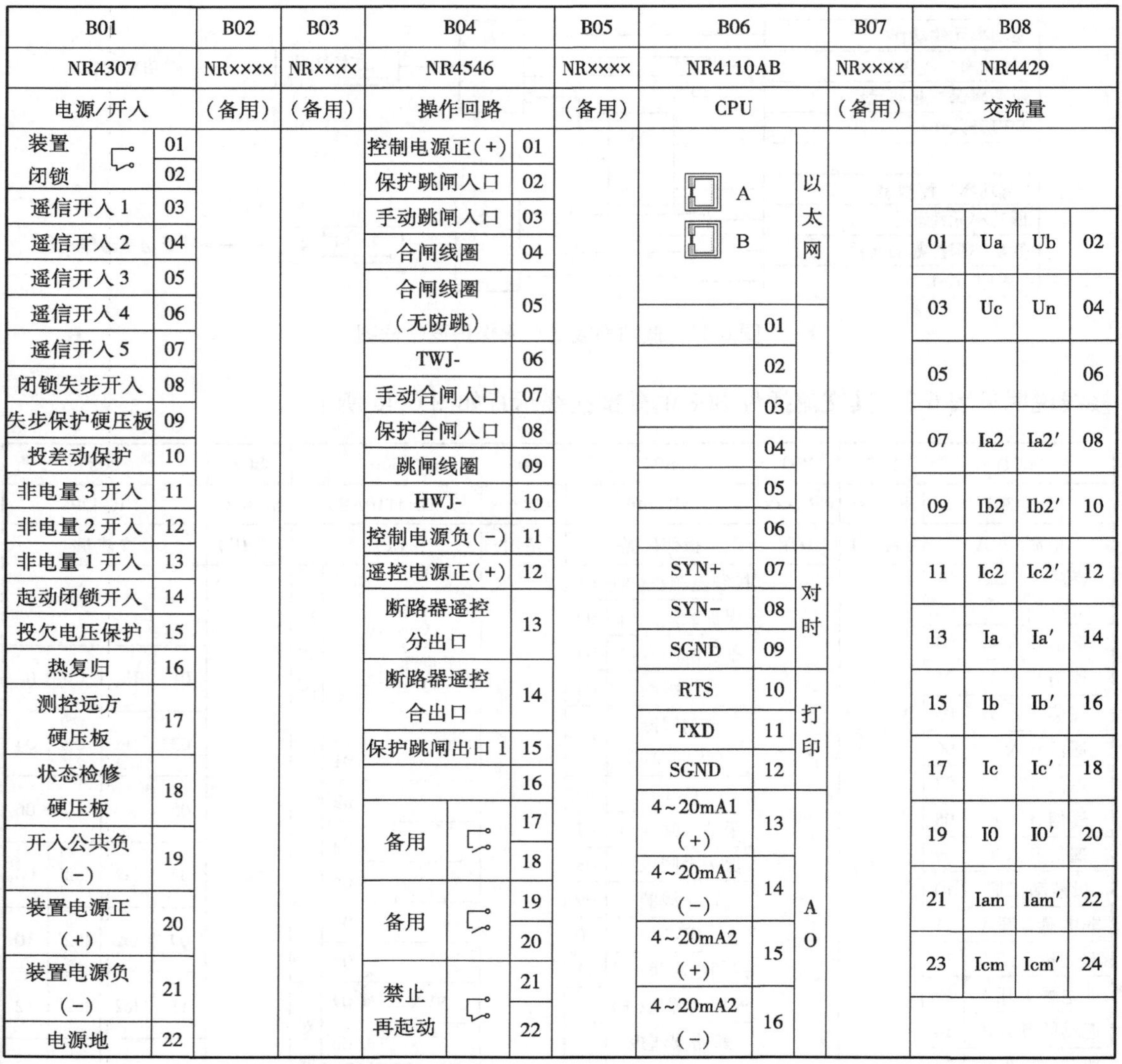

B01	B02	B03	B04	B05	B06	B07	B08
NR4307	NR××××	NR××××	NR4546	NR××××	NR4110AB	NR××××	NR4429
电源/开入	（备用）	（备用）	操作回路	（备用）	CPU	（备用）	交流量

B01 NR4307 电源/开入

名称	端子
装置闭锁	01
	02
遥信开入 1	03
遥信开入 2	04
遥信开入 3	05
遥信开入 4	06
遥信开入 5	07
闭锁失步开入	08
失步保护硬压板	09
投差动保护	10
非电量 3 开入	11
非电量 2 开入	12
非电量 1 开入	13
起动闭锁开入	14
投欠电压保护	15
热复归	16
测控远方硬压板	17
状态检修硬压板	18
开入公共负（−）	19
装置电源正（+）	20
装置电源负（−）	21
电源地	22

B04 NR4546 操作回路

名称	端子
控制电源正（+）	01
保护跳闸入口	02
手动跳闸入口	03
合闸线圈	04
合闸线圈（无防跳）	05
TWJ-	06
手动合闸入口	07
保护合闸入口	08
跳闸线圈	09
HWJ-	10
控制电源负（−）	11
遥控电源正（+）	12
断路器遥控分出口	13
断路器遥控合出口	14
保护跳闸出口 1	15
	16
备用	17
	18
备用	19
	20
禁止再起动	21
	22

B06 NR4110AB CPU

名称	端子	功能
A		以太网
B		以太网
	01	
	02	
	03	
	04	
	05	
	06	
SYN+	07	对时
SYN−	08	对时
SGND	09	对时
RTS	10	打印
TXD	11	打印
SGND	12	打印
4~20mA1（+）	13	AO
4~20mA1（−）	14	AO
4~20mA2（+）	15	AO
4~20mA2（−）	16	AO

B08 NR4429 交流量

端子			端子
01	Ua	Ub	02
03	Uc	Un	04
05			06
07	Ia2	Ia2′	08
09	Ib2	Ib2′	10
11	Ic2	Ic2′	12
13	Ia	Ia′	14
15	Ib	Ib′	16
17	Ic	Ic′	18
19	I0	I0′	20
21	Iam	Iam′	22
23	Icm	Icm′	24

图 6-45 PCS-9627L 型背板端子（用于同步电动机）

表 6-2 背板接线说明

插件型号	端子号	接线说明	备 注
B01 电源开入插件 NR4307	01~02	装置闭锁	
	03	遥信开入 1	03~06 为多功能输入，可通过辅助参数整定为跳闸位置、合闸位置、合后位置、弹簧未储能开入
	04	遥信开入 2	
	05	遥信开入 3	
	06	遥信开入 4	
	07	遥信开入 5	
	08	闭锁失步开入	08~09 为多功能输入，可通过辅助参数整定为普通遥信开入
	09	失步硬压板	

（续）

插件型号	端子号	接线说明	备　注
B01 电源开入插件 NR4307	10	差动硬压板	
	11	非电量3开入	11~13为多功能输入，可通过辅助参数整定为普通遥信开入
	12	非电量2开入	
	13	非电量1开入	
	14	起动闭锁开入	
	15	欠电压硬压板	
	16	热复归	
	17	测控远方硬压板	
	18	检修状态硬压板	该开入投入时，将屏蔽远动功能
	19	开入公共负端	
	20	装置电源正	
	21	装置电源负	
	22	电源地	
B04 操作回路插件 NR4546	01	控制电源正	
	02	保护跳闸入口	
	03	手动跳闸入口	
	04	至断路器合闸线圈	
	05	至断路器合闸线圈（无防跳）	
	06	跳位监视继电器负端	
	07	手动合闸入口	
	08	保护合闸入口	
	09	至断路器跳闸线圈	
	10	合位监视继电器负端	
	11	控制电源负	
	12	遥控电源正	
	13	断路器遥控分出口	
	14	断路器遥控合出口	
	15	保护跳闸出口1	经过电流闭锁和有电流保持
	16		
	17~18	备用1	
	19~20	备用2	
	21~22	禁止再起动	常闭触点，禁止再起动时，该触点打开
B06 CPU插件 NR4110AB	01~06		本配置提供两路以太网口，若需要具备RS-485口，可选配NR4110AD
	07~09	硬接点对时输入端口	
	10~12	打印口	
	13~14	4~20mA输出1	对应测量电流I_{am}
	15~16	4~20mA输出2	对应有功功率P

（续）

插件型号	端子号	接线说明	备　　注
B08 交流插件 NR4429	01～04	母线电压输入	若现场无相应的母线TV或者本装置所使用的功能不涉及电压，则母线可不引入 为防止装置误发TV断线信号，需将保护定值中“TV断线检测投入”控制字退出 输入电流分为5A、1A两种，订货时需要根据实际情况选择
	05～06	空端子	
	07～08	末端A相电流输入	
	09～10	末端B相电流输入	
	11～12	末端C相电流输入	
	13～14	机端A相电流输入	
	15～16	机端B相电流输入	
	17～18	机端C相电流输入	
	19～20	零序电流输入	
	21～22	A相测量电流输入	
	23～24	C相测量电流输入	

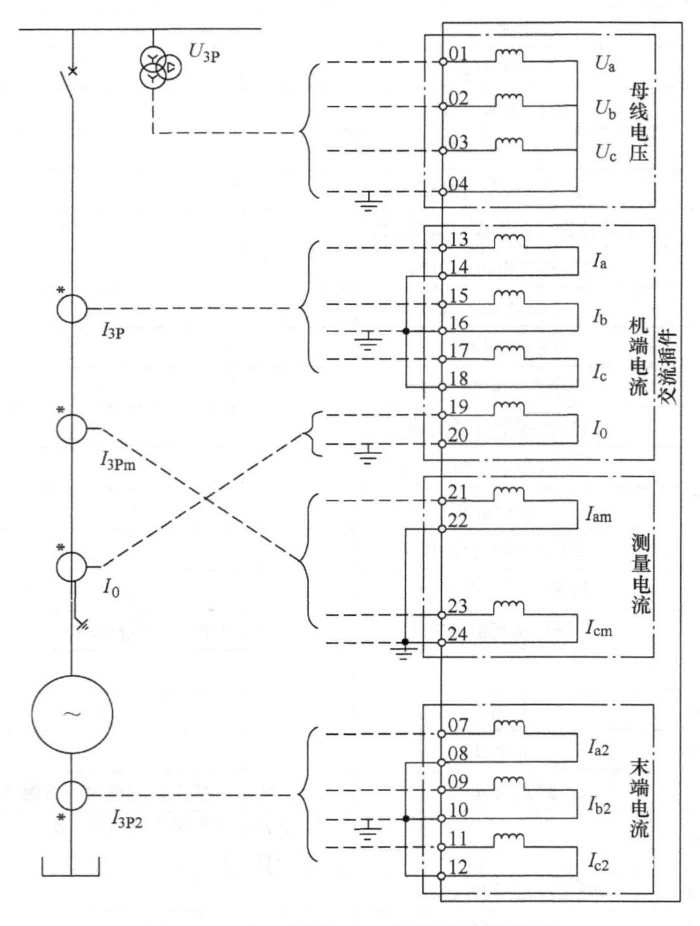

图6-46　交流插件B08的外部接线示意

第7章 提高微机继电保护装置可靠性的措施

微机继电保护装置与开关电器或开关柜集成在一起，在高电压、大电流及断路器分合闸操作引起的强电磁干扰环境下工作，分析干扰途径，采取对应措施，提高微机继电保护装置的抗干扰能力，是保证微机继电保护可靠运行的关键因素之一。本章在分析电磁干扰原因及传播途径的基础上，介绍微机继电保护装置硬件和软件的电磁兼容性设计原理，以及软硬件电路的抗干扰的基本措施。

7.1 微机继电保护装置的电磁兼容性设计

7.1.1 电磁兼容性的基本概念和电磁干扰的传播途径

电磁兼容性（Electro Magnetic Compatibility，EMC）包括电磁干扰（Electro Magnetic Interference，EMI）和电磁敏感性（Electro Magnetic Sensitivity，EMS）两方面的内容。电磁敏感性是指设备在包围它的电磁环境中能够不因干扰而降低其工作性能。电磁干扰指能够产生电磁干扰的设备，在工作时不会使同一电磁环境中的其他设备因其电磁发射而不能正常工作。从电磁能量的发射和接收的角度看，每个电气或电子设备在运行中同时起发射器和接收器的作用。一般情况下微机继电保护装置本身的功率非常小，不可能发射足以影响其周围电气或电子设备工作的电磁干扰，因此，对它的电磁兼容性设计也就集中在降低其电磁敏感性上，以提高抗干扰能力。

电磁干扰的传播方式主要有两种。①辐射，电磁干扰的能量通过空间的磁场、电场或电磁波的形式，使干扰源与受干扰体之间产生耦合。②传导，电磁干扰的能量通过电或电磁波的形式，使干扰源与受干扰体之间产生耦合源线和信号电缆，以电压或电流的方式传播。从干扰信号的频率来看，电磁干扰包括低频干扰（DC 至 10～20kHz）、高频干扰（几百兆赫兹，辐射干扰可达几千兆赫兹）和瞬变干扰（持续周期从数纳秒到数毫秒）。

在使用电力开关设备的系统中，产生电磁干扰的原因有诸多方面。连接在同一电力线上的各种电气设备通过电和磁的联系紧密相连，相互影响，其中任何一个发生运行方式改变或故障，如开关电器分、合闸操作等，都可能引起电磁振荡，波及其他比较敏感的电气设备，使它们不能正常工作，甚至遭到破坏。此外，越来越多的大容量电力电子设备（如高压直流输电设备、大功率晶闸管整流器、不间断电源、交流电动机软起动器及变频调速装置等）的使用，电力变压器中的非正弦励磁涌流，电网上大容量非线性负载的运行或大容量负载的投入等，使得电网中的谐波干扰变得日益严重。近年来，随着开关电器二次设备微机化、数字化程度的提高，更增加了二次设备对各种干扰的敏感性，特别是断路器操作、雷击、一次系统短路等引起的暂态干扰，开关电器分断时的电弧和触点接触不良产生火花放电等，都将产生高频辐射，使保护装置的微机化、数字化二次设备工作的可靠性问题越来越突出。由于干扰造成的保护监控单元信号疏漏、计量不准、控制失误，断路器误动、上位计算机出错等事件在国内外都有发生。微机继电保护装置是在电磁环境极为恶劣的运行现场，甚至紧邻干扰源的场景下工作，这使得电磁干扰问题更加突出。

为此，国际电工委员会（IEE）于1990年推出了新的电磁兼容基础性标准 IEC 1000-4 标准。该标准的应用场合为：①居民区和商业场合下的公共电源网络。②工业场合的电源网络。③在公共电源网络和工厂（包括控制室）中的控制线路。④在电站中的电源及控制线路。⑤通信线路。⑥一些有专用电源的电气设备。新标准为其他各有关组织编制行业标准，以及电气与电子设备的研制者和制造商设计产品提供了参考。随着我国国民经济的发展，对电磁兼容的研究也日益受到重视。目前我国微机继电保护装置应符合的电磁兼容标准有：辐射电磁场干扰试验应符合 GB/T 14598. 9—2002 规定的辐射电磁场干扰；快速瞬变干扰试验应符合 GB/T 14598. 10—2007 规定的严酷等级为Ⅳ级的快速瞬变干扰；脉冲群干扰试验应符合 GB/T 14598. 13—2008 规定的频率为 1MHz 及 100kHz 衰减振荡波（第一个半波为电压幅值共模为 2. 5kV，差模为 1kV）脉冲群干扰；抗静电放电干扰试验应符合 GB/T 14598. 14—1998 规定的严酷等级为Ⅲ级的抗静电放电干扰等。

对微机继电保护装置的电磁兼容性设计，主要考虑从一次侧耦合过来的干扰，以及其他二次设备对装置本身的干扰。主要干扰来自以下几个方面：

1. 低频干扰

1）高、中、低电压电网中的谐波干扰，一般应考虑到40次谐波（2000Hz）。

2）电网电压跌落和短时中断。

3）电网三相电压不平衡和电网频率变化引起的干扰。

2. 高频干扰

1）20kHz 以上的电流浪涌，50kHz 以上的电流浪涌。它们是由电网中的开关电器操作，变压器、电动机及继电器等感性负载的投切和雷击等因素造成的。

2）快速瞬变脉冲群干扰。

3. 静电放电干扰

微机继电保护装置会受到来自雷电、操作者和邻近物体对设备的放电。

4. 磁场干扰

1）工频电流或变压器磁场泄漏产生的工频磁场干扰。

2）由雷电引起的脉冲磁场干扰。

微机继电保护装置的电磁兼容性设计，就是针对这些干扰源，从硬件电路和软件设计上采取措施，一方面抑制这些干扰，另一方面提高监控单元自身的抗干扰能力。

7.1.2 微机继电保护装置硬件的电磁兼容性设计

1. 静电放电干扰的抑制

静电放电分为直接和间接放电，前者是通过直接耦合产生放电，后者则是通过辐射耦合产生放电。无论哪种形式的静电放电，都会影响保护装置的正常工作，甚至对电路元件造成损害。抑制静电干扰最有效的方法是让设备的外壳与大地良好地接触。因此，保护装置开关电源的金属外壳应当与本体金属屏蔽外壳可靠连接，同时必须把本体金属屏蔽外壳直接接地。静电干扰实验结果表明，装置本体屏蔽外壳不接地时，4kV 的空气放电即可引起保护装置自复位；而屏蔽外壳接地时，在 8kV 的空气放电环境下，保护装置仍可正常工作。

2. 减小电网电压跌落和短暂中断的影响

电压跌落指电网电压值偶然降低 10%~15%，持续时间为 0.5~50 个周波；短暂中断则是 100% 的电压跌落。造成上述现象的原因大多是电网中大容量负荷的投切、电网因某种原因造成瞬间短路后又恢复、短路或接地故障情况下线路断路器的连续快速重合闸等。电压跌落和短期中断会使保护装置因电源不能正常工作而引起实时数据丢失，以及一次开关电器的误动、拒动等问题。

采用具有宽输入电压范围并带有储能电容和电感的开关电源为保护装置供电，是减小这类影响的最基本的措施。在出现电压跌落或短暂中断时，利用储存在电容和电感中的能量可在短时间内维持装置的正常工作。此外，增设对电源供电质量的监视，在电源电压跌落到极限值后，保护装置会报警并闭锁一些服务功能。例如，当供电不正常时，会使采样数据出错，严重时会造成保护误动。因此，在出现这种情况时，软件将封锁继电器出口。验证结果证明，采取上述措施后，保护装置在电压跌落至 70%甚至 40%时仍然能够正常工作，电压中断后能继续维持工作 150ms。

3. 滤除快速瞬变脉冲群的干扰

这类干扰源主要是保护装置输出继电器触点弹跳或真空断路器操作时产生的电弧，脉冲周期在 50μs 以内，脉冲群重复率为 1~100 次/s，尖峰电压为 200~3000V。其特点是单个脉冲上升时间快，持续时间短，能量低，但重复频率较高。虽不会使装置损坏，但可能产生干扰，影响其可靠工作。由于脉冲群的频率远远高于系统的正常工作频率，消除它的影响最有效的方法就是滤波。在保护装置易受到干扰的电源输入端、模拟量输入通道、主要芯片的电源输入端、数据总线、信号控制线和 I/O 通道，都应采取相应的措施。

（1）设置电源线路滤波器

保护装置的供电电源最易受到干扰。干扰信号会沿着电源线进入装置内部，通过辐射或传导耦合的方式干扰内部工作信号或影响电路元件的正常工作。由于 PCB 上的电源线分布很广，所以受到干扰的区域会很大，造成的后果会十分严重。在装置供电电源的交流输入端接入高品质的无源线路滤波器，可最大限度地将干扰信号阻隔在智能监控单元的外部。线路滤波器应同时考虑抑制共模干扰和差模干扰。差模干扰常产生在相间和相与中性线之间；共模干扰出现在电源线与地线之间，通常是由于地电位升高引起的。

（2）消除模拟量输入通道的干扰

在模拟量输入通道线路中接入高频磁环，以不同的接线方式分别抑制差模和共模干扰。

（3）设置保护装置专用采样互感器的二次侧滤波器

在保护装置专用采样互感器的二次侧加入由 *LC* 组成的 Π 形低通滤波电路，可进一步抑制干扰。滤波器设计应保证对基波无影响，幅度衰减为零，相移小于 0.3°。

（4）用瞬态电压抑制器（TVS）吸收过电压能量

TVS 的正向伏安特性为普通二极管特性，反向为雪崩二极管特性。当加在它两端的反向电压超过其预设值后，TVS 被迅速击穿，电压被钳制在预设值，过电压能量被大量吸收。在保护装置中可采用双极性 TVS，其击穿电压根据装置直流电源电压选择，最大峰值脉冲功耗则应按照可能加在电源上的过电压能量的最大值来决定。

（5）安装去耦电容

为进一步消除由电源线窜入的干扰通过耦合方式影响 PCB 上的其他信号线，通常在每个芯片的电源和地之间再加一级去耦电容。

4. 电压、电流浪涌的吸收

最常见的浪涌是雷电电流浪涌和开关操作电压浪涌。这类干扰的形式基本上是单极性脉冲或迅速衰减的振荡波，其特点是持续时间较长，单极性脉冲上升比较缓慢且能量大，因而对保护装置的正常工作影响很大，甚至会对保护装置造成危害。

浪涌信号最易通过保护装置电源的交流输入线、接线端子排进入装置内部。为保护装置免受浪涌侵袭，采取的主要措施是在电源的交流输入侧线路滤波器前并接浪涌吸收器，在输出直流侧并接过电压抑制器。浪涌吸收器和过电压抑制器一般都采用金属氧化物压敏电阻。压敏电阻钳位电压按保护装置可允许的交流过电压最大值选择，一般可选 300V。击穿后的通流容量按可能出现的最大浪涌电压能量确定，保证元器件在击穿后不会因能量太大造成损坏。试验表明，加入浪涌吸收器可以有效地提高保护装置电源的抗扰度电平。

7.1.3　微机继电保护装置印制电路板（PCB）的抗干扰设计

PCB 布线设计的合理性对保护装置的电磁敏感性有很大的影响，若设计不当，会产生如串音（指从另外的信号路径干扰某一信号路径）和电磁耦合等干扰。因此，在设计 PCB 时应注意以下一些问题：

1）数字电路与模拟电路分开布置，分开供电。如果保护装置的数字电路与模拟电路采用同一个电源供电，用公共的地线，由于数字电路工作时在电源和公共地线上出现的高频扰动会通过地线耦合到模拟放大器的输入端，经放大器放大后会造成计量严重失误，甚至引起保护操作误动。为此，在设计时，要把数字电路和模拟电路的电源分开，在模-数转换器芯片处，再把模拟地和数字地连接。

2）加宽 PCB 中的电源线和地线。尽量加宽 PCB 上电源线和地线的线宽，以减小传导阻抗造成的各芯片间的电位差。

3）强电区域与弱电区域严格分离。强电部分的连线与弱电的连线之间的最小距离不小于 0.8cm，可以有效地减小串音耦合的干扰。

4）通信部分采用与中央控制模块完全隔离的独立电源供电。

保护装置硬件受到电磁干扰的情况极为复杂，本节只简单地介绍了比较常见的干扰和主要对策，更加详细的分析和减小电磁敏感性的设计方法，可参考电子产品电磁兼容性设计的相关专著和论文。

7.1.4 硬件自复位电路

在有些单片机内部设有监视定时器。监视定时器的作用就是当干扰造成程序“出格”时使系统恢复正常运行。监视定时器按一定频率进行计数，当其溢出时产生中断，在中断中可安排软件复位指令，使程序恢复正常运行。在编制软件时，可在程序的主要部位安排对监视定时器的清零指令，且应保证程序正常运行时监视定时器不会溢出。一旦程序“出格”，必然不会按正常的顺序执行，当然．也无法使监视定时器清零。这样，经过一个短延时，监视定时器溢出，产生中断，使程序从开始执行。如果单片机内部没有监视定时器，可采用专门的硬件自复位电路芯片，如X5045、IPM813等。

7.1.5 硬件设计中采用容错设计

硬件电路设计中采用容错设计主要是硬件结构的冗余设计。包括以下几方面的设计内容：

1）完全双重化的保护配置方案。在220kV及以上的高压、超高压输电线路上，配置两套完全独立的微机继电保护装置，要求主保护的原理不同，以相互补充。两套保护的出口应分别作用于高压断路器的不同跳闸线圈。对500kV变压器，大容量发电机变压器组也提出了主保护双重化的配置方案。

2）在微机继电保护装置内部实现部分插件的双重化或热备用。例如，在有些厂家的保护装置中，输电线路的保护装置配置了两块电压频率转换（VFC）插件（大多数为一块VFC插件），有些配置了两个逆变稳压电源。

3）部分元件采用三取二表决方案。例如，在WXB—11系列微机继电保护装置中，为防止突变量起动元件故障造成误动，采用了三取二表决法。即当高频保护、距离保护、零序保护三种保护的起动元件中，至少有两种保护的起动元件动作，才将出口跳闸回路的负电源开放。

4）数据采集时冗余采样通道的设置。例如，零序电流和零序电压通道。根据对称分量法，对于三相交流量（电压或电流），有下述的瞬时值关系：

$$x_a(t) + x_b(t) + x_c(t) = 3x_0(t) \tag{7-1}$$

式中，$x_a(t)$、$x_b(t)$、$x_c(t)$ 为三相交流量；$x_0(t)$ 为零序量。如果对每相交流量设置一个采样通道，与零序量一起，在同一时刻进行采样，则考虑一定的置信区域 ε 时。有下述关系：

$$|x_a(k) + x_b(k) + x_c(k) - 3x_0(k)| < \varepsilon \tag{7-2}$$

式中，ε 可由考虑输入通道各种固有误差后的检验指标给定。

式（7-2）表明，对于三相交流量，只要增加一个硬件冗余通道（包括隔离变压器、低通滤波器、采样保持器以及多路转换开关的一个通路）引入零序量，就能检查数据采集通道的故障。如果式（7-2）不满足，就认为是坏数据。为防止偶然干扰造成数据满足该条件，一般采取连续一段时间满足上式，即判为出错。对于三相电流量，可以从 $3I_0$ 回路取得零序电流量；对于三相电压量，可以从电压互感器开口三角形上取得 $3U_0$ 量。由此要求在设计微机继电保护时，从抗干扰和通道检查的目的出发，不宜用3个相量相加得到零序量，而应该提供专用硬件零序通道，以获得零序量。

7.2 微机继电保护装置的软件抗干扰措施

为了提高微机继电保护装置的可靠性，软件的抗干扰设计同样重要。作为抗干扰的第一道防线，合理的硬件设计可以做到将干扰“拒之门外”，不会引起微机的工作错误，而软件的抗干扰措施可以称作第二道防线，就是说万一干扰突破了第一道防线，造成了微机工作出错，也决不能允许它导致保护误动作或拒动，而应能自动纠正。针对各种不同的出错情况，常采用下述相应的措施。

7.2.1 利用软件循环自检检查微机系统的硬件故障

1. 程序存储器芯片的检测

早期的微机继电保护程序一般存放在紫外线擦除可编程的EPROM只读存储器芯片，现在大多数产品都使用FLASH程序存储器或铁电存储器FRAM。在芯片内存放的微机继电保护程序，实际上就是一些“0”和“1”的二进制代码。这些程序代码的某位或某几位一旦发生变化，将导致十分严重的后果。为此，应对程序存储器的内容进行检查，发现错误，立即闭锁保护，并给出告警信号。常用的检查方法有补奇校验法、循环冗余码校验法以及求和校验法等。

求和校验法是一种最简便的校验方法。这种方法将加上各种抗干扰措施（冗余指令、软件陷阱等）的程序代码进行编译，然后把生成的目标码从第一字（或字节）开始逐个相加，直到程序的最末一个字（或字节）。相加的和数保留16位，溢出内容丢掉。将程序完成时的求和结果存于芯片的最后地址单元。运行时重新按求和校验方法，将求和结果与原存于芯片中的内容比较，若不一致，说明程序发生了代码变化或EPROM错误。理论上，这种诊断方式将不能发现同一位上的偶数个错误，只是这种概率太小，可不考虑。若要发现这种错误，必须采用更复杂的校验方法。

2. SRAM芯片的检测

SRAM为静态随机存储器芯片。用于存放微机继电保护中的采样数据、中间结果、各种标志及各种报告等内容。在微机继电保护装置正常工作时，SRAM的每个单元应能正确读写。因此，应对照SRAM进行读写正确性的检查。这种检查除可检查出SRAM芯片是否损坏，还可发现地址线或数据线的错误。例如，两条地址线或数据线的粘连。检查的方法是选择一定的数据模式进行读写正确性检查。一般是用4个典型数据检查。即00H、0FFH、0AAH、55H。将数据写入某个SRAM单元，然后再从SRAM单元读出，比较读出的内容是否与刚才写入的内容一致，如不一致，则说明SRAM出错。在微机继电保护装置刚上电的全面自检中，SRAM中没有有意义的信息，可以进行破坏性的诊断，随便写入内容均可。一个SRAM单元如果正常，其中的任何一位均可任意写“0”或写“1”。在运行过程中对SRAM进行自检时，应注意检查时必须保护SRAM单元的内容，不能随意被改写，这时必须采用非破坏性的自检方式。先将其内容读出，保存副本。取反后写入原地址，再读出进行一次判断。如果没问题，再恢复原状。此过程不破坏SRAM中的任何信息。

3. 开关量输出电路的检测

开关量输出通道的电路图在第1章1.5节已介绍过。检查的方法是送出驱动命令，读自检反馈端的电位状态；送出闭锁命令，读自检反馈端的电位状态；无论是驱动命令还是闭锁命令，如自检反馈的状态不正确，说明开关量输出电路有故障。

4. 开关量输入通道的检测

对开关量输入通道的检查主要是监视各开关量是否发生变位。由于保护动作（如起动重合闸的开入量）或运行人员有操作（如投退保护压板）时，开关量就会随输入变化。所以，有开关量输入变位不一定是开关量输入回路有故障，因此，软件只是监视这种变化，发生变化时给出提示信息，不告警。

5. CPU 的工作状态检测

在多 CPU（或多单片机）系统中，一般采用相互检查的方法。例如在有一个管理单片机和 N 个保护功能单片机时，它们之间必然要通过串行口通信。因此，可用一个通信编码实现相互联系。一旦这种联系中断，说明单片机故障或通信故障。

7.2.2 处理过程校核

在微机继电保护系统中，反复进行校核是抗干扰的重要措施。由于干扰是随机和短时的，如果事先规定只有满足多重条件时才能发出出口命令，而干扰造成多重条件都能满足的概率非常小，这样就可以有效地避免保护装置的误动作。由于微机继电保护的整体功能是以很短的周期循环处理的，应该动作而由于干扰使某个条件不满足时，不会造成保护拒动，充其量会带来一个小的延时。一般有以下几种校核方式：

1. 功能顺序校核

微机继电保护装置的功能是由若干个子功能构成的，包括各个计算子程序及逻辑判断子程序等。干扰可能造成 CPU 的程序计数器（PC）或传递的数据地址、指令出错。如果出现错误的转移，就会不执行某些功能块或者执行不完全，而导致最终结果错误。为了避免这种情况发生，可以事先设置一个控制标志字，其中的一个标志对应一个功能块。每当一个处理周期开始时，先将所有的标志位清零，然后在程序执行过程中由各子功能块对相应标志置位。在适当的时候对标志字校核，只有当标志位被充分置位时，才认为此次循环的结果是可信的。

2. 出口密码校核

在干扰造成程序出轨后，CPU 可能执行一系列非预期的指令，在这些指令中可能有一条或几条正好是跳闸指令，因而有可能造成保护的误动作。防止这种误动作的一个有效措施就是在设计出口跳闸电路时使之必须连续执行几条指令后才能出口。如在第 1 章介绍的开关量输出回路中，每一个开关量的输出都通过一个“与非”门控制，只有当两个输入端都满足条件时才能驱动光电耦合器产生输出。在初始化时，这些“与非”门的两个输入端被置成相反的状态。对于跳闸出口等重要的开关量输出回路，这些“与非”门的两个输入端还应接至两个不同的端口，使这两个输入条件不能用一条指令同时改变。出口密码的设置就像保险柜的密码原理一样，密码越长、不知道密码的人随机拨动而能打开的可能性就越小。

除了采取硬件措施外，还可以通过软件方式设置出口密码。如图 7-1 所示，可以将跳闸条件分成两部分：跳闸指令一和跳闸指令二，必须在执行这两部分指令后才能构成完整的跳闸条件。与此同时，还要在两部分指令之间插入一段校对程序，检查在 RAM 区存放的某些标志字。

在图7-1中，当保护装置通过正常途径进入跳闸程序时，必须首先给相应的标志字赋值，使CPU通过核对这些标志字来区别是合理的跳闸还是由于干扰造成的错误跳闸。前者可以通过检查而继续执行跳闸指令二，发出跳闸脉冲；后者CPU将转至初始化程序，使程序从出轨状态恢复至正常状态。如果是在程序出轨后，非预期地从某处转至跳闸程序段中间的某一地址，例如从图7-1中R点进入，也将在执行完跳闸指令二后，经校核，由于标志字不正确（因为没有执行跳闸指令一）而恢复初始状态。这种软件出口校核的方式可以花很小的代价而有效地减小跳闸装置误动的概率，因此在微机继电保护中得到广泛应用。

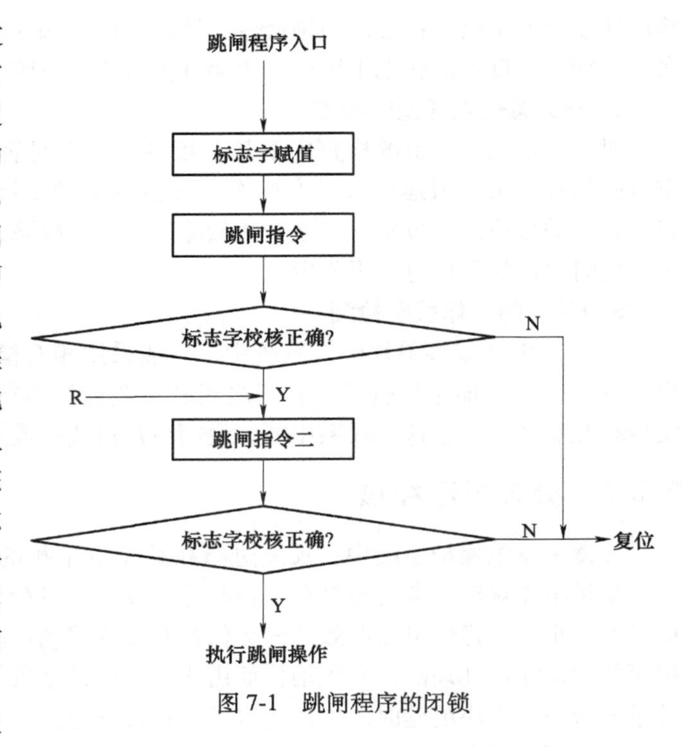

图7-1　跳闸程序的闭锁

3. 复算校核

在微机继电保护中，还可以通过整个运算过程的重复来校核由于干扰可能造成的运算出错。一般有两种方法：一是在运算的结尾由程序安排CPU将运算结果暂时保存起来、再利用原始数据复算一次，然后与前一次结果相比较，如果一样，则说明结果可信；如果两次结果不一样，则再复算一次。三取二表决，或直至两次结果一样。另一种方法是在复算时将算法所依据的数据窗顺移一个采样值。例如，算法要求的数据窗长度为N点，第一次利用$x(0)x(1)\cdots x(N-1)$，第二次利用$x(1)x(2)\cdots x(N)$，正常时这两次结果不会完全一样，但电流、电压有效值或阻抗等的计算结果应当十分接近。第二种做法不仅可以排除干扰造成的运算错误，也对原始数据进行了进一步的把关。复算校核的缺点是增加了计算量，很可能增加微机继电保护装置的动作延时。

7.2.3　其他软件抗干扰措施

1. 设置上电标志

微机继电保护装置中的单片机均设有复位（RESET）引脚。当装置上电时，通过复位电路在该引脚上产生规定的复位信号后，装置进入复位状态，软件从复位中断矢量地址单元取指令，程序开始运行。例如，MCS-51系列中的8051单片机的复位地址为0000H单元；MCS-96系列中的80C196KB单片机的复位地址为2080H单元。进入复位状态的方式除上面提到的上电复位外还有软件复位（执行复位指令）和手动复位。手动复位是指装置已经上电，操作人员按下装置的复位按钮进入复位状态的情况。通常把上电复位称为“冷起动”，把手动复位称为“热起动”。冷起动时需进行全面初始化，而热起动时则不需要全面初始化，只需部分初始化。为区别两种情况，可设置上电标志。流程图可参见图4-1。图中初始化（一）的内容是基本初始化，例如设置堆栈指针、定时器、串行口等的初始化。初始化（二）的内容主要是采样定时器的初始化、对RAM区中所有运行时要使用的软件计数器及各种标志位清零等。然后才是数据采集初始化的内容，主要是采样值存放地址指针初始化。如果是VFC式采样方式，则还需对可编程计数器初始化。

2. 指令冗余技术

1）在单字节指令和三字节指令的后面插入两条空操作（NOP）指令。可保证其后的指令不被拆散。由于在干扰造成程序“出格”时，可能使取指令的第一个数据变为操作数，而不是指令代码。由于空操作指令的存在，避免了把操作数当作指令执行，从而可使程序正确运行。

2）对重要的指令重复执行。例如影响程序执行顺序的指令RET、RETI、LJMP等。

3. 软件陷阱技术

软件陷阱就是用引导指令强行使“飞掉”的程序进入复位地址，使程序能从开始执行。例如在EPROM的非程序区设置软件陷阱。在EPROM的空白区数据为FFH，对于MCS-51系列单片机，这是一条数据传送指令：MOV R7，A。因此，若程序“飞掉”进入非程序区将执行这一指令，改变R7内容，甚至造成“死机”。设置软件陷阱可防止这种情况发生。对于MCS-96系列的单片机，FFH是一条软件复位指令RST。该指令刚好使程序从2080H的地址开始执行。

单片机一般可响应多个中断请求。但用户往往只使用了少部分的中断源。在未使用的中断矢量地址单元设置软件陷阱，使系统复位。一旦干扰使未设置的中断得到响应，可执行软件复位或利用单片机的软件“看门狗”使系统复位。

4. 采用软件滤波技术

在微机继电保护装置中，可采用一些软件手段消除或减少干扰对保护装置的影响。例如，根据分析相邻两次采样值的最大差别不超过Δx，在程序中可将本次采样值与上次采样值比较，若差值大于Δx，说明采样值受到干扰，应去掉本次采样值。对开关量的采集，为防止干扰造成误判，可采用连续多次的判别法。此外，根据软件的功能和要求，在不影响保护的性能指标的前提下，可采用中位值滤波法、算术平均滤波法、递推平均滤波法等，这些方法都具有消除或减弱干扰的作用。

参考文献

[1] 杨奇逊，黄少锋．微型机继电保护基础［M］. 2 版．北京：中国电力出版社，2005.
[2] 陈德树，张哲，等．微机继电保护［M］. 北京：中国电力出版社，2000.
[3] 贺家李，宋从矩．电力系统继电保护原理［M］. 3 版．北京：中国电力出版社，2004.
[4] 王维俭．电气主设备继电保护原理与应用［M］. 2 版．北京：中国电力出版社，2002.
[5] 张明君，弭洪涛．电力系统微机保护［M］. 北京：冶金工业出版社，2002.
[6] 杨新民，杨隽琳．电力系统微机保护培训教材［M］. 北京：中国电力出版社，2000.
[7] 许建安．电力系统微机继电保护［M］. 北京：中国水利水电出版社，2001.
[8] 葛耀中．新型继电保护与故障测距原理与技术［M］. 西安：西安交通大学出版社，1996.
[9] 国家电力调度通信中心．电力系统继电保护规定汇编［M］. 北京：中国电力出版社，1997.
[10] 国家电力调度通信中心．电力系统继电保护实用技术问答［M］. 北京：中国电力出版社，1997.
[11] 王维俭．大型发电机变压器保护现状和展望［J］. 电力学报，1998，13（3），155-162.
[12] 朱声石．关于数字式比率差动继电器［J］. 电力自动化设备，1998，65（1），7-12.
[13] 杨奇逊，刘建飞，等．现代微机保护技术的发展与分析［J］. 电力设备，2003，4（5），10-14.
[14] 王维俭，张学深，等．电气主设备纵差保护的进展［J］. 继电器，2005，28（5）：6-8.
[15] 沈全荣，严伟．主设备继电保护技术的现状与发展［J］. 电力设备，2006，7（2）：40-46.
[16] 王梅义．四统一高压线路继电保护装置原理设计［M］. 北京：水利电力出版社，1990.
[17] 王汝文，宋政湘，等．电器智能化原理及应用［M］. 北京：电子工业出版社，2003.
[18] 沈德全．MCS-51 系列单片机接口电路与应用程序设计［M］. 北京：北京航空航天大学出版社，1990.
[19] 何立民．MCS-51 系列单片机应用系统设计系统配置与接口技术［M］. 北京：北京航空航天大学出版社，1990.
[20] 徐金玲．基于 μC/OS-Ⅱ 的中低压微机测控保护装置的通用软件平台的研究［D］. 南京：东南大学，2006.
[21] 李晓明，王葵．微机继电保护实用培训教材［M］. 北京：中国电力出版社，2004.
[22] 陈皓．微机保护原理及算法仿真［M］. 北京：中国电力出版社，2004.
[23] 杨奇逊，黄少锋．微型机继电保护基础［M］. 4 版．北京：中国电力出版社，2013.
[24] 国家电网公司人力资源部．继电保护及自动装置［M］. 北京：中国电力出版社，2010.
[25] 赵建文，付周兴．电力系统微机保护［M］. 北京：机械工业出版社，2016.
[26] Jeyasurya B, SmoCirriski W J. Identification of A Best Algorithm or Digital Distance Protection of Transmission Lines［J］. IEEE Trans. PAS，1983，102（10）.
[27] 薄志谦，张保会，董新洲，等．保护智能化的发展与智能继电器网络［J］. 电力系统保护与控制，2013，41（2）：1-12.
[28] 王增平，姜宪国，等．智能电网环境下的继电保护［J］. 电力系统保护与控制，2013，41（2）：13-19.
[29] 张保会，郝治国，等．智能电网继电保护研究的进展（一）——故障甄别新原理［J］. 电力自动化设备，2010，30（1）：1-6.